欧美数学经典著作译丛

"十三五"国家重点图书

U0211648

Galois Cohomology

Galois上同调

让—皮埃尔·塞尔 (Jean-Pierre Serre) 著

● 陶利群 译

哈尔滨工业大学出版社

HARBIN INSTITUTE OF TECHNOLOGY PRESS

黑版贸审字 08-2018-139 号

Translation from the English language edition:
Galois Cohomology
by Jean-Pierre Serre
Copyright © Springer-Verlag Berlin Heidelberg 1997
This Springer imprint is published by Springer Nature
The Registered company is Springer-Verlag GmbH Germany
All Rights Reserved

图书在版编目(CIP)数据

Galois 上同调/(法)让-皮埃尔·塞尔著;陶利群译.
—哈尔滨:哈尔滨工业大学出版社,2020.4
书名原文:Galois Cohomology
ISBN 978-7-5603-8700-0

Ⅰ.①G… Ⅱ.①让… ②陶… Ⅲ.①上同调
Ⅳ.①O189.22

中国版本图书馆 CIP 数据核字(2020)第 024412 号

策划编辑　刘培杰
责任编辑　张永芹　聂兆慈
封面设计　孙茵艾
出版发行　哈尔滨工业大学出版社
社　　址　哈尔滨市南岗区复华四道街 10 号　邮编 150006
传　　真　0451-86414749
网　　址　http://hitpress.hit.edu.cn
印　　刷　哈尔滨市工大节能印刷厂
开　　本　787mm×1092mm　1/16　印张 11.5　字数 275 千字
版　　次　2020 年 4 月第 1 版　2020 年 4 月第 1 次印刷
书　　号　ISBN 978-7-5603-8700-0
定　　价　138.00 元

(如因印装质量问题影响阅读,我社负责调换)

前　言

　　本书是*Cohomologie Galoisienne*的英译本. 原版(Springer LN5, 1964)是基于我在1962~1963年间为法兰西学院讲一门课, 在Michel Raynaud的帮助下写的讲义. 在新的修订本中添加了许多内容, 并且包含了对Verdier关于射有限群文本的一个缩写. 最重要的增添是收录了R.Steinberg的论文"半单代数群的正则元"(Publ. Math. I.H.E.S., 1965). 我对作者和法国高等科学研究所(I.H.E.S.)授权转载表示感谢.

　　其他的增添包括:

* Golod-Shafarevich不等式的一个证明(第1章, 附录2).

* 我在1991~1992年间为法兰西学院讲授$k(T)$的Galois上同调的课程概述(第2章, 附录3).

* 我在1990~1991年间为法兰西学院讲授半单群的Galois上同调及其与Abel上同调(特别是3维时)的关系的课程概述(第3章, 附录5).

　　扩充了参考文献, (尽可能地)更新了未解决的问题, 还添加了一些习题.
　　为了方便参考, 命题、引理和定理的编号与1964年的版本保持一致.

Jean-Pierre Serre
1996年秋于哈佛大学

目　录

第 1 章　射有限群的上同调

§1.1　射有限群

§1.1.1　定义

称由赋予离散拓扑的有限群的射影极限给出的拓扑群为射有限群. 这样的群是紧的和全不连通的. 反过来有:

命题 1.1.1　紧致且全不连通的拓扑群是射有限的.

证明: 设 G 是这样的群. 因为 G 是全不连通的和局部紧的, G 的开子群构成1的邻域基, 例如参见[22]中的命题3.4.14. 因为 G 是紧的, 这些子群 U 在 G 中的指标有限, 从而 U 的共轭 $gUg^{-1}(g \in G)$ 的个数有限, 并且它们的交集 V 在 G 中是正规和开的, 所以这些 V 成为1的邻域基. $G \to \varprojlim G/V$ 是连续单射且其像稠密, 利用紧性推理可知它是同构, 因此 G 是射有限的. □

射有限群构成一个范畴(态射是连续同态), 在此范畴中无限积和射影极限存在.

例子:

1) 令 L/K 为Galois域扩张, 由构造, 这个扩张的Galois群 $\mathrm{Gal}(L/K)$ 是包含在 L/K 中的有限Galois扩张 L_i/K 的Galois群 $\mathrm{Gal}(L_i/K)$ 的射影极限, 因此它是射有限群.

2) p-进域 $\mathbb{Q}_p$ 上的紧解析群在看作拓扑群时是射有限群. 特别地, $\mathrm{SL}_n(\mathbb{Z}_p), \mathrm{Sp}_{2n}(\mathbb{Z}_p)$ 等是射有限群.

3) 令 G 为离散拓扑群, $\hat{G}$ 是 G 的有限商群的射影极限. $\hat{G}$ 称为与 G 相关的射有限群, 它对由 G 中有限指标子群定义的拓扑而言是 G 的可分完备化; $G \to \hat{G}$ 的核是 G 中所有有限指标子群的交集.

4) 若 M 是Abel挠群, 它的对偶 $M^* = \mathrm{Hom}(M, \mathbb{Q}/\mathbb{Z})$ 在赋予点态收敛拓扑时是射有限交换群. 这样, 我们得到反等价(Pontryagin对偶):

$$\text{Abel挠群} \Longleftrightarrow \text{射有限交换群}.$$

习题1.1.1 证明: 无挠射有限交换群同构于群 $\mathbb{Z}_p$ 的积(一般是无限积).

提示: 利用Pontryagin对偶将此问题归结于定理: 每个可除Abel群是那些同构于 $\mathbb{Q}$ 或某个 $\mathbb{Q}_p/\mathbb{Z}_p$ 的群的直和, 参见[22]的习题7.2.3.

习题1.1.2 令 $G = \mathrm{SL}_n(\mathbb{Z})$, f 为典型同态

$$\hat{G} \longrightarrow \prod_p \mathrm{SL}_n(\mathbb{Z}_p).$$

(a) 证明f是满射.

(b) 证明下面的两个性质等价:

    (i) f是同构;

    (ii) $\mathrm{SL}_n(\mathbb{Z})$的每个有限指标子群是同余子群.

(已知这些性质在$n \neq 2$时正确, 在$n = 2$时错误.)

§1.1.2 子群

射有限群G的每个闭子群H是射有限的. 而且, 齐次空间G/H是紧的和全不连通的.

命题 1.1.2 若H, K是射有限群G的两个闭子群且满足$H \supset K$, 则存在连续截影$s : G/H \to G/K$. (截影的意思是映射$s : G/H \to G/K$使得它与射影$G/K \to G/H$ 的合成是恒等映射.)

我们要用到两个引理:

引理 1.1.3 令G为紧群, (S_i)为G的由闭子群构成的递降过滤, 令$S = \bigcap S_i$, 则典型映射

$$G/S \longrightarrow \varprojlim G/S_i$$

是同胚.

事实上, 这个映射是单射, 并且它的像稠密. 因为源空间紧致, 故引理成立. (我们也可以应用[22]中命题3.7.1的推论3.)

引理 1.1.4 如果H/K有限, 命题1.1.2成立; 如果进一步有H, K在G 中正规, 则扩张

$$1 \longrightarrow H/K \longrightarrow G/K \longrightarrow G/H \longrightarrow 1$$

在G/H的一个开子群上分裂(参见§1.3.4).

令U为G的开正规子群使得$U \bigcap H \subset K$. 射影$G/K \to G/H$在U的像上的限制是单射(并且在H, K为正规子群时是同态), 从而其逆映射是在U的像(它是开的)上的截影, 通过平移可以将这个映射延拓为整个G/H上的截影.

命题1.1.2的证明: 我们可以假设$K = 1$. 令X为元素对(S, s) 的集合, 其中S是H的闭子群, s是连续截影$G/H \to G/S$. 我们给X排序: 若$S \supset S'$且s'是与s与$G/S \to G/S'$的合成, 则规定$(S, s) \geqslant (S', s')$. 若$(S_i, s_i)$是$X$中元素的全序族, $S = \bigcap S_i$, 则由引理1.1.3, 我们有$G/S = \varprojlim G/S_i$, 因此这些s_i定义了一个连续截影$s : G/H \to G/S$, 我们有$(S, s) \in X$. 这说明X是一个归纳有序集. 由Zorn引理, X包含极大元(S, s). 我们来证明$S = 1$, 从而证明完成. 若S不同于1, 则存在G的开子群U使得$S \bigcap U \neq S$. 将引理1.1.4应用于三元组$(G, S, S \bigcap U)$, 我们就得到连续截影$G/S \to G/(S \bigcap U)$, 将它与$s : G/H \to G/S$复合给出连续截影$G/H \to G/(S \bigcap U)$, 这就与(S, s)为极大元的事实矛盾. $\square$

习题1.1.3 令G为连续作用于全不连通紧空间X的射有限群. 假设G的作用自由, 即X 的每个元素的稳定化子等于1. 证明: 存在连续截影$X/G \to X$.

提示: 与命题1.1.2的证明相同.

习题1.1.4 令H为射有限群G的闭子群. 证明: 存在G的闭子群G'使得它是满足性质$G = H \cdot G'$的最小的群.

§1.1.3 指标

超自然数就是形式乘积 $\prod p^{n_p}$, 其中 p 过素数集, n_p 是非负整数或 $+\infty$. 对任何一族超自然数, 我们可以用显然的方式定义它们的乘积、最大公因数和最小公倍数.

令 G 为射有限群, H 为 G 的闭子群. H 在 G 中的指标 $(G:H)$ 定义为指标 $(G/U:H/(H\bigcap U))$ 的最小公倍数, 其中 U 过 G 的开正规子群集. 它也可以定义为 $(G:V)$ 的最小公倍数, 其中 V 过包含 H 的开子群.

命题 1.1.5 (i) 若 $K\subset H\subset G$ 是射有限群, 我们有

$$(G:K)=(G:H)\cdot(H:K).$$

(ii) 若 (H_i) 是 G 的闭子群的递降滤化, $H=\bigcap H_i$, 我们有 $(G:H)=\mathrm{l.c.m.}(G:H_i)$.

(iii) 要使 H 在 G 中开的必要充分条件是 $(G:H)$ 是自然数(即它是 $\mathbb{N}$ 中的元).

证明: 让我们证明(i): 若 U 是 G 的开正规子群, 令 $G_U=G/U, H_U=H/(H\bigcap U), K_U=K/(K\bigcap U)$. 我们有 $G_U\supset H_U\supset K_U$, 由此得到

$$(G_U:K_U)=(G_U:H_U)\cdot(H_U:K_U).$$

由定义, $\mathrm{l.c.m.}(G_U:K_U)=(G:K), \mathrm{l.c.m.}(G_U:H_U)=(G:H)$. 另一方面, $H\bigcap U$ 这些群与 H 的开正规子群集共尾, 从而 $\mathrm{l.c.m.}(H_U:K_U)=(H:K)$, 故(i)成立.

另两个结论(ii)和(iii)是显然的. □

注意: 特别地, 我们可以谈射有限群 G 的阶 $(G:1)$.

习题1.1.5 令 G 为射有限群, n 为非零整数. 证明下列性质的等价性:

(a) n 与 G 的阶互素.

(b) G 到 G 的映射 $x\mapsto x^n$ 是满射.

(c) G 到 G 的映射 $x\mapsto x^n$ 是双射.

习题1.1.6 令 G 为射有限群, n 为非零整数. 证明下面三个性质的等价性:

(a) G 的拓扑可度量化.

(b) 我们有 $G=\varprojlim G_n$, 其中 $G_n(n\geq 1)$ 有限, 同态 $G_{n+1}\to G_n$ 是满射.

(c) G 的开子群构成的集合可数.

证明这些性质意味:

(d) G 中存在可数稠密子集.

构造使(d)成立, 但(a), (b), (c)不成立的例子(可取 G 为 $\mathbb{F}_p$ 上可数无限维线性空间的二次对偶).

习题1.1.7 令 H 为射有限群 G 的闭子群. 假定 $H\neq G$. 证明存在 $x\in G$ 使得 x 的共轭都不属于 H(可归结为 G 是有限群时的情形).

习题1.1.8 令 g 为射有限群 G 中的元, $C_g=\overline{\langle g\rangle}$ 是 G 的包含 g 的最小闭子群. 令 $\prod p^{n_p}$ 为 C_g 的阶, I 是使得 $n_p=\infty$ 的 p 的集合. 证明:

$$C_g\simeq\prod_{p\in I}\mathbb{Z}_p\times\prod_{p\notin I}\mathbb{Z}/p^{n_p}\mathbb{Z}.$$

§1.1.4 射p-群与Sylow p-子群

令p是素数. 射有限群H称为射p-群, 如果它是p-群的射影极限, 或者等价地说: 如果它的阶是p幂(当然可以是有限或无限次的). 若G是射有限群, G的子群H称为G的Sylow p-子群, 如果H是射p-群且$(G:H)$与p互素.

命题 1.1.6 每个射有限群G有Sylow p-子群, 且这些子群共轭.

我们要用到下面的引理(见[22]的I.64, 命题8):

引理 1.1.7 非空有限集的射影极限非空.

令X为G的开正规子群族. 若$U \in X$, 令$P(U)$为有限群G/U的Sylow p-子群集. 对所有$P(U)$的射影系应用引理1.1.7, 我们得到G/U的Sylow p-子群构成的凝聚族H_U, 易见$H = \varprojlim H_U$是G的Sylow p-子群, 从而命题的第一部分成立. 同样地, 若H, H'是G的两个Sylow p-子群, 令$Q(U)$为G/U中使得H的像与H'的像共轭的元x的集合, 将引理1.1.7应用于$Q(U)$, 可知$\varprojlim Q(U) \neq \varnothing$, 从而存在$x \in G$使得$xHx^{-1} = H'$.

我们可以用同样的推理证明:

命题 1.1.8 (a) G的每个射p-群包含在一个Sylow p-子群中.

(b) 若$G \to G'$是满态射, 则G的Sylow p-子群的像是G'的Sylow p-子群.

例子:

1) 群$\hat{\mathbb{Z}}$的Sylow p-子群有p-进整数群$\mathbb{Z}_p$.

2) 若G是紧的p-进解析群, G的Sylow p-子群是开的(这一事实可由这些群熟知的局部结构得到). 因此G的阶是一个普通整数与p幂的乘积.

3) 令G为离散群. G的商群中为p-群者的射影极限是射p-群, 记为$\hat{G}_p$, 称为G的p-完备化, 它是$\hat{G}$的商群中为射p-群的最大者.

习题1.1.9 令G为离散群, 使得$G^{\mathrm{ab}} = G/(G, G)$同构于$\mathbb{Z}$(例如$\mathbb{R}^3$中扭结的补的基本群). 证明: G的p-完备化同构于$\mathbb{Z}_p$.

§1.1.5 射p-群

令I为一集合, $L(I)$为以I为指标的元x_i生成的离散群. 令X为$L(I)$的正规子群族M使得:

a) $L(I)/M$是有限p-群,

b) M包含几乎所有的x_i(即最多只有有限个x_i不在M中).

令$F(I) = \varprojlim L(I)/M$. $F(I)$是射p-群, 称为由x_i生成的自由射p-群. 下面的结果说明了形容词"自由"的合理性.

命题 1.1.9 若G是射p-群, $F(I)$到G的态射与G中通过由有限子集补构成的过滤趋于0的元素族$(g_i)_{i \in I}$双射对应.(当I有限时, 应该去掉条件$\lim g_i = 1$; 而且, 这时有限子集补不构成过滤.)

证明: 更准确地说, 我们将态射$f: F(I) \to G(I)$对应元素族$(g_i) = (f(x_i))$. 显然, 这样得到的对应是双射. $\qquad\square$

注记:

　　除了$F(I)$, 我们还可以定义群$F_s(I)$: 它是$L(I)/M$的射影极限, 其中M仅满足a). 这是$L(I)$ 的p-完备化. $F_s(I)$到射p-群的态射与G中任意元素族$(g_i)_{i\in I}$一一对应. 我们将在§4.2中看到$F_s(I)$是自由的, 即同构于某个适当的J 对应的$F(J)$.

　　当$I = [1,n]$时, 我们将$F(I)$记为$F(n)$, 群$F(n)$是秩为n的自由射p-群. 我们有$F(0) = \{1\}$, $F(1)$同构于加群$\mathbb{Z}_p$. 下面是群$F(n)$的清晰描述:

　　令$A(n)$为系数在$\mathbb{Z}_p$中关于n个未知元$t_1,\dots,t_n$的形式幂级数构成的结合(但不一定交换)代数(这是Lazard所称的"Magnus代数"). (不喜欢"未必交换"的形式幂级数的读者可以定义$A(n)$为$\mathbb{Z}_p$-模$(\mathbb{Z}_p)^n$的张量代数的完备化.) 赋予关于系数收敛的拓扑, $A(n)$是紧拓扑环. 令U为$A(n)$中常数项为1的元素构成的乘群, 我们可以轻松验证它是射p-群. 因为U包含元素$1 + t_i$, 命题1.1.9说明存在态射$\theta : F(n) \to U$, 它将每个x_i映为元素$1 + t_i$.

命题 1.1.10 (Lazard)　态射$\theta : F(n) \to U$是单射. (因此我们可以将$F(n)$等同于U 中由$1+t_i$生成的闭子群.)

　　我们可以证明更强的结果. 要阐述这一结果, 将射p-群G的$\mathbb{Z}_p$-代数定义为系数在$\mathbb{Z}_p$中的G的有限商群代数的射影极限, 这个代数将记为$\mathbb{Z}_p[[G]]$. 我们有:

命题 1.1.11　存在$\mathbb{Z}_p[[F(n)]]$到$A(n)$上的连续同构α, 它将x_i映为$1 + t_i$.

证明: 态射$\alpha : \mathbb{Z}_p[[F(n)]] \to A(n)$的存在性易见. 另一方面, 令$I$为$\mathbb{Z}_p[[F(n)]]$的增广理想, p-群的初等性质说明I的幂趋于0. 因为这些$x_i - 1$属于I, 我们推出存在连续同态

$$\beta : A(n) \longrightarrow \mathbb{Z}_p[[F(n)]],$$

它将t_i映为$x_i - 1$. 我们需要验证$\alpha \circ \beta = 1$和$\beta \circ \alpha = 1$, 这是显然的.　　□

注记:

1) 当$n = 1$时, 命题1.1.11说明群$\varGamma = \mathbb{Z}_p$的$\mathbb{Z}_p$-代数同构于代数$\mathbb{Z}_p[[T]]$, 这是一个2维正则局部环. 可以用它重获"$\varGamma$-模"的Iwasawa理论(参见[151], 也可参见[23]的§7.4).

2) 在Lazard的论文[109]中, 我们会找到基于命题1.1.10, 1.1.11对$F(n)$的详细研究. 例如, 如果用增广理想I的幂级数过滤$A(n)$, 在$F(n)$上诱导的过滤就是递降中心列的过滤, 而相关的分次代数是对应t_i的类T_i生成的自由Lie $\mathbb{Z}_p$-代数. 由(p, I)的幂定义的过滤也很有趣.

§1.2　上同调

§1.2.1　离散G-模

　　令G为射有限群. 使得G在其上连续作用的离散Abel群构成Abel范畴C_G, 它是所有G-模的范畴的满子范畴. 说G-模A属于C_G的意思是A中每个元素的稳定化子在G中开, 或者我们还可以说

$$A = \bigcup A^U,$$

其中U过G的所有开子群(依惯例, A^U表示A的被U固定的最大子群).

　　C_G中的元素将称为离散G-模(或者甚至简称为G-模). 我们将对这些模定义G的上同调.

§1.2.2 上链, 上循环, 上同调

令 $A \in C_G$. 我们记 G^n 到 A 的所有连续映射集为 $C^n(G, A)$(注意, 因为 A 离散, "离散"等于说是"局部常值"的). 我们首先通过通常的公式定义上边缘

$$d : C^n(G, A) \longrightarrow C^{n+1}(G, A):$$

$$(df)(g_1, \ldots, g_{n+1}) = g_1 \cdot f(g_2, \ldots, g_{n+1}) + \sum_{i=1}^{n} (-1)^i f(g_1, \ldots, g_i g_{i+1}, \ldots, g_{n+1}) + (-1)^{n+1}(g_1, \ldots, g_n).$$

因此我们得到一个复形 "$C^*(G, A)$", 称它的上同调群 $H^q(G, A)$ 为 G 的系数在 A 中的上同调群. 若 G 有限, 我们就回到了有限群的上同调的标准定义, 而且由下一命题, 一般的情形能归结于后一情形.

命题 1.2.1 令 (G_i) 为射有限群的射影系, (A_i) 为离散 G_i-模的归纳系(同态 $A_i \to A_j$ 在显然的意义下应该与态射 $G_i \to G_j$ 相容). 设 $G = \varprojlim G_i$, $A = \varinjlim A_i$, 则我们有

$$H^q(G, A) = \varinjlim H^q(G_i, A_i), \forall q \geqslant 0.$$

证明: 事实上, 我们容易验证典型同态

$$\varinjlim C^*(G_i, A_i) \longrightarrow C^*(G, A)$$

是同构, 因此通过过渡到同调就得到结果. $\square$

推论 1.2.2 令 A 为离散 G-模, 我们有

$$H^q(G, A) = \varinjlim H^q(G/U, A^U), \forall q \geqslant 0,$$

其中 U 过 G 的所有开正规子群.

证明: 事实上, $G = \varprojlim G/U$, $A = \varinjlim A^U$. $\square$

推论 1.2.3 令 A 为离散 G-模, 则我们有

$$H^q(G, A) = \varinjlim H^q(G, B), \forall q \geqslant 0,$$

其中 B 过 A 的所有有限生成的 G-子模.

推论 1.2.4 对 $q \geqslant 1$, 群 $H^q(G, A)$ 是挠群.

证明: 当 G 有限时, 这是一个经典结果. 再利用推论 1.2.2 就得到一般情形下的结果. $\square$

因此我们能轻易地将所有事情简化为有限群的情形, 这是熟知的(例如参见 Cartan-Eilenberg[33], 或者 "Corps Locaux"[153]). 我们可以推出, 例如, 当 A 是 C_G 中的内射对象(从而这些 A^U 是 G/U 中的内射对象), $q \geqslant 1$ 时 $H^q(G, A)$ 为 0. 因为范畴 C_G 有足够的内射对象(但没有足够的投射对象), 我们可知函子 $A \mapsto H^q(G, A)$ 不出所料是函子 $A \mapsto A^G$ 的导出函子.

§1.2.3 低维数

仍然有$H^0(G, A) = A^G$.

$H^1(G, A)$是G到A的连续叉同态的类群.

$H^2(G, A)$是G到A的连续因子组的类群. 若A有限, 则它也是G通过A扩张的类群(证明是标准的, 基于§1.1.2中证明的连续截影的存在性).

注记:

最后一个例子暗示了对拓扑G-模A定义$H^q(G, A)$. 这种类型的上同调在某些应用中实际上很有用(参见[156]).

§1.2.4 函子性

令G, G'为两个射有限群, $f : G \to G'$为态射. 假设$A \in C_G, A' \in C_{G'}$. 存在与f相容的态射概念$h : A' \to A$(这是一个G-态射, 若我们通过f将A'视为G-模). 通过过渡到上同调, 这对态射(f, h)定义了同态

$$H^q(G', A') \longrightarrow H^q(G, A), q \geqslant 0.$$

上面的陈述有如下应用: 当H是G的闭子群, $A = A'$是离散G-模时, 我们得到限制同态

$$\mathrm{Res} : H^q(G, A) \longrightarrow H^q(H, A), q \geqslant 0.$$

当H是G中指标为n的开子群时, 我们定义(例如通过从有限群开始的极限过程)上限制同态

$$\mathrm{Cor} : H^q(H, A) \longrightarrow H^q(G, A).$$

我们有$\mathrm{Cor} \circ \mathrm{Res} = n$, 从而有:

命题 1.2.5 若$(G : H) = n$, $\mathrm{Res} : H^q(G, A) \to H^q(H, A)$的核被$n$零化.

推论 1.2.6 若$(G : H)$与p互素, 则Res在$H^q(G, A)$的p-准素分支上是单射. (这个推论可以特别应用于H是G的Sylow p-子群的情形.)

证明: 当$(G : H)$有限时, 这个推论是上个命题的直接推论. 将H写成开子群的交并利用命题1.2.1, 我们就可以归结于这种情况. □

习题1.2.1 令$f : G \to G'$为射有限群的态射.

(a) 令p为素数. 证明下述性质的等价性:

(1_p) $f(G)$在G'中的指标与p互素.

(2_p) 对任何p-准素G'-模A, 同态$H^1(G', A) \to H^1(G, A)$是单射.

(可归结于G, G'是射p-群的情形.)

(b) 证明以下陈述的等价性:

(1) f是满射.

(2) 对任何G'-模A, 同态$H^1(G', A) \to H^1(G, A)$是单射.

(3) 结论同(2), 但是将A限制为有限G'-模.

§1.2.5 诱导模

令H为射有限群G的闭子群, $A \in C_H$. 定义诱导模$A^* = M_G^H(A)$为G到A的连续映射α^*的群使得$\alpha^*(hx) = h \cdot \alpha^*(x), h \in H, x \in G$. 群$G$在$A^*$上的作用为

$$(g\alpha^*)(x) = \alpha^*(xg).$$

若$H = \{1\}$, 我们记为$M_G(A)$. 这样得到的G-模称为诱导模([153]中的术语为"上诱导").

如果将每个$\alpha^* \in M_G^H(A)$映到它在1处的值, 我们得到与H到G的内射相容的同态$M_G^H(A) \to A$(参见§1.2.4), 从而有同态

$$H^q(G, M_G^H(A)) \longrightarrow H^q(H, A).$$

命题 1.2.7 上面定义的同态$H^q(G, M_G^H(A)) \longrightarrow H^q(H, A)$是同构.

证明: 我们首先注意到: 如果$B \in C_G$, 则有$\mathrm{Hom}^G(B, M_G^H(A)) = \mathrm{Hom}^H(B, A)$. 这就意味着函子$M_G^H$将内射对象变为内射对象. 另一方面, 因为它是正合的, 由标准的比较定理得到本命题. □

推论 1.2.8 诱导模的上同调在维数大于或等于1时为0.

证明: 这不过是$H = \{1\}$时的特殊情形. □

属于Faddeev和Shapiro的命题1.2.7很有用, 它将一个群的子群的上同调归结于该群本身的上同调. 我们提示一下如何从这个观点出发重新得到同态Res和Cor:

(a) 若$A \in C_G$, 我们定义单的G-同态

$$i : A \longrightarrow M_G^H(A)$$

为

$$i(a)(x) = x \cdot a.$$

过渡到上同调, 可以验证我们得到限制映射

$$\mathrm{Res} : H^q(G, A) \longrightarrow H^q(G, M_G^H(A)) = H^q(H, A).$$

(b) 让我们假定H在G中开且$A \in C_G$. 我们定义满的G-同态

$$\pi : M_G^H(A) \longrightarrow A$$

为

$$\pi(a^*) = \sum_{x \in G/H} x \cdot a^*(x^{-1}).$$

等号的右边有意义, 因为事实上$a^*(x^{-1})$只依赖类$x \bmod H$. 过渡到上同调, π给出上限制

$$\mathrm{Cor} : H^q(H, A) = H^q(G, M_G^H(A)) \longrightarrow H^q(G, A).$$

这是上同调函子间的态射, 在0维时与迹映射一致.

习题1.2.2 假设H在G中正规. 若$A \in C_G$, 我们规定G在$M_G^H(A)$上的作用为

$$^{g}a*(x) = g \cdot a* \cdot g^{-1}(x).$$

证明: H的作用平凡, 从而我们可以认为G/H作用在$M_G^H(A)$上; 证明如此定义的作用与正文中定义的G的作用交换. 对每个整数q, 推导G/H在$H^q(G, M_G^H(A)) = H^q(H, A)$上有一个作用. 证明这个作用与自然作用(参见下节)一致.

证明: 若H平凡作用于A, 则$M_G^H(A)$同构于$M_{G/H}(A)$. 由此推出: 当$(G : H)$ 有限时, 有公式

$$H_0(G/H, M_G^H(A)) = A, H_i(G/H, M_G^H(A)) = 0, i \geqslant 1.$$

习题1.2.3 假定$(G : H) = 2$. 令ε为G到$\{\pm 1\}$上的同态, 核为H. 令G通过ε作用于$\mathbb{Z}$, 我们得到G-模$\mathbb{Z}_\varepsilon$.
(a) 假设$A \in C_G$, 令$A_\varepsilon = A \otimes \mathbb{Z}_\varepsilon$. 证明有$G$-模的正合列

$$0 \longrightarrow A \longrightarrow M_G^H(A) \longrightarrow A_\varepsilon \longrightarrow 0.$$

(b) 由此导出上同调正合列

$$\cdots \longrightarrow H^i(G, A) \xrightarrow{\text{Res}} H^i(H, A) \xrightarrow{\text{Cor}} H^i(G, A_\varepsilon) \xrightarrow{\delta} H^{i+1}(G, A) \longrightarrow \cdots,$$

证明: 如果$x \in H^i(G, A_\varepsilon)$, 我们有$\delta(x) = e \cdot x$(上积), 其中$e$是$H^1(G, \mathbb{Z}_\varepsilon)$中某个确定的元.
(c) 将上述做法应用于$2 \cdot A = 0$, 从而得到$A_\varepsilon = A$的情形. (这是关于与到0维球的纤维化的覆盖等同的2次覆盖的Thom-Gysin正合列的射有限模拟.)

§1.2.6 补充

读者还要完成探讨下面几点的任务(以后会用到):

a) 上积

各种性质, 特别是关于正合列的性质. 公式:

$$\text{Res}(x \cdot y) = \text{Res}(x) \cdot \text{Res}(y).$$

$$\text{Cor}(x \cdot \text{Res}(y)) = \text{Cor}(x) \cdot y.$$

b) 关于群扩张的谱序列

若H为G的闭正规子群, $A \in C_G$, 群G/H自然作用于$H^q(H, A)$且作用是连续的. 我们有谱序列:

$$H^p(G/H, H^q(H, A)) \Longrightarrow H^n(G, A).$$

在低维时, 这就给出了正合列

$$0 \longrightarrow H^1(G/H, A^H) \longrightarrow H^1(G, A) \longrightarrow H^1(H, A)^{G/H} \longrightarrow H^2(G/H, A^H) \longrightarrow H^2(G, A).$$

关于离散群与射有限群的上同调之间的关系:

习题1.2.4 令G为离散群, $G \to K$为G到射有限群K的同态. 假设G的像在K中稠密. 对所有$M \in C_K$, 我们有同态

$$H^q(K, M) \longrightarrow H^q(G, M), q \geqslant 0.$$

我们现在限于讨论C_K的由有限的M构成的子范畴C_K'.

(a) 证明下面4个性质的等价性:

A_n. 对任意$M \in C_K'$, 当$q \leqslant n$时, $H^q(K, M) \to H^q(G, M)$是双射, 当$q = n + 1$时是单射.

B_n. 对所有$q \leqslant n$, $H^q(K, M) \to H^q(G, M)$是满射.

C_n. 对所有$x \in H^q(G, M), 1 \leqslant q \leqslant n$, 存在包含$M$的$M' \in C_K$使得$x$映到$H^q(G, M')$中的0.

D_n. 对所有$x \in H^q(G, M), 1 \leqslant q \leqslant n$, 存在$G$的子群$G_0$, 即有$K$的一个开子群的原像使得$x$诱导$H^q(G_0, M)$中的0.

（蕴含$A_n \Rightarrow B_n \Rightarrow C_n$和$B_n \Rightarrow D_n$立刻可得. 对$n$归纳可证结论$C_n \Rightarrow A_n$. 最后, 取$M'$为诱导模$M_G^{G_0}(M)$可得到$D_n \Rightarrow C_n$.）

(b) 证明$A_0, \ldots, D_0$成立. 证明: 若K等于与G相关的射有限群$\hat{G}$, 性质$A_1, \ldots, D_1$正确.

(c) 取G为离散群$\mathrm{PGL}(2, \mathbb{C})$, 证明$\hat{G} = \{1\}$, 并且$H^2(G, \mathbb{Z}/2\mathbb{Z}) \neq 0$（利用$G$通过$\mathrm{SL}(2, \mathbb{C})$的扩张）. 推出$G$不满足$A_2$.

(d) 令K_0为K的开子群, G_0为K_0在G中的原像. 证明: 若$G \to K$满足A_n, 则$G_0 \to K_0$也满足A_n, 反之也对.

习题1.2.5 （以下我们称"G满足A_n", 若典型映射$G \to \hat{G}$满足A_n. 称对所有n满足A_n的群为"好群".）

令$E/N = G$为满足A_2的群G的扩张.

(a) 假定N有限. 令I为N在E中的中心化子. 证明I在E中的指标有限, 推出$I/(I \bigcap N)$满足A_2（利用习题1.2.4的(d)）, 因为E中存在指标有限的子群E_0使得$E_0 \bigcap N = \{1\}$.

(b) 从现在起假设N是有限生成的. （利用(a)）证明N的每个指标有限的子群包含形如$E_0 \bigcap N$的子群, 其中E_0在E中的指标有限. 由此导出正合列

$$1 \longrightarrow \hat{N} \longrightarrow \hat{E} \longrightarrow \hat{G} \longrightarrow 1.$$

(c) 此外还假设N, G是好群, 且对每个有限E-模M, $H^q(N, M)$有限. 证明E是好群（对比$\hat{E}/\hat{N} = \hat{G}, E/N = G$的谱序列）.

(d) 证明有限型自由群的连续扩张是好群. 这适用于辫子群.

(e) 证明$\mathrm{SL}(2, \mathbb{Z})$是好群（利用它包含有限指标子群的事实）. （若$n \geqslant 3$, 可以证明$\mathrm{SL}_n(\mathbb{Z})$不是好群.）

§1.3　上同调维数

§1.3.1　p-上同调维数

令p是素数, G为射有限群. 我们将满足以下条件的整数n的下界称为G的p-上同调维数, 并记之为$\mathrm{cd}_p(G)$:

$(*)$ 对每个离散挠G-模A以及每个$q > n$, $H^q(G, A)$的p-准素分支是0. （当然, 若不存在这样的整数n, 则$\mathrm{cd}_p(G) = +\infty$.）

我们设$\mathrm{cd}(G) = \sup \mathrm{cd}_p(G)$, 称为$G$的上同调维数.

命题 1.3.1　令G为射有限群, p为素数, n为整数, 下面的性质等价:

(i) $\mathrm{cd}_p(G) \leqslant n$.

(ii) 对所有$q > n$和每个是p-准素挠群的离散G-模A, $H^q(G, A) = 0$.

(iii) 当A是被p零化的单离散G-模时, $H^{n+1}(G, A) = 0$.

证明: 令A为挠G-模, $A = \bigoplus A(p)$典型分解成p-准素分支. 易见$H^q(G, A(p))$可以等同于$H^q(G, A)$的p-准素分支. 由此得到(i)和(ii)的等价性. 蕴含(ii)$\Rightarrow$(iii) 显然. 另一方面, 若(iii)成立, 直接用拆分推理可证当A有限且被p幂零化时, $H^{n+1}(G, A) = 0$; 通过取归纳极限(参见命题1.2.1, 推论1.2.3), 同样的结果可推广到每个为p-准素挠群的离散G-模上. 对q作归纳可推出(ii): 将A嵌入到模$M_G(A)$中, 对也是p-准素挠模的$M_G(A)/A$应用归纳假设. $\square$

命题 1.3.2 假设$\mathrm{cd}_p(G) \leqslant n$, 令$A$为离散$p$-可除$G$-模(即使得$p: A \to A$是满射). 对$q > n$, $H^q(G, A)$的p-准素分支是0.

证明: 正合列

$$0 \longrightarrow A_p \longrightarrow A \overset{p}{\longrightarrow} A \longrightarrow 0$$

给出正合列

$$H^q(G, A_p) \longrightarrow H^q(G, A) \overset{p}{\longrightarrow} H^q(G, A).$$

对$q > n$, 由假设有$H^q(G, A_p) = 0$. 因此在$H^q(G, A)$中乘p是单射, 这就意味着这个群的p-准素分支变成0. $\square$

推论 1.3.3 若$\mathrm{cd}(G) \leqslant n$, $A \in C_G$可除, 则对$q > n$有$H^q(G, A) = 0$.

§1.3.2 严格上同调维数

保持上面的假设和记号. 将满足以下条件的整数n的下界称为G的严格p-上同调维数, 并记之为$\mathrm{scd}_p(G)$:

$(**)$ 对任何$A \in C_G$和$q > n$, $H^q(G, A)(p) = 0$. (这个条件与$(*)$相同, 除了不再假设A是挠模.)

我们有$\mathrm{scd}(G) = \sup \mathrm{scd}_p(G)$, 称为$G$的严格上同调维数.

命题 1.3.4 $\mathrm{scd}_p(G)$等于$\mathrm{cd}_p(G)$或者$\mathrm{cd}_p(G) + 1$.

证明: 显然有$\mathrm{scd}_p(G) \geqslant \mathrm{cd}_p(G)$. 因此我们需要证明

$$\mathrm{scd}_p(G) \leqslant \mathrm{cd}_p(G) + 1.$$

令$A \in C_G$, 写出态射$p: A \to A$的典型分解, 它由两个正合列组成:

$$0 \longrightarrow N \longrightarrow A \longrightarrow I \longrightarrow 0,$$

$$0 \longrightarrow I \longrightarrow A \longrightarrow Q \longrightarrow 0,$$

其中$N = A_p, I = pA, Q = A/pA$, 合成映射$A \to I \to A$是乘$p$. 令$q > \mathrm{cd}_p(G) + 1$. 因为$N, Q$是$p$-准素挠群, 我们有$H^q(G, N) = H^{q-1}(G, Q) = 0$. 因此

$$H^q(G, A) \longrightarrow H^q(G, I), \quad H^q(G, I) \longrightarrow H^q(G, A)$$

是单射, 从而在$H^q(G, A)$中乘p是单射, 这意味着$H^q(G, A)(p) = 0$, 故证明了$\mathrm{scd}_p(G) \leqslant \mathrm{cd}_p(G) + 1$. $\qquad\square$

例子:

1) 取$G = \hat{\mathbb{Z}}$. 对每个p有$\mathrm{cd}_p(G) = 1$(这是显然的, 例如参见[153], p.197的命题2). 另一方面, $H^2(G, \mathbb{Z})$同构于$H^1(G, \mathbb{Q}/\mathbb{Z}) = \mathbb{Q}/\mathbb{Z}$, 从而$\mathrm{scd}_p(G) = 2$.

2) 令$p \neq 2$, G为仿射变换$x \mapsto ax + b, b \in \mathbb{Z}_p, a \in U_p(\mathbb{Z}_p$的单位群)构成的群. 我们能证明$\mathrm{cd}_p(G) = \mathrm{scd}_p(G) = 2$(利用§1.3.5中的命题1.3.20).

3) 令ℓ为素数, G_ℓ为ℓ-进域$\mathbb{Q}_\ell$的代数闭包$\bar{\mathbb{Q}}_\ell$的Galois群. Tate证明了对所有p, $\mathrm{cd}_p(G_\ell) = \mathrm{scd}_p(G_\ell) = 2$, 参见§2.5.3.

习题1.3.1 证明$\mathrm{scd}_p(G)$不可能等于1.

§1.3.3 子群的上同调维数与扩张

命题 1.3.5 令H为射有限群G的闭子群, 我们有

$$\mathrm{cd}_p(H) \leqslant \mathrm{cd}_p(G),$$

$$\mathrm{scd}_p(H) \leqslant \mathrm{scd}_p(G),$$

等号在下列情形之一时成立:

(i) $(G : H)$与p互素.

(ii) H在G中开, $\mathrm{cd}_p(G) < +\infty$.

证明: 我们将只考虑cd_p, 因为关于scd_p的推理类似. 若A是离散挠H-模, $M_G^H(A)$是离散挠G-模, 且有$H^q(G, M_G^H(A)) = H^q(H, A)$, 从而显然有不等式

$$\mathrm{cd}_p(H) \leqslant \mathrm{cd}_p(G).$$

反方向的不等式在情形(i)时由Res在p-准素分支上为单射(推论1.2.6)的事实得到; 在情形(ii), 设$n = \mathrm{cd}_p(G)$, 令A为离散挠G-模使得$H^n(G, A)(p) \neq 0$. 我们将看到$H^n(H, A)(p) \neq 0$, 这就证明了$\mathrm{cd}_p(H) = n$. 为此, 只需证明下面的引理. $\qquad\square$

引理 1.3.6 在p-准素分支上, 同态$\mathrm{Cor} : H^n(H, A) \longrightarrow H^n(G, A)$是满射.

证明: 事实上, 令$A^* = M_G^H(A), \pi : A^* \to A$是§1.2.5, b)中定义的同态. 这个同态是满射, 其核B为挠模. 因此$H^{n+1}(G, B)(p) = 0$, 这就证明了

$$H^n(G, A^*) \longrightarrow H^n(G, A)$$

在p-准素分支上是满射. 因为这个同态可以与上限制等同(参见§1.2.5), 引理得证. $\qquad\square$

推论 1.3.7 若G_p是G的Sylow p-子群, 则我们有

$$\mathrm{cd}_p(G) = \mathrm{cd}_p(G_p) = \mathrm{cd}(G_p), \quad \mathrm{scd}_p(G) = \mathrm{scd}_p(G_p) = \mathrm{scd}(G_p).$$

证明: 显然. $\qquad\square$

推论 1.3.8 $\mathrm{cd}_p(G) = 0$的充分必要条件是G的阶与p互素.

证明: 充分性是显然的. 要证明必要性, 我们可以假设G是射p-群(参见推论1.3.7). 若$G \neq \{1\}$, 由p-群的初等性质, 存在G到$\mathbb{Z}/p\mathbb{Z}$上的连续同态(例如参见[153], p.146), 因此$H^1(G, \mathbb{Z}/p\mathbb{Z}) \neq 0$, 从而$\mathrm{cd}_p(G) \geq 1$. □

推论 1.3.9 若$\mathrm{cd}_p(G) \neq 0, \infty$, G的阶中p的幂次为无穷.

证明: 我们这里可以再次假设G是射p-群. 若G有限, 则性质的部分(ii)就说明$\mathrm{cd}_p(G) = \mathrm{cd}_p(\{1\}) = 0$, 这就与我们的假设矛盾, 因此$G$无限. □

推论 1.3.10 假设$\mathrm{cd}_p(G) = n$有限, 则$\mathrm{scd}_p(G) = n$的充分必要条件是: 对于G的每个开子群H, 有$H^{n+1}(H, \mathbb{Z})(p) = 0$.

证明: 条件显然是必要的. 反过来, 若条件成立, 则对任何同构于某个$M_G^H(\mathbb{Z}^m), m \geq 0$的离散$G$-模$A$有$H^{n+1}(G, A)(p) = 0$. 但是每个$\mathbb{Z}$上有限秩的离散$G$-模$B$同构于这样的$A$的商模$A/C$(取$H$为在$B$上平凡作用的开正规子群). 因为$H^{n+2}(G, C)(p) = 0$, 我们推出$H^{n+1}(G, B)(p) = 0$, 通过过渡到极限把这个结果推广到每个离散$G$-模. □

命题1.3.5可以补充如下:

命题 1.3.11 若G是p-无挠的, H是G的开子群, 则

$$\mathrm{cd}_p(G) = \mathrm{cd}_p(H), \ \mathrm{scd}_p(G) = \mathrm{scd}_p(H).$$

考虑到命题1.3.5, 我们需要证明$\mathrm{cd}_p(H) < \infty$意味着$\mathrm{cd}_p(G) < \infty$. 关于这一点, 参见[157], 以及[159], p.98和Haran的[74].

命题 1.3.12 令H为射有限群G的闭正规子群, 则有不等式

$$\mathrm{cd}_p(G) \leq \mathrm{cd}_p(H) + \mathrm{cd}_p(G/H).$$

证明: 我们利用群扩张的谱序列

$$E_2^{i,j} = H^i(G/H, H^j(H, A)) \Longrightarrow H^n(G, A).$$

令A为离散挠G-模, 取

$$n > \mathrm{cd}_p(H) + \mathrm{cd}_p(G/H).$$

若$i + j = n$, 则有$i > \mathrm{cd}_p(G/H)$, 或者$j > \mathrm{cd}_p(H)$, 而在这两种情形下, $E_2^{i,j}$的p-准素分支是0. 由此得到$H^n(G, A)$的p-准素分支是0. □

注记:

让我们假设$n = \mathrm{cd}_p(H), m = \mathrm{cd}_p(G/H)$有限. 这时谱序列给出典型同构

$$H^{n+m}(G, A)(p) = H^m(G/H, H^n(H, A))(p).$$

这个同构能让我们给出$\mathrm{cd}_p(G) = \mathrm{cd}_p(H) + \mathrm{cd}_p(G/H)$的条件, 参见§1.4.1.

习题1.3.2 证明: 在命题1.3.5的结论(ii)中, 我们能将"H在G中开"的假设用"p 在$(G:H)$中的指数有限"来替代.

习题1.3.3 用命题1.3.12中的记号, 假设p在$(G:H)$中的指数非零(即$\mathrm{cd}_p(G/H) \neq 0$). 证明有不等式$\mathrm{scd}_p(G) \leqslant \mathrm{cd}_p(H) + \mathrm{scd}_p(G/H)$.

习题1.3.4 令n为整数. 假设对G的每个开子群H, $H^{n+1}(H,\mathbb{Z})$, $H^{n+2}(H,\mathbb{Z})$的p-准素分支是0, 证明

$$\mathrm{scd}_p(G) \leqslant n.$$

(若G_p是G的Sylow p-子群, 证明$H^{n+1}(G_p, \mathbb{Z}/p\mathbb{Z}) = 0$, 然后应用命题1.4.3去证明$\mathrm{cd}_p(G) \leqslant n$.)

§1.3.4 满足$\mathrm{cd}_p(G) \leqslant 1$的射有限群$G$的刻画

令$1 \to P \to E \xrightarrow{\pi} W \to 1$为射有限群的扩张. 我们说射有限群$G$具有关于这个扩张的提升性质, 如果每个态射$f: G \to W$可提升为态射$f': G \to E$(即如果存在$f'$使得$f = \pi \circ f'$). 这等价于说$E$被$f$拉回的扩张

$$1 \longrightarrow P \longrightarrow E_f \longrightarrow G \longrightarrow 1$$

分裂(即存在同态的连续截影$G \to E_f$).

命题 1.3.13 令G为射有限群, p为素数. 下面的性质等价:

(i) $\mathrm{cd}_p(G) \leqslant 1$.

(ii) 群G关于扩张

$$1 \longrightarrow P \longrightarrow E \longrightarrow W \longrightarrow 1$$

具有提升性质, 其中E有限, P是被p零化的Abel p-群.

(ii′) G通过被p零化的有限Abel p-群的每个扩张分裂.

(iii) 群G关于扩张

$$1 \longrightarrow P \longrightarrow E \longrightarrow W \longrightarrow 1$$

具有提升性质, 其中P是射p-群.

(iii′) G由射p-群的每个扩张分裂.

证明: 显然有(iii)⇔(iii′)和(ii′)⇒(ii). 要证明(ii)⇒(ii′), 考虑G通过被p零化的有限Abel p-群P的扩张

$$1 \longrightarrow P \longrightarrow E_0 \longrightarrow G \longrightarrow 1.$$

让我们选取E_0的正规子群H使得$H \bigcap P = 1$; 投影$E_0 \to G$将H与G的一个开正规子群等同. 设$E = E_0/H, W = G/H$. 我们有正合列

$$1 \longrightarrow P \longrightarrow E \longrightarrow W \longrightarrow 1.$$

由(ii), 态射$G \to W$提升到E. 因为方图

交换, 我们推出G提升到E_0, 即E_0分裂, 从而(ii')成立.

将$H^2(G, A)$中的元与G通过A扩张的类对应(参见§1.2.3)可证(i)⇔(ii'). (iii')⇒(ii')显然. 因此剩下证明(ii')⇒(iii'), 为此我们需要下面的引理:

引理 1.3.14 令H为射有限群E的闭正规子群, H'为H的开子群, 则存在H的包含在H'中, 且在E中正规的开子群H''.

证明: 令N为H'在E中的正规化子, 即满足$xH'x^{-1} = H'$的$x \in E$的集合. 因为$xH'x^{-1}$包含在H中, 可见N是将紧子集(即H')映到开子集(即视为H的子空间的H')的元素的集合. 由此得到N是开集, 从而H'的共轭子群数有限, 它们的交集H''满足引理的要求. □

现在让我们回到(ii')⇒(iii')的证明. 我们假设$1 \to P \to E \to G \to 1$是$G$通过射$p$-群$P$的扩张. 令$X$为元偶$(P', s)$的集合, 其中$P'$在$P$中闭, 在$E$中正规, s是G变为扩张

$$1 \longrightarrow P/P' \longrightarrow E/P' \longrightarrow G \longrightarrow 1$$

的提升. 如同在§1.1.2中, 给X排序: 定义当$P_1' \subset P_2'$且s_2是s_1与映射$E/P_1' \to E/P_2'$的复合时, $(P_1', s_1') \geqslant (P_2', s_2')$. 有序集$X$是归纳的. 令$(P', s)$为$X$的极大元, 剩下的只要证明$P' = 1$.

令E_s为$s(G)$在E中的原像. 我们有正合列

$$1 \longrightarrow P' \longrightarrow E_s \longrightarrow G \longrightarrow 1.$$

若$P' \neq 1$, 引理1.3.14说明存在P'的不等于P'且在E中正规的开子群P''. 由拆分推理(因为P'/P''是p-群), 我们能够假设P'/P''是Abel的且被p零化. 由(ii'), 扩张

$$1 \longrightarrow P'/P'' \longrightarrow E_s/P'' \longrightarrow G \longrightarrow 1$$

分裂. 因此有G到E_s/P'', 从而更加有到E/P''的提升. 这与(P', s)极大的假设矛盾. 所以$P' = 1$, 这就完成了命题1.3.13的证明.

推论 1.3.15 自由射p-群$F(I)$的上同调维数小于或等于1.

证明: 例如让我们验证性质(iii'). 设$E/P = G$为$E = F(I)$通过射p-群P的扩张, x_i为$F(I)$的典型生成元. 令$u : G \to E$为包含零元的连续截影(参见命题1.1.2), $e_i = s(x_i)$. 因为x_i收敛到1, 这对e_i也正确, 命题1.1.9说明存在态射$s : G \to E$使得$s(x_i) = e_i$, 从而扩张E分裂. □

习题1.3.5 令G是群, p是素数. 考虑下面的性质:

$(*_p)$ 对扩张$1 \to P \to E \to W \to 1$, 其中$E$有限, P是p-群, 且对任何满态射$f : G \to W$, 存在提升f的满态射$f' : G \to E$.

(a) 证明这个性质等价于下面两个性质同时成立:

(1_p) $\mathrm{cd}_p(G) \leqslant 1$.

(2_p) 对G的每个开正规子群U和任何$N \geqslant 0$, 存在$z_1, \dots, z_N \in H^1(U, \mathbb{Z}/p\mathbb{Z})$ 使得元素$s(z_i)(s \in G/U, 1 \leqslant i \leqslant N)$在$\mathbb{Z}/p\mathbb{Z}$上线性无关.

(先说明只需要在下面两种情形证明$(*_p)$: (i) E的每个投影到W上的子群等于E; (ii) E是W与P的半直积, P是被p零化的Abel p-群. 情形(i)等价于(1_p), 情形(ii)等价于(2_p)).

(b) 证明: 要验证(2_p), 只需要考虑充分小的子群U(即包含在一个固定的开子群).

习题1.3.6 (a) 令G, G'为两个对所有p都满足$(*_p)$的射有限群. 假设分别存在$G(G')$中由使得对所有n满足$G/G_n(G'/G'_n)$可解的正规开子群构成的零元的邻域基$(G_n)(G'_n)$. 证明: G与G'同构.

(对n归纳构造两个递降序列$(H_n), (H'_n)$使得$H_n \subset G_n, H'_n \subset G'_n, H_n, H'_n$分别在$G, G'$中开正规, 以及同构$G/H_n \to G'/H'_n$的凝聚列$(f_n)$).

(b) 令L是可数元素族(x_i)生成的自由(非Abel)群L, $\hat{L}_{\text{res}} = \varprojlim L/N$, 其中$N$在$L$中正规且包含几乎所有的$x_i$, 使得$L/N$可解且有限. 证明: $\hat{L}_{\text{res}}$是对所有p满足$(*_p)$的可度量化的射可解群(即可解有限群的射影极限); 利用(a)证明任何满足这些性质的射有限群同构于$\hat{L}_{\text{res}}$.

(参见Iwasawa的[83].)

习题1.3.7 令G为有限群, S为G的Sylow p-子群, N为S在G中的正规化子. 假设S有"平凡交性质", 当$g \notin N$时, $S \bigcap gSg^{-1} = 1$.

(a) 若A是有限p-准素G-模, 证明: 对所有$i > 0$, 映射

$$\text{Res}: H^i(G, A) \longrightarrow H^i(N, A) = H^i(S, A)^{N/S}$$

是同构. (利用[33]中定理7.10.1给出的对Res的像的刻画.)

(b) 令$1 \to P \to E \to G \to 1$为$G$通过射$p$-群$P$的扩张. 证明: N到E的每个提升能延拓为G的提升. (归结于P为有限交换的情形, 并在$i = 1, 2$时利用(a).)

习题1.3.8 给出满足下列性质的射有限群的扩张$1 \to P \to E \to G \to 1$的例子:

(i) P是射p-群.

(ii) G有限.

(iii) G的一个Sylow p-子群提升到E.

(iv) G不能提升到E.

(对$p > 5$, 我们可以取$G = \text{SL}_2(\mathbb{F}_p)$, $E = \text{SL}_2(\mathbb{Z}_p[w])$, 其中$w$是$p$次本原单位根.)

§1.3.5 对偶模

令G为射有限群. 用C_G^f, C_G^t分别表示有限群、挠群的离散G-模A的范畴. 范畴C_G^t可以等同于C_G^f中对象的归纳极限的范畴$\varinjlim C_G^f$.

我们用(Ab)表示Abel群的范畴. 若$M \in$ (Ab), 我们设$M^* = \text{Hom}(M, \mathbb{Q}/\mathbb{Z})$并赋予这个群点态收敛的拓扑($\mathbb{Q}/\mathbb{Z}$视为离散的). 当$M$是挠群(有限群)时, 其对偶$M^*$是射有限群(有限群). 如此我们得到(参见§1.1.1的例4)挠Abel群范畴与射有限交换群的反范畴之间的等价性.

命题 1.3.16 令n为大于或等于0的整数. 假设:

(a) $\text{cd}(G) \leqslant n$,

(b) 对每个$A \in C_G^f$, $H^n(G, A)$是有限群,

则函子$A \mapsto H^n(G, A)^*$在C_G^f上可用C_G^t中的一个元I表示. (换句话说, 存在$I \in C_G^t$使得当A过C_G^f时, 函子$\text{Hom}^G(A, I)$与$H^n(G, A)^*$同构.)

证明: 设$S(A) = H^n(G, A), T(A) = H^n(G, A)^*$. 假设(a)说明$S$是$C_G^f$到(Ab)的共变右正合函子, 假设(b)说明它的值属于(Ab)的由有限群构成的子范畴(Ab^f). 因为函子*正合, 我们可见T是C_G^f到(Ab)的反变左正合函子. 因此命题1.3.16是下面引理的结果. □

引理 1.3.17 令C是Noether Abel范畴, $T: C^0 \to$ (Ab)是C到(Ab)的反变右正合函子, 则函子T可以用$\varinjlim C$中的对象表示.

这个结果可以在Grothendieck的Bourbaki讲座[69]以及Gabriel的论文([60], §2.4)中找到. 我们给出证明的梗概:

元偶$(A, x), A \in C, x \in T(A)$称为极小的, 若$x$不是任何$T(B)$中的元, 其中$B$是$A$的不同于$A$的商(若$B$是$A$的商, 我们将$T(B)$等同于$T(A)$的子群). 若$(A', x'), (A, x)$是极小对, 我们说$(A', x')$大于$(A, x)$, 如果存在态射$u: A \to A'$使得$T(u)(x') = x$(这时$u$唯一). 极小对的集合是过滤的有序集, 通过这个过滤取$I = \varinjlim A$. 如果设$T(I) = \varprojlim T(A)$, x就定义了一个典型元$i \in T(I)$. 若$f: A \to I$是态射, 将f映到$T(f)(i) \in T(A)$, 则我们得到Hom(A, I)到$T(A)$的一个同态. 可以验证这个同态是同构(这里要用到Noether假设).

注记:

1) 这里$T(I)$就是挠群$H^n(G, I)$的(紧)对偶, 典型元$i \in T(I)$是同态

$$i: H^n(G, I) \longrightarrow \mathbb{Q}/\mathbb{Z}.$$

映射Hom$^G(A, I) \to H^n(G, A)^*$可以这样定义: 将$f \in$ Hom$^G(A, I)$对应到同态

$$H^n(G, A) \xrightarrow{f} H^n(G, I) \xrightarrow{i} \mathbb{Q}/\mathbb{Z}.$$

2) 模I称为G的对偶模(n维时), 在同构意义下它的定义是合理的, 或者更准确地说, (I, i)在唯一同构意义下是唯一的.

3) 如果我们只谈p-准素G-模, 那么仅需要假设$\mathrm{cd}_p(G) \leqslant n$.

4) 通过取极限, 我们从命题1.3.16得到结论: 若$A \in C_G^t$, 群$H^n(G, A)$是紧群Hom$^G(A, I)$的对偶, 后一个群的拓扑是点态收敛. 如果设$\tilde{A} =$ Hom(A, I), 并且通过公式$(gf)(a) = g \cdot f(g^{-1}a)$将$\tilde{A}$视为$G$-模, 我们有Hom$^G(A, I) = H^0(G, \tilde{A})$, 而命题1.3.16给出了$H^n(G, A)$与$H^0(G, \tilde{A})$之间的对偶, 第一个群是离散的, 第二个群是紧的.

命题 1.3.18 若I是关于G的对偶模, 则I也是关于G的每个开子群的对偶模.

证明: 若$A \in C_H^f$, 则$M_G^H(A) \in C_G^f$, $H^n(G, M_G^H(A)) = H^n(H, A)$. 于是$H^n(H, A)$与Hom$^G(M_G^H(A), I)$对偶. 但是易见后一个群可以函子地与Hom$^H(A, I)$等同. 由此得到$I$的确是$H$的对偶模. □

注记:

Hom$^G(A, I)$到Hom$^H(A, I)$的典型内射由对偶定义出满同态$H^n(H, A) \to H^n(G, A)$, 它不过是上极限而已, 这一点可以从§1.2.5中给出的解释看出来.

推论 1.3.19 令$A \in C_G^f$. 群$\tilde{A} =$ Hom(A, I)是$H^n(H, A)$的对偶的归纳极限, 其中H过G的开子群(这些群之间的映射是上极限的转置).

证明: 这个结论可以由显然的公式

17

$$\tilde{A} = \varinjlim \operatorname{Hom}^H(A, I)$$

取对偶得到. $\qquad\square$

注记:

我们能陈述得更准确些: 证明G在$\tilde{A}$上的作用能通过从G/H在$H^n(H, A)$上的自然作用开始过渡到极限得到, 其中H为G的开正规子群.

命题 1.3.20 假设$n \geqslant 1$. $\operatorname{scd}_p(G) = n + 1$的充分必要条件是存在$G$的开子群$H$使得$I^H$包含同构于$\mathbb{Q}_p/\mathbb{Z}_p$的子群.

证明: 说I^H包含同构于$\mathbb{Q}_p/\mathbb{Z}_p$的子群相当于说$\operatorname{Hom}^H(\mathbb{Q}_p/\mathbb{Z}_p, I) \neq 0$, 或者$H^n(H, \mathbb{Q}_p/\mathbb{Z}_p) \neq 0$. 但是$H^n(H, \mathbb{Q}_p/\mathbb{Z}_p)$是$H^n(H, \mathbb{Q}/\mathbb{Z})$的$p$-准素分支, 后者本身同构于$H^{n+1}(H, \mathbb{Z})$(利用标准的正合列

$$0 \longrightarrow \mathbb{Z} \longrightarrow \mathbb{Q} \longrightarrow \mathbb{Q}/\mathbb{Z} \longrightarrow 0$$

以及$n \geqslant 1$的假设). 这样命题可以由推论1.3.10和命题1.3.5推出. $\qquad\square$

例子:

1) 取$G = \hat{\mathbb{Z}}, n = 1$. 假设$A \in C_G^t$, 用$\sigma$表示$G$的典型生成元定义的$A$的自同构. 我们容易验证(参见[153], p.197)$H^1(G, A)$可以等同于$A_G = A/(\sigma - 1)A$. 我们推出G的对偶模是在其上作用平凡的模$\mathbb{Q}/\mathbb{Z}$. 特别地, 我们再次得到事实: 对所有p有$\operatorname{scd}_p(G) = 2$.

2) 令$\bar{\mathbb{Q}}_\ell$为ℓ-进域$\mathbb{Q}_\ell$的代数闭包, G为$\bar{\mathbb{Q}}_\ell$在$\mathbb{Q}_\ell$上的Galois群, 则$\operatorname{cd}(G) = 2$, 且相应的对偶模是所有单位根的群μ(见§2.5.2). 上面的命题再次给出对所有p有$\operatorname{scd}_p(G) = 2$的事实, 参见§2.5.3.

§1.4 射p-群的上同调

§1.4.1 单模

命题 1.4.1 令G为射p-群. 每个被p零化的离散单G-模同构于$\mathbb{Z}/p\mathbb{Z}$(作用平凡).

证明: 令A为这样的一个模. 显然A有限, 我们可以将它视为G/U-模, 其中U是G的某个适当的正规开子群. 这样我们导向G为(有限)p-群的情形, 这时的结果是熟知的(例如参见[153], p.146). $\qquad\square$

推论 1.4.2 任何有限离散的p-准素G-模有相邻两项的商同构于$\mathbb{Z}/p\mathbb{Z}$的合成列.

证明: 这是显然的. $\qquad\square$

命题 1.4.3 令G为射p-群, n为整数, 则$\operatorname{cd}(G) \leqslant n$的充分必要条件是$H^{n+1}(G, \mathbb{Z}/p\mathbb{Z}) = 0$.

证明: 由命题1.3.1和命题1.4.1可得. $\qquad\square$

推论 1.4.4 假设$\operatorname{cd}(G) = n$. 若A是离散有限的p-准素非零G-模, 则$H^n(G, A) \neq 0$.

证明: 事实上, 从推论1.4.2可知存在满同态$A \to \mathbb{Z}/p\mathbb{Z}$. 因为$\operatorname{cd}(G) \leqslant n$, 相应的同态

$$H^n(G, A) \longrightarrow H^n(G, \mathbb{Z}/p\mathbb{Z})$$

是满射. 但是命题1.4.3说明$H^n(G, \mathbb{Z}/p\mathbb{Z}) \neq 0$. 由此得到结果. $\qquad\square$

命题 1.4.5 令 G 为射有限群, n 为大于或等于0的整数. 若 p 是素数, 则下面的性质等价:

(i) $\mathrm{cd}_p(G) \leqslant n$.

(ii) 对 G 的每个闭子群 H, $H^{n+1}(H, \mathbb{Z}/p\mathbb{Z}) = 0$.

(iii) 对 G 的每个开子群 U, $H^{n+1}(U, \mathbb{Z}/p\mathbb{Z}) = 0$.

证明: (i)$\Rightarrow$(ii) 由命题1.3.5得到. (ii)$\Rightarrow$(iii) 显然. 将闭子群 H 的上同调群写成包含 H 的开子群的上同调群的归纳极限, 由命题1.2.1得到(iii)$\Rightarrow$(ii). 要证明(ii)$\Rightarrow$(i), 由推论1.3.7我们可以假设 G 是射 p-群, 在这种情形, 我们可以应用命题1.4.3. $\qquad\square$

下面的命题把命题1.3.12细化了:

命题 1.4.6 令 G 为射有限群, H 为 G 的闭正规子群. 假设 $n = \mathrm{cd}_p(H)$, $m = \mathrm{cd}_p(G/H)$ 有限, 我们在下面两种情形:

(i) H 是射 p-群, $H^n(H, \mathbb{Z}/p\mathbb{Z})$ 有限.

(ii) H 包含在 G 的中心里.

之一有等式

$$\mathrm{cd}_p(G) = n + m.$$

证明: 令 $(G/H)'$ 为 G/H 的 Sylow p-子群, G' 为它在 G 中的原像. 我们知道 $\mathrm{cd}_p(G') \leqslant \mathrm{cd}_p(G) \leqslant n + m$, 且 $\mathrm{cd}_p(G'/H) = m$. 故只需证明 $\mathrm{cd}_p(G') = n + m$, 换言之, 我们可以假设 G/H 是射 p-群. 另一方面(参见§1.3.3)有

$$H^{n+m}(G, \mathbb{Z}/p\mathbb{Z}) = H^m(G/H, H^n(H, \mathbb{Z}/p\mathbb{Z})).$$

在情形(i), $H^n(H, \mathbb{Z}/p\mathbb{Z})$ 有限且非零(命题1.4.3), 因此有 $H^m(G/H, H^n(H, \mathbb{Z}/p\mathbb{Z})) \neq 0$ (推论1.4.4), 由此我们得到 $H^{n+m}(G, \mathbb{Z}/p\mathbb{Z}) \neq 0$ 且 $\mathrm{cd}_p(G) = n + m$.

在情形(ii), H 是 Abel 群, 从而是它的 Sylow 子群 H_ℓ 的直积. 由命题1.4.3, 我们有 $H^n(H_p, \mathbb{Z}/p\mathbb{Z}) \neq 0$, 又因 H_p 是 H 的直积因子, 可知 $H^n(H, \mathbb{Z}/p\mathbb{Z}) \neq 0$. 另一方面, G/H 在 $H^n(H, \mathbb{Z}/p\mathbb{Z})$ 上的作用是平凡的. 事实上, 对于任意的 $H^q(H, A)$, 这个作用来自 G 在 H 上(通过内自同构)和 A 上的作用(参见[153], p.124), 在这里两个作用都是平凡的. 所以作为 G/H-模, $H^n(H, \mathbb{Z}/p\mathbb{Z})$ 同构于直和 $(\mathbb{Z}/p\mathbb{Z})^{(I)}$, 其中指标的集合 I 非空. 我们有

$$H^{n+m}(G, \mathbb{Z}/p\mathbb{Z}) = H^m(G/H, \mathbb{Z}/p\mathbb{Z})^{(I)} \neq 0,$$

如上, 这就完成了证明. $\qquad\square$

习题1.4.1 令 G 为射 p-群. 假设对每个 i, $H^i(G, \mathbb{Z}/p\mathbb{Z})$ 在 $\mathbb{Z}/p\mathbb{Z}$ 上的维数 n_i 有限, 且对充分大的 i, $n_i = 0$ (即 $\mathrm{cd}(G) < +\infty$). 设 $E(G) = \sum (-1)^i n_i$, 这是 G 的 Euler-Poincaré 示性数.

(a) 令 A 为阶 p^a 有限的离散 G-模. 证明 $H^i(G, A)$ 有限. 若用 $p^{n_i(A)}$ 表示其阶, 设

$$\chi(A) = \sum (-1)^i n_i(A).$$

证明: $\chi(A) = a \cdot E(G)$.

(b) 令 H 为 G 的开子群. 证明 H 与 G 有相同的性质, 并且 $E(H) = (G : H) \cdot E(G)$.

(c) 令$X/N = H$为G通过满足相同性质的射p-群N的扩张. 证明X也满足该性质, 并且$E(X) = E(N) \cdot E(G)$.

(d) 令G_1为射p-群. 假设存在G_1的满足上述性质的开子群G. 设$E(G_1) = E(G)/(G_1 : G)$. 证明这个数(不一定是整数)不依赖G_1的选择. 推广(b)和(c). 证明$E(G_1) \notin \mathbb{Z} \Rightarrow G_1$包含一个$p$阶元(利用命题1.3.11).

(e) 假设G是维数大于或等于1的p-进Lie群. 利用M. Lazard的结果([110], 2.5.7.1)证明$E(G) = 0$.

(f) 令G为两个元x, y和关系$x^p = 1$定义的射p-群, H为同态$f : G \to \mathbb{Z}/p\mathbb{Z}$ 使得$f(x) = 1, f(y) = 0$的核. 证明H在基$\{x^i y x^{-i}\}, 0 \leqslant i \leqslant p-1$下自由. 推出$E(H) = 1-p, E(G) = p^{-1} - 1$.

§1.4.2 H^1的解释: 生成元

令G为射p-群. 我们在本节的剩余部分设

$$H^i(G) = H^i(G, \mathbb{Z}/p\mathbb{Z}).$$

特别地, $H^1(G)$表示$H^1(G, \mathbb{Z}/p\mathbb{Z}) = \mathrm{Hom}(G, \mathbb{Z}/p\mathbb{Z})$.

命题 1.4.7 令$f : G_1 \to G_2$为射p-群的态射. f为满射的充分必要条件是$H^1(f) : H^1(G_2) \to H^1(G_1)$是单射.

证明: 必要性显然. 反过来, 假设$f(G_1) \neq G_2$, 则存在G_2的有限商使得$f(G_1)$在P_2中的像P_1不同于P_2. 已知(例如参见Bourbaki的[24], p.77 命题12)存在包含P_1的指标为p的正规子群. 换言之, 存在非零态射$\pi : P_2 \to \mathbb{Z}/p\mathbb{Z}$将$P_1$映为0. 如果将$\pi$视为$H^1(G_2)$, 则有$\pi \in \ker H^1(f)$. $\qquad\square$

注记:

令G为射p-群. 用G^*表示G的子群, 它是那些连续同态$\pi : G \to \mathbb{Z}/p\mathbb{Z}$的核的交集. 容易验证$G^* = G^p \cdot \overline{(G, G)}$, 其中$\overline{(G,G)}$表示$G$的换位子群的闭包. G/G^*与$H^1(G)$互为对偶(第一个是紧的, 第二个是离散的). 因此命题1.4.7可以重述如下:

命题 1.4.8 态射$G_1 \to G_2$为满射的充分必要条件是它诱导的态射$G_1/G_1^* \to G_2/G_2^*$也是满射.

因此G^*起到"根基"的作用, 该命题与在交换代数中很有用的"Nakayama引理"类似.

例子:

若G是§1.1.5中定义的自由群, 命题1.1.9说明$H^1(G)$可以与直和$(\mathbb{Z}/p\mathbb{Z})^{(I)}$等同, G/G^*可以与直积$(\mathbb{Z}/p\mathbb{Z})^I$等同.

命题 1.4.9 令G为射p-群, I为一个集合,

$$\theta : H^1(G) \longrightarrow (\mathbb{Z}/p\mathbb{Z})^{(I)}$$

是同态.

(a) 存在态射$f : F(I) \to G$使得$\theta = H^1(f)$.

(b) 若θ是单射, 这样的态射f是满射.

(c) 若θ是双射, 且$\mathrm{cd}(G) \leqslant 1$, 这样的态射$f$是同构.

证明： 由对偶，θ导出紧群态射$\theta' : (\mathbb{Z}/p\mathbb{Z})^I \to G/G^*$，因此合成得到态射$F(I) \to G/G^*$. 因为$F(I)$具有提升性质(参见§1.3.4)，我们得到态射$f : F(I) \to G$，这显然给出了问题的答案. 若$\theta$是单射，命题1.4.8说明$f$是满射. 此外，若有$\mathrm{cd}(G) \leqslant 1$，命题1.3.13说明存在态射$g : G \to F(I)$使得$f \circ g = 1$. 我们知道$H^1(g) \circ H^1(f) = 1$. 如果$\theta = H^1(f)$是双射，则$H^1(g)$是双射，从而$g$是满射. 因为$f \circ g = 1$，这说明$f, g$是同构，证毕. $\qquad\square$

推论 1.4.10 射p-群G同构于自由射p-群的商的充分必要条件是$H^1(G)$有一组基数小于或等于$\mathrm{card}(I)$的基.

证明： 事实上，若条件满足，我们可以将$H^1(G)$嵌入$(\mathbb{Z}/p\mathbb{Z})^{(I)}$中并应用(b). $\qquad\square$

特别地，每个射p-群是一个自由射p-群的商.

推论 1.4.11 射p-群自由的充分必要条件是它的上同调维数小于或等于1.

证明： 我们知道必要性是显然的. 反过来，若$\mathrm{cd}(G) \leqslant 1$，选取$H^1(G)$的一组基$(e_i)_{i \in I}$，这就给出同构

$$\theta : H^1(G) \longrightarrow (\mathbb{Z}/p\mathbb{Z})^{(I)},$$

命题1.4.9说明G同构于$F(I)$. $\qquad\square$

让我们指出这个推论的两种特殊情形:

推论 1.4.12 令G为射p-群，H为G的闭子群.

(a) 若G自由，则H自由.

(b) 若G是无挠的，H自由且在G中开，则G自由.

证明： 结论(a)显然成立; 结论(b)由命题1.3.11得到. $\qquad\square$

推论 1.4.13 §1.1.5中定义的射p-群$F_s(I)$是自由的.

证明： 事实上，这些群具有命题1.3.13中提到的提升性质，因此它们的上同调维数小于或等于1. $\qquad\square$

我们将在I有限这种特殊情形对推论1.4.10做一点强化. 若$g_1, \ldots, g_n$是G中的元，我们称这些g_i(拓扑地)生成G，如果它们(在代数意义下)生成的子群在G中稠密，这相当于说当U是开的时，每个商G/U由这些g_i的像生成.

命题 1.4.14 令$g_1, \ldots, g_n$是射p-群G的元. 下面的条件等价:

(a) $g_1, \ldots, g_n$生成G.

(b) 这些g_i定义的同态$g : F(n) \to G$(参见命题1.1.9)是满射.

(c) 这些g_i在G/G^*中的像生成这个群.

(d) 每个在g_i上为0的$\pi \in H^1(G)$等于0.

证明： 等价(a)$\Leftrightarrow$(b)能直接看出(也可以从命题1.4.9得到). 等价(b)$\Leftrightarrow$(c)由命题1.4.8得到，等价(c)$\Leftrightarrow$(d)能从$H^1(G)$与G/G^*之间的对偶推出. $\qquad\square$

推论 1.4.15 G的生成元的最小个数等于$H^1(G)$的维数.

证明： 结论显然成立. $\qquad\square$

如此定义的这个数称为G的秩.

习题1.4.2 证明: 若I是无限集, $F_s(I)$同构于$F(2^I)$.

习题1.4.3 证明: 射p-群G可度量化的充分必要条件是$H^1(G)$可数.

习题1.4.4 令G为射p-群. 设$G_1 = G$, 利用公式$G_n = (G_{n-1})^*$归纳地定义G_n. 证明: 这些G_n构成G的闭正规子群的递降列, 其交为$\{1\}$. 证明: 这些G_n为开的当且仅当G的秩有限.

习题1.4.5 用记号$n(G)$表示射p-群G的秩.

(a) 令F表示有限秩的自由射p-群, U表示F的开子群. 证明: U是有限秩的射p-群, 并且我们有等式:

$$n(U) - 1 = (F : U)(n(F) - 1).$$

提示: 注意$E(F) = 1 - n(F)$, 利用习题1.4.1.

(b) 令G为有限秩的射p-群. 证明: 若U是G的开子群, 则U也是有限秩的. 证明不等式:

$$n(U) - 1 \leqslant (G : U)(n(G) - 1).$$

提示: 将G写成相同秩的自由射p-群的商, 将(a)应用到U在F中的原像U'上.
证明: 若对每个U, 我们在这个公式中有等式, 则群G是自由的.

提示: 利用如上同样的方法. 比较习题1.4.4中定义的过滤(F_n)和(G_n), 对n归纳证明射影$F \to G$定义了F/F_n到G/G_n上的同构, 由此推出它本身是同构.

习题1.4.6 令G为有限元素族$\{x_1, \ldots, x_n\}$生成的幂零群.

(a) 证明(G, G)的每个元可以写成下面的形式:

$$(x_1, y_1) \cdots (x_n, y_n), y_i \in G.$$

提示: 对G的幂零类作归纳并利用递降中心过滤$C^m(G)$, 参见Bourbaki的[28], p.44.
叙述并证明关于$C^m(G), m > 2$类似的结果.

(b) 假设G为有限p-群. 证明群$G^* = G^p(G, G)$中的每个元可以写成下面的形式:

$$y_0^p(x_1, y_1) \cdots (x_n, y_n), y_i \in G.$$

习题1.4.7 假设G是秩n有限的射p-群, $\{x_1, \ldots, x_n\}$为拓扑生成G的一族元.

(a) 令$\varphi : G^n \to G$是$(y_1, \ldots, y_n) \mapsto (x_1, y_1) \cdots (x_n, y_n)$给出的映射. 证明$\varphi$的像等于$G$的导出群$(G, G)$. (归结于$G$有限的情形并利用习题1.4.6.) 推出$(G, G)$在$G$中闭. 同样的结论对$G$的下降中心列的其他项也正确.

(b) (用同样的方法)证明G^*的每个元能写成形式: $y_0^p(x_1, y_1) \cdots (x_n, y_n), y_i \in G$.

(c) 令F为有限群, $f : G \to F$为群同态(不一定连续). 证明f连续, 即$\ker(f)$在G中开. (利用习题1.1.5证明若f是满射, 则F是p-群. 然后对F的阶作归纳, 若阶等于p, 利用(b)证明G^*包含在$\ker(f)$中, 从而是开的; 若阶大于p, 对f在G^*上的限制应用归纳假设.)

(d) 从(c)推出G的每个有限指标子群是开的. (我不知道这个性质是否能推广到所有拓扑有限生成的射有限群上去.)

§1.4.3 H^2的解释: 关系

令F为射p-群, R为F的闭正规子群. 假设$r_1, \ldots, r_n \in R$. 我们说这些r_i生成R(作为F的正规子群), 如果它们的共轭(在代数意义下)生成R的稠密子群, 这相当于说R是F的包含这些r_i的最小闭的正规子群.

命题 1.4.16 这些r_i生成R(作为F的正规子群)的充分必要条件是任何在这些r_i上为0的元$\pi \in H^1(R)^{F/R}$等于0.

(我们有$H^1(R) = \text{Hom}(R/R^*, \mathbb{Z}/p\mathbb{Z})$, 群$F/R$通过内自同构作用在$R/R^*$上, 因此作用在$H^1(R)$上, 这是§1.2.6中结果的特殊情形.)

证明: 让我们假设这些r_i的共轭gr_ig^{-1}生成R的稠密子群, π是群$H^1(R)^{F/R}$的一个元使得对所有i有$\pi(r_i) = 0$. 因为π在F/R作用下不变, 对$g \in F, x \in R$有$\pi(gxg^{-1}) = \pi(x)$. 我们推出π在gr_ig^{-1}, 从而在R上取值0, 故$\pi = 0$.

反过来, 假设条件满足, 令R'为包含这些r_i的最小闭正规子群. 内射$R' \to R$定义了同态$f: H^1(R) \to H^1(R')$, 通过限制得到同态$\bar{f}: H^1(R)^F \to H^1(R')^F$. 若$\pi \in \ker(\bar{f})$, π在R'上为0, 故在r_i上为0, 由假设有$\pi = 0$. 由此可知$\ker(f)$不包含F-不变的非零元. 由推论1.4.2, 这意味$\ker(f) = 0$, 从而由命题1.4.7可知$R' \to R$是满射, 因此$R' = R$. □

推论 1.4.17 R能由n个元生成(作为F的正规子群)的充分必要条件是

$$\dim H^1(R)^{F/R} \leq n.$$

证明: 条件显然是必要的. 反过来, 若$\dim H^1(R)^{F/R} \leq n$, $H^1(R)$与R/R^*之间的对偶意味存在n个元$r_i \in R$使得对所有i有$\langle r_i, \pi \rangle = 0$意味$\pi = 0$, 因此我们有所要的结果. □

注记:

$H^1(R)^{F/R}$的维数将称为正规子群R的秩.

我们将把上述考虑应用到F为自由射p-群$F(n)$的情形, 设$G = F/R$(因此群G由"生成元和关系"给出.)

命题 1.4.18 下面的两个条件等价:
(a) 子群R是有限秩的(作为$F(n)$的闭正规子群).
(b) $H^2(G)$的维数有限.
如果这些条件满足, 我们有等式

$$r = n - h_1 + h_2,$$

其中r是正规子群R的秩, $h_i = \dim H^i(G)$(注意h_1是群G的秩).

证明: 我们利用§1.2.6中的正合列, 以及$H^2(F(n)) = 0$. 我们发现:

$$0 \longrightarrow H^1(G) \longrightarrow H^1(F(n)) \longrightarrow H^1(R)^G \stackrel{\delta}{\longrightarrow} H^2(G) \longrightarrow 0.$$

这个正合列说明$H^1(R)^G$和$H^2(G)$同为有限或无限的, 由此得到命题的第一部分结果. 第二部分也是这个正合列的结果(构成维数的交错和). □

推论 1.4.19 令G为射p-群使得$H^1(G), H^2(G)$有限. 令$x_1, \ldots, x_n$是G的最小生成元组, 则这些x_i之间的关系的个数等于$H^2(G)$的维数.

(这些x_i定义满态射$F(n) \to G$, 核为R. 由定义, R的秩(作为正规子群)为"这些x_i的关系数".)

证明: 事实上, 这些x_i构成生成元最小组的假设等价于说$n = \dim H^1(G)$, 参见推论1.4.15. 命题1.4.18说明$r = h_2$. □

注记:

命题1.4.18的证明本质上用到由谱序列定义的同态$H^1(R)^G \to H^2(G)$, 即"超度"(transgression). 可以给它更初等的定义(参见Hochschild-Serre的[80]): 从扩张

$$1 \longrightarrow R/R^* \longrightarrow F/R^* \longrightarrow G \longrightarrow 1,$$

其中R/R^*为Abel核开始. 若$\pi : R/R^* \to \mathbb{Z}/p\mathbb{Z}$是$H^1(R)^G$中的一个元, π将这个扩张映到G通过$\mathbb{Z}/p\mathbb{Z}$的扩张E_π, 则E_π在$H^2(G)$中的类等于$-\delta(\pi)$. 特别地, 在推论1.4.19的假设下, 我们得到该同构的直接定义

$$\delta : H^1(R)^G \longrightarrow H^2(G).$$

§1.4.4 Shafarevich定理

令G为有限p-群, $n(G)$为G的生成元的最小个数, $r(G)$为这些生成元(在相应的自由射p-群中)的关系数. 我们已经看到$n(G) = \dim H^1(G), r(G) = \dim H^2(G)$.

(我们也能引入$R(G)$为定义作为离散群G的最小关系数. 显然$R(G) \geqslant r(G)$, 但是我(从1964年到1994年)不明白为什么这竟然是个等式.)

命题 1.4.20 对任何有限p-群G有$r(G) \geqslant n(G)$, 它们的差$r(G) - n(G)$等于群$H^3(G, \mathbb{Z})$的p-秩.

证明: 正合列$0 \to \mathbb{Z} \to \mathbb{Z} \to \mathbb{Z}/p\mathbb{Z} \to 0$给出上同调正合列

$$0 \longrightarrow H^1(G) \longrightarrow H^2(G, \mathbb{Z}) \stackrel{p}{\longrightarrow} H^2(G, \mathbb{Z}) \longrightarrow H^2(G) \longrightarrow H^3(G, \mathbb{Z})_p \longrightarrow 0,$$

其中$H^3(G, \mathbb{Z})_p$表示$H^3(G, \mathbb{Z})$的由p零化的元构成的子群. 因为G有限, 所有这些群有限, 取它们的阶的交错积得到1, 这就给出等式

$$r(G) = n(G) - t,$$

其中$t = \dim H^3(G, \mathbb{Z})_p$. 显然$t$也是$H^3(G, \mathbb{Z})$的循环因子个数, 即这个群的$p$-秩, 从而命题成立. □

上述结果让我们提出下面的问题: 这个差$r(G) - n(G)$会小吗? 例如, 对很大的$n(G)$会有$r(G) - n(G) = 0$吗? (在仅有的例子中, 我们有$n(G) = 0, 1, 2, 3$, 参见习题1.4.9.)

答案是"否". 在[143]中, Shafarevich作出下面的猜想:

(∗) 差$r(G) - n(G)$随$n(G)$趋于无穷大.

不久后, Golod和Shafarevich[64]证明了这个猜想. 更准确地说(见附录2):

定理 1.4.21 若 $G \neq 1$ 是有限射 p-群, 则 $r(G) > n(G)^2/4$.

([64]中证明的不等式弱些, 这里给出的结果归功于Gaschütz和Vinberg, 参见[35], 第9章.)

Shafarevich对这个问题感兴趣的原因是:

定理 1.4.22 若猜想(*)正确(确实如此), 经典的"类域塔"问题的答案是否定的, 即存在无限"塔".

更准确地说:

定理 1.4.23 对每个 p, 存在数域 k 和非分歧的无限Galois扩张, 其Galois群是射 p-群.

特别地:

推论 1.4.24 存在数域 k 使得 k 的每个有限扩张有被 p 整除的类数.

推论 1.4.25 存在递增的数域列 k_i, 其次数 $n_i \to \infty$, 判别式 D_i 使得 $|D_i|^{1/n_i}$ 不依赖 i.

定理1.4.23的证明基于下面的结果:

命题 1.4.26 令 K/k 为数域 k 的非分歧Galois扩张, 其Galois群 G 是有限 p-群. 假设 K 没有 p 次非分歧循环扩张. 用 r_1, r_2 分别表示 k 的实、复共轭, 则有

$$r(G) - n(G) \leqslant r_1 + r_2.$$

(当 $p = 2$ 时, "非分歧"的要求也包括Archimedes位.)

证明: (根据K. Iwasawa[84]的证明). 设

I_K 为 K 的理想元群,

$C_K = I_K/K^*$ 为 K 的理想元类群,

U_K 为 I_K 的由元 (x_v) 构成的子群, 其中对每个非Archimedes位 v, x_v 是域 K_v 的单位,

$E_K = K^* \bigcap U_K$ 为域 K 的单位群,

E_k 为域 k 的单位群,

$\mathrm{Cl}_K = I_K/U_K \cdot K^*$ 为 K 的理想元类群.

有下面的 G-模正合列:

$$0 \longrightarrow U_K/E_K \longrightarrow C_K \longrightarrow \mathrm{Cl}_K \longrightarrow 0,$$

$$0 \longrightarrow E_K \longrightarrow U_K \longrightarrow U_K/E_K \longrightarrow 0.$$

由类域论, K 没有 p 次非分歧循环扩张的意思是说 Cl_K 的阶与 p 互素, 因此上同调群 $\hat{H}^q(G, \mathrm{Cl}_K) = 0$. 同样的结论对 $\hat{H}^q(G, U_K)$ 也对, 因为 K/k 非分歧. 利用上同调正合列, 我们得到同构

$$\hat{H}^q(G, C_K) \longrightarrow \hat{H}^{q+1}(G, E_K).$$

另一方面, 类域论说明 $\hat{H}^q(G, C_K)$ 同构于 $\hat{H}^{q-2}(G, \mathbb{Z})$. 综合这些同构并取 $q = -1$, 可知 $\hat{H}^{-3}(G, \mathbb{Z}) = \hat{H}^0(G, E_K) = E_k/N(E_K)$. 但是 $\hat{H}^{-3}(G, \mathbb{Z})$ 是 $H^3(G, \mathbb{Z})$ 的对偶(参见[33], p.250), 因此它们有相同的 p-秩. 利用命题1.4.20, 我们有 $r(G) - n(G)$ 等于 $E_k/N(E_K)$ 的秩. 由Dirichlet定理, 群 E_k 能由 $r_1 + r_2$ 个元生成. 因此 $E_k/N(E_K)$ 的秩 $\leqslant r_1 + r_2$, 这就证明了本命题. (若 k 不包含 p 次本原单位根, 我们甚至能得到 $r(G) - n(G)$ 的上界 $r_1 + r_2 - 1$.) □

25

定理1.4.23的证明: 令k为代数数域(若$p=2$, 全虚的), $k(p)$为k的最大非分歧Galois扩张使得Galois群为射p-群. 我们需要证明存在域k使得$k(p)$ 无限. 假设$k(p)$ 事实上是有限的. 将命题1.4.26应用到$k(p)/k$, 我们有

$$r(G) - n(G) \leqslant r_1 + r_2 \leqslant [k:\mathbb{Q}].$$

但是由类域论, $n(G)$是容易计算的, 它是群Cl_k的p-准素分支的秩. 我们能构造次数有界的域k使得$n(G) \to \infty$. 这与猜想$(*)$矛盾. □

例子:

取$p=2$, 令$p_i \equiv 1 \bmod 4 (1 \leqslant i \leqslant N)$为互不相同的素数, $k = \mathbb{Q}(\sqrt{-p_1 \cdots p_N})$. 域$k$是虚二次域, 我们有$r_1 = 0, r_2 = 1$. 另一方面, 易见$k$ 的由$\sqrt{p_i}, 1 \leqslant i \leqslant N$生成的这些二次扩张非分歧且独立, 因此$n(G) \geqslant N, r(G) - n(G) \leqslant 1$.

注记:

对有限域$\mathbb{F}_q$上的单变量函数域有类似的结果(就像数域中考虑Archimedes位那样, 我们看看在其中某些位完全分解的"塔"). 这样我们能够对所有q构造$\mathbb{F}_q$上的不可约光滑射影曲线满足下面的性质(参见[161]以及Schoof的[150]):

(a) X_i的亏格g_i趋于无穷大.

(b) X_i上的$\mathbb{F}_q$-点的个数$\geqslant c(q)(g_i - 1)$, 其中$c(q)$是仅依赖于q的大于0的常数(例如, 若$q=2$, 则$c(q) = 2/9$, 参见[150]).

习题1.4.8 通过取关于G的换位子群的商, 证明命题1.4.20中的不等式$r(G) \geqslant n(G)$.

习题1.4.9 令n为整数. 考虑关于(i,j)交错的整数族$c(i,j,k)$, 其中$i,j,k \in [1,n]$.

(a) 证明: 对每个$n \geqslant 3$, 存在满足下列性质的整数族:

    $(*)$ 若特征p的Lie代数的元素$x_1, \ldots, x_n$满足关系

$$[x_i, x_j] = \sum_k c(i,j,k)x_k,$$

则对所有i有$x_i = 0$.

(b) 对每族$c(i,j,k)$, 我们对应由n个生成元x_i和关系

$$(x_i, x_j) = \prod x_k^{p \cdot c(i,j,k)}, i < j,$$

定义的射p-群G_c, 其中$(x,y) = xyx^{-1}y^{-1}$. 证明: $\dim H^1(G_c) = n, \dim H^2(G_c) = n(n-1)/2$.

(c) 假设$p \neq 2$. 证明: 若整数族$c(i,j,k)$满足(a)中的性质$(*)$, 相应的群G_c 有限.

    (过滤G: 设$G_1 = G, G_{n+1} = G_n^p \cdot \overline{(G, G_n)}$. 相关的分次代数$\mathrm{gr}(G)$ 是$\mathbb{Z}/p\mathbb{Z}[\pi]$上的Lie代数, 其中$\deg(\pi) = 1$. 证明: 在$\mathrm{gr}(G)$中有$[x_i, ,x_j] = \sum c(i,j,k)\pi \cdot x_k$.

    推出$\mathrm{gr}(G)\left[\dfrac{1}{\pi}\right] = 0$, 由此得到$\mathrm{gr}(G)$和$G$的有限性.)

(d) 当$p=2$时, 上述结果应该怎么修改?

(e) 证明: 由三个生成元x, y, z和三个关系

$$xyx^{-1} = y^{1+p}, yzy^{-1} = z^{1+p}, zxz^{-1} = x^{1+p}$$

生成的射p-群是有限群(参见J. Mennicke的[125]).

§1.4.5 Poincaré群

令$n \geq 1$为整数, G为射p-群. 我们称G为n维Poincaré群, 若G满足下面的条件:

(i) 对所有i, $H^i(G) = H^i(G, \mathbb{Z}/p\mathbb{Z})$有限.

(ii) $\dim H^n(G) = 1$.

(iii) 上积

$$H^i(G) \times H^{n-i}(G) \longrightarrow H^n(G), \forall i \geq 0$$

是非退化的双线性型.

这些条件能更简洁地表示成说$H^*(G)$是有限维代数且满足Poincaré对偶. 注意条件(iii)意味着对$i > n$有$H^i(G) = 0$. 因此我们有$\mathrm{cd}(G) = n$.

例子:

1) 唯一的1维Poincaré群是$\mathbb{Z}_p$(同构意义下).

2) 2维Poincaré群称为Demuškin群(参见[155]). 对这样的群, 我们有$\dim H^2(G) = 1$, 这说明(参见§1.4.3)G可以由一个关系

$$R(x_1, \ldots, x_d) = 1$$

定义, 其中$d = \mathrm{rank}(G) = \dim H^1(G)$. 这个关系不是随意给出的. 我们将它写成典型的形式(参见Demuškin的[51–53]和Labute的[100]). 例如, 若$p \neq 2$, 我们可以取

$$R = x_1^{p^h}(x_1, x_2)(x_3, x_4)\cdots(x_{2m-1}, x_{2m}), m = \tfrac{1}{2}\dim H^1(G), h = 1, 2, \ldots, \infty,$$

当$h = \infty$时理解为$x_1^{p^h} = 1$.

3) M. Lazard[110]证明了: 若G是紧且无挠的n维p-进解析群, 则G是n维Poincaré群. 这就提供了大量的此类群(与$\mathbb{Q}_p$上n维Lie代数一样多甚至更多).

若G为n维Poincaré群, 条件(i)与推论1.4.2一起说明对所有有限的A, $H^i(G, A)$有限. 因为另一方面, 我们有$\mathrm{cd}(G) = n$, G的对偶模I有定义(参见§1.3.5). 我们将看到这提供了真正的"Poincaré对偶".

命题 1.4.27 令G为n维Poincaré射p-群, I为它的对偶模, 则:

(a) I作为Abel群同构于$\mathbb{Q}_p/\mathbb{Z}_p$.

(b) 典型同态$\iota: H^n(G, I) \to \mathbb{Q}/\mathbb{Z}$是同构, 其中$\mathbb{Q}_p/\mathbb{Z}_p$看作$\mathbb{Q}/\mathbb{Z}$的子群.

(c) 对所有$A \in C_G^f$和所有整数i, 上积

$$H^i(G, A) \times H^{n-i}(G, \tilde{A}) \longrightarrow H^n(G, I) = \mathbb{Q}_p/\mathbb{Z}_p$$

给出有限群$H^i(G, A)$与$H^{n-i}(G, \tilde{A})$之间的对偶. (C_G^f表示有限离散p-准素G- 模范畴. 若A是G-模, 我们设$\tilde{A} = \mathrm{Hom}(A, I)$, 参见§1.3.5.)

证明: 证明分几个步骤进行:

(1) 当A被p零化时的对偶性.

这时A是$\mathbb{Z}/p\mathbb{Z}$上的线性空间, 它的对偶记为A^*(我们后面会看到它可以与$\tilde{A}$等同). 对任何i, 上积定义一个双线性型

$$H^i(G, A) \times H^{n-i}(G, A^*) \longrightarrow H^n(G) = \mathbb{Z}/p\mathbb{Z}.$$

这是非退化的. 事实上, 由Poincaré群的定义, 只要$A = \mathbb{Z}/p\mathbb{Z}$, 结论都对. 所以由推论1.4.2, 只需证明: 若有正合列

$$0 \longrightarrow B \longrightarrow A \longrightarrow C \longrightarrow 0,$$

且若结论对B, C成立, 则对A也成立. 这可由标准的图追踪得到. 更准确地说, 上面的双线性型相当于同态

$$\alpha_i : H^i(G, A) \longrightarrow H^{n-i}(G, A^*)^*,$$

说它是非退化的意思是α_i是同构. 另一方面, 我们有正合列

$$0 \longrightarrow C^* \longrightarrow A^* \longrightarrow B^* \longrightarrow 0.$$

过渡到上同调并对偶化, 我们得到图:

$$
\begin{array}{ccccccccc}
\cdots \longrightarrow & H^{i-1}(G,C) & \longrightarrow & H^i(G,B) & \longrightarrow & H^i(G,A) & \longrightarrow & H^i(G,C) & \longrightarrow \cdots \\
& \downarrow & - & \downarrow & + & \downarrow & + & \downarrow & \\
\cdots \longrightarrow & H^{j+1}(G,C^*)^* & \longrightarrow & H^j(G,B^*)^* & \longrightarrow & H^j(G,A^*)^* & \longrightarrow & H^j(G,C^*)^* & \longrightarrow \cdots,
\end{array}
$$

其中$j = n - i$.

我们可以通过简单的上链计算验证图中方块在不计符号时交换(说得更准确些, 标记"$+$"号的方块交换, 标记"$-$"号的方块交换带符号$(-1)^i$). 因为关于B, C的项的竖直箭头是同构, 关于A的项的竖直箭头也是同构, 这就证明了结论.

(2) I的由p零化的元构成的子群I_p同构于$\mathbb{Z}/p\mathbb{Z}$.

假设A被p零化. 我们刚才证明的结果说明$H^n(G, A)^*$函子同构于$\mathrm{Hom}^G(A, \mathbb{Z}/p\mathbb{Z})$. 另一方面, 对偶模的定义说明它也同构于$\mathrm{Hom}^G(A, I_p)$. 由表示给定函子的对象的唯一性, 我们的确有$I_p = \mathbb{Z}/p\mathbb{Z}$.

(3) 对偶模I(作为Abel群)同构于$\mathbb{Z}/p^k\mathbb{Z}$或$\mathbb{Q}_p/\mathbb{Z}_p$.

这可由$I_p = \mathbb{Z}/p\mathbb{Z}$以及$p$-准素挠群的初等性质得到.

(4) 若U是G的开子群, U是n-维Poincaré群, 且$\mathrm{Cor} : H^n(U) \to H^n(G)$是同构.

令$A = M_G^U(\mathbb{Z}/p\mathbb{Z})$. 容易验证$A^*$同构于$A$且(1)中证明的对偶说明$H^i(U)$与$H^{n-i}(U)$互为对偶. 特别地, $\dim H^n(U) = 1$, 又因为$\mathrm{Cor} : H^n(U) \to H^n(G)$是满射(引理1.3.6), 这是同构. 最后, 不难证明$H^i(U)$与$H^{n-i}(U)$之间的对偶由上积给出.

(5) 对$A \in C_G^f$, 设$T^i(A) = \varinjlim H^i(U, A)$, U在G中开(之间的同态是上限制), 则对$i \neq n$, 我们有$T^i(A) = 0$, $T^n(A)$是A中的正合函子(在射有限Abel群的范畴中取值).

显然T^i构成上同调函子, 因为$\varinjlim$在射有限群的范畴中是正合的. 因此要证明$i \neq n$时$T^i = 0$, 只需对$A = \mathbb{Z}/p\mathbb{Z}$证明. 但是这时$H^i(U)$是$H^{n-i}(U)$的对偶, 故归结于证明当$j \neq 0$时$\varinjlim H^j(U) = 0$(同态为限制), 这是显然的(对任何射有限群和任何模都对).

一旦证明了$i \neq n$时$T^i = 0$, T^n的正合性自动可得.

(6) 群I作为Abel群同构于$\mathbb{Q}_p/\mathbb{Z}_p$.

我们知道$H^n(U, A)$与$\mathrm{Hom}^U(A, I)$对偶. 取极限, 我们推出$T^n(A) = \varinjlim H^n(U, A)$与$\varprojlim \mathrm{Hom}^U(A, I)$对偶. 从(5)可知函子$\mathrm{Hom}(A, I)$正合, 这就意味$I$是$\mathbb{Z}$-可除的, 回顾(3), 我们可见$I$同构于$\mathbb{Q}_p/\mathbb{Z}_p$.

(7) 同态$H^n(G, I) \to \mathbb{Q}_p/\mathbb{Z}_p$是同构.

I的$\mathbb{Z}$-自同态群同构于$\mathbb{Z}_p$(作用是显然的). 因为这些作用与G的作用可交换, 我们可知$\mathrm{Hom}^G(I,I) = \mathbb{Z}_p$. 但是, $\mathrm{Hom}^G(I,I)$也等于$H^n(G,I)$的对偶, 参见§1.3.5. 所以我们有典型同构$H^n(G,I) \to \mathbb{Q}_p/\mathbb{Z}_p$, 不难看到这是同态$\iota$.

(8) 完成证明.

还剩下(c)部分的证明, 即$H^i(G,A)$与$H^{n-i}(G,\tilde{A})$之间的对偶. 由假设, 这个对偶对$A = \mathbb{Z}/p\mathbb{Z}$成立. 从这里开始, 我们像(1)中那样用拆分方法进行. 只要注意到: 若

$$0 \longrightarrow A \longrightarrow B \longrightarrow C \longrightarrow 0$$

是C_G^f中的正合列, 则$0 \longrightarrow \tilde{C} \longrightarrow \tilde{B} \longrightarrow \tilde{A} \longrightarrow 0$也是正合列(因为$I$可除). 我们可以用同种类型的图. □

推论 1.4.28 Poincaré群的每个开子群也是有相同维数的Poincaré群.

证明: 这个结果在上面的证明过程中已经得到. □

注记:

1) I同构于$\mathbb{Q}_p/\mathbb{Z}_p$的事实说明$\tilde{A}$(作为$G$-模)典型同构于$A$. 我们得到极好的对偶.

2) 用U_p表示p-进单位群($\mathbb{Z}_p$的可逆元), 这是I的自同构群. 因为G作用于I上, 我们知道这个作用由典型同态

$$\chi : G \longrightarrow U_p$$

给出. 这个同态是连续的, 在同构意义下决定I, 我们可以说它起到拓扑中方向同态$\pi_1 \to \{\pm 1\}$的作用. 注意到由于G是射p-群, χ在U_p中由$\equiv 1 \bmod p$的元组成的子群$U_p^{(1)}$中取值. 同态χ是群G的最有趣的不变量之一:

a) 当G是Demuškin群(即$n = 2$时), G在同构意义下由下面两个不变量决定: 秩和χ在U_p中的像, 参见Labute的[100], 定理2.

b) G的严格上同调维数只依赖$\mathrm{Im}(\chi)$.

命题 1.4.29 令G为n维Poincaré射p-群, $\chi : G \to U_p$为与之相关的同态, 则$\mathrm{scd}(G) = n+1$的充分必要条件是χ的像有限.

证明: 说$\mathrm{Im}(\chi)$有限相当于说存在G的开子群U使得$\chi(U) = \{1\}$, 而这个条件意味I^U包含(事实上等于)$\mathbb{Q}_p/\mathbb{Z}_p$, 从而由命题1.3.20得到结果. □

注记:

群$U_p^{(1)}$的结构是熟知的: 若$p \neq 2$, 则它同构于$\mathbb{Z}_p$, 若$p = 2$, 则它同构于$\{\pm 1\} \times \mathbb{Z}_2$(例如参见[153], p.220). 因此命题1.4.28能阐述如下:

对$p \neq 2$, $\mathrm{scd}(G) = n+1 \Longleftrightarrow \chi$是平凡的.

对$p = 2$, $\mathrm{scd}(G) = n+1 \Longleftrightarrow \chi(G) = \{1\}$或$\{\pm 1\}$.

例子:

假设G是n维解析p-进群, $L(G)$是它的Lie代数. 由Lazard的结果([110], V.2.5.8), 与G相关的特征χ为:

$$\chi(s) = \det \operatorname{ad}(s), s \in G,$$

其中$\operatorname{ad}(s)$表示由$t \mapsto sts^{-1}$定义的$L(G)$的自同构. 特别地, 我们有$\operatorname{scd}_p(G) = n + 1$当且仅当$\operatorname{Tr}\operatorname{ad}(x) = 0, \forall x \in L(G)$, 这在$L(G)$是约化Lie代数时成立.

下面的命题在研究Demuškin群时很有用.

命题 1.4.30 令G为射p-群, $n \geqslant 1$为整数. 假设对$i \leqslant n$, $H^i(G)$有限, $H^n(G) = 1$, 且在$i \leqslant n$时, 上积$H^i(G) \times H^{n-i}(G) \to H^n(G)$非退化. 若此外还有$G$无限, 则它是$n$维Poincaré群.

证明: 显然只需证明$H^{n+1}(G) = 0$. 为此, 我们需要先建立对偶的一些性质:

(1) 关于被p零化的有限G-模A的对偶.

我们像证明命题1.4.29的部分(1)那样进行. 上积定义同态

$$\alpha_i : H^i(G, A) \longrightarrow H^{n-i}(G, A^*)^*, 0 \leqslant i \leqslant n.$$

由假设, 对$A = \mathbb{Z}/p\mathbb{Z}$这些$\alpha_i$是同构. 通过拆分, 我们容易推出它们在$1 \leqslant i \leqslant n - 1$时是同构, α_0是满射, α_n是单射(与命题1.4.29中条件的差别在于我们不知道函子H^{n+1}是否为0, 这会在正合列的末尾造成一些小问题.

(2) 函子$H^0(G, A)$是可去的.

这是关于阶被p^∞整除的射有限群的一般性质.

若A被p^k整除(这里$k = 1$, 但是几乎无区别), 我们选取G的在A上作用平凡的开子群U和U的在其中指标被p^k整除的开子群V. 我们设$A' = M_G^V(A)$, 考虑§1.2.5 中定义的满同态$\pi : A' \to A$. 前去考虑H^0, 我们得到$\operatorname{Cor} : H^0(V, A) \to H^0(G, A)$. 这个同态是0: 实际上它等于$N_{G/V}$, 故等于$(U : V) \cdot N_{G/U}$. 因此这个同态$H^0(G, A') \to H^0(G, A)$是0, 这就意味$H^0$是可去的.

(3) 对偶在0维和n维时成立.

我们需要证明对所有被p零化的A, α_0, α_n是双射. 由转置, 只需对α_0证明这一点. 选取正合列$0 \to B \to C \to A \to 0$, 使得$H^0(G, C) \to H^0(G, A) = 0$, 参见(2). 我们有图:

$$
\begin{array}{ccccccc}
0 & \longrightarrow & H^0(G, A) & \longrightarrow & H^1(G, B) & \longrightarrow & H^1(G, C) \\
& & \downarrow & & \downarrow & & \downarrow \\
H^n(G, C^*)^* & \longrightarrow & H^n(G, A^*)^* & \longrightarrow & H^{n-1}(G, B^*)^* & \longrightarrow & H^{n-1}(G, C^*)^*.
\end{array}
$$

关于H^1的箭头是同构. 由此得到α_0是单射, 从而结论成立, 因为我们已经知道它是满射.

(4) 函子H^n是右正合的.

由H^0是左正合的事实, 利用对偶即得到结果.

(5) 完成证明.

我们已经证明的结果意味$\operatorname{cd}(G) \leqslant n$. 事实上, 若$x \in H^{n+1}(G, A)$, x在G的一个开子群U上诱导0, 故在$H^{n+1}(G, M_G^U(A))$中为0. 利用正合列以及H^n是右正合的事实, 我们可见$x = 0$. $\square$

习题1.4.10 令G为交换射p-群. 证明下列结论的等价性:

(a) $\operatorname{cd}_p(G) = n$.

(b) G同构于$(\mathbb{Z}_p)^n$.

(c) G是n维Poincaré群.

习题1.4.11 令G为亏格为g的紧曲面S的基本群, 假设S可定向时, $g \geqslant 1$, 否则$g \geqslant 2$. 令$\hat{G}_p$是G的p-完备化. 证明这是一个Demuškin群, 并且对每个有限p-准素$\hat{G}_p$-模A, $H^i(\hat{G}_p, A) \to H^i(G, A)$是同构. 证明$\hat{G}_p$的严格上同调维数等于3, 并明确算出$\hat{G}_p$的不变量$\chi$.

习题1.4.12 令G为由两个生成元x, y以及关系$xyx^{-1} = y^q, q \in \mathbb{Z}_p, q \equiv 1 \bmod p$定义的射$p$-群. 证明$G$是Demuškin群且其不变量$\chi$由公式

$$\chi(y) = 1, \chi(x) = q$$

给出. 这个群何时有严格上同调维数3?

将这个结果应用于$\mathbb{Z}_p$上的仿射群$ax + b$的Sylow p-子群上.

习题1.4.13 令G为n维Poincaré射p-群, I为它的对偶模, $J = \operatorname{Hom}(\mathbb{Q}_p/\mathbb{Z}_p, I)$. G-模J作为紧群同构于$\mathbb{Z}_p$, G通过χ作用在J上.

(a) 令A为有限p-准素G-模. 设$A_0 = A \otimes J$, 张量积在$\mathbb{Z}_p$上取. 证明$\tilde{A}_0$ 典型同构于A的对偶A^*.

(b) 对所有整数$i \geqslant 0$, 考虑同调群$H_i(G/U, A)$的射影极限$H_i(G, A)$, 其中U 是G的开正规子群且平凡作用于A. 构造典型同构

$$H_i(G, A) = H^{n-i}(G, A_0).$$

(利用$H_i(G/U, A)$与$H^i(G/U, A^*)$之间的对偶, 参见[33], p.249-250.)

习题1.4.14 令G为$n(n > 0)$维Poincaré射p-群.

(a) 令H为G的不同于G的闭子群. 证明

$$\operatorname{Res} : H^n(G) \longrightarrow H^n(H)$$

是0. (归结于H是开子群的情形, 利用命题1.4.29的证明中部分(4).)

(b) 假设$(G : H) = \infty$, 即H不是开的. 证明$\operatorname{cd}(H) \leqslant n - 1$.

特别地, Demuškin群的每个无限指标闭子群是自由射p-群.

习题1.4.15 令G为Demuškin群, H为G的开子群. 令r_G, r_H为它们的秩. 证明: 我们有

$$r_H - 2 = (G : H)(r_G - 2).$$

(利用习题1.4.1, 注意$E(G) = 2 - r_G, E(H) = 2 - r_H$.)

反过来, 这个性质刻画了Demuškin群, 参见Dummit-Labute的[56].

§1.5 非Abel上同调

以下G表示射有限群.

§1.5.1 H^0与H^1的定义

G-集E是G在其上连续作用的离散拓扑空间, 就像在G-模情形, 这相当于说$E = \bigcup E^U, U$过G的开子群(我们用E^U表示E中被U固定的元组成的子集). 若$s \in G, x \in E$, x在s下的像$s(x)$经常记为^sx(但是不记为x^s, 以避免"丑陋"的公式$x^{(st)} = (x^t)^s$). 若E, E'是两个G-集, E到E'的态射是与G的作用交换的映射$f : E \to E'$, 如果我们需要把G说清楚, 写成"G-态射". 这些G-集构成范畴.

G-群A是上面提到的范畴中的一个群, 这相当于说它是G-集, 群结构在G作用下不变(即$^s(xy) = {}^sx\,{}^sy$). 当A是交换的, 我们就重获前面章节中用到的G-模的概念.

若E是G-集, 我们设$H^0(G, E) = E^G$, 即E中被G固定的元的集合. 若E是G-群, 则$H^0(G, E)$是群.

若A是G-群, 我们将G到A满足

$$a_{st} = a_s\,{}^sa_t, \ s, t \in G$$

的连续映射$s \mapsto a_s$称为G在A中的1-上循环(或简称上循环). 这些上循环的集合记为$Z^1(G, A)$. 两个上循环a, a'称为上同调的, 如果存在$b \in A$使得$a'_s = b^{-1}a_s\,{}^sb$. 这是$Z^1(G, A)$中的等价关系, 商集记为$H^1(G, A)$. 这是"G在A中的第一上同调集", 它有一个特别的元(称为"零元", 即使一般在$H^1(G, A)$中没有合成法则): 我们将单位上循环的类记为0或1. 可以验证

$$H^1(G, A) = \varinjlim H^1(G/U, A^U),$$

其中U过G的开正规子群, 此外, 映射$H^1(G/U, A^U) \to H^1(G, A)$是单射.

上同调集$H^0(G, A), H^1(G, A)$对于A具有函子性, 且在A交换时, 与0维、1维上同调群一致.

注记:

1) 大家也希望定义$H^2(G, A), H^3(G, A), \dots$, 我不会这么做了, 有兴趣的读者可以查阅Dedecker的[46, 47]和Giraud的[62].

2) 非Abel的H^1是有点集, 因此正合列的概念有意义(映射的像等于零元的原像), 但是, 这样的正合列给不出映射定义的等价关系的信息, 这个缺陷(在[153], p.131-134中特别明显)能够用§1.5.3中发展的缠绕概念弥补.

习题1.5.1 令A为G-群, $A \cdot G$为G与A的半直积(定义为$sas^{-1} = {}^sa, a \in A, s \in G$).

上循环$a = (a_s) \in Z^1(G, A)$定义连续提升

$$f_a : G \longrightarrow A \cdot G, \ f_a(s) = a_s \cdot s,$$

反过来也对. 证明: 与上循环a, a'相关的提升$f_a, f_{a'}$被A中的元共轭当且仅当a, a'是上同调的.

习题1.5.2 令$G = \hat{\mathbb{Z}}$, 用σ表示G的典型生成元.

(a) 若E是G-集, σ定义了E的一个置换使得其所有轨道有限, 反过来, 这样的置换定义了一个G-集结构.

(b) 令A为G-群, (a_s)为G的上循环, $a = a_\sigma$. 证明: 存在$n \geqslant 1$使得$\sigma^n(a) = a$, 且$a \cdot \sigma(a) \cdots \sigma^{n-1}(a)$的阶有限. 反过来, 每个使得存在这样的$n$ 的$a \in A$对应唯一的上循环. 若a, a'是两个这样的元, 对应的上循环是上同调的当且仅当存在$b \in A$使得$a' = b^{-1} \cdot a \cdot \sigma(b)$.

(c) 当$\hat{\mathbb{Z}}$被$\mathbb{Z}_p$替代时, 上面的陈述应该如何修改?

§1.5.2 A上的主齐次空间——对$H^1(G, A)$的新定义

令A为G-群, E是G-集. 我们说A从左边作用于E(使得与G的作用相容), 如果它以通常的方式作用于E, 如果$^s(a \cdot x) = {}^sa \cdot {}^sx$, $a \in A$, $x \in E$(这相当于说$A \times E$到E的典型映射是G-态射). 这也能写成$_AE$提醒大家A从左边作用(对右作用有明显类似的记号).

A上的主齐次空间(或扭子)是非空G-集P, A从右边对它作用(与G相容)使得由此得到A上的"仿射空间"(即对每对元素$x, y \in P$, 存在唯一的$a \in A$使得$y = x \cdot a$). 显然可以定义两个这样的空间之间的同构的概念.

命题 1.5.1 令A为G-群, 则存在A上的主齐次空间的类集合与集合$H^1(G, A)$之间的双射.

证明: 令$P(A)$为第一个集. 我们定义映射

$$\lambda: P(A) \longrightarrow H^1(G, A)$$

如下: 若$P \in P(A)$, 我们选取点$x \in P$. 若$s \in G$, 我们有$^sx \in P$, 因此存在$a_s \in A$ 使得$^sx = x \cdot a_s$. 可以验证$s \mapsto a_s$是上循环. 用$x \cdot b$ 替代x将上循环变为$s \mapsto b^{-1} a_s {}^sb$, 它们是上同调的. 因此我们可以定义$\lambda$为取$\lambda(P)$为$a_s$的类.

反过来, 我们定义$\mu: H^1(G, A) \to P(A)$如下:

若$a_s \in Z^1(G, A)$, 将G用下面的"缠绕"公式

$$^{s'}x = a_s \cdot {}^sx$$

作用的群A记为P_a. 若令A通过平移作用于P_a上, 我们得到主齐次空间. 两个上同调的上循环给出两个同构的空间. 这就定义了映射μ, 容易验证$\mu \circ \lambda = 1$, $\lambda \circ \mu = 1$. □

注记:

上面考虑的主空间是右主空间. 我们可以类似地定义左主空间的概念, 我们将定义这些概念间的双射的任务留给读者.

§1.5.3 缠绕

令A为G-群, P为A上的主齐次空间, F为A从左边(与G相容)在其上作用的G-集. 在$F \times F$上考虑等价关系: 将元素(p, f)与$(p \cdot a, a^{-1}f)$, $a \in A$等同. 这个关系与G的作用相容, 商集是G-集, 记为$P \times^A F$或者$_PF$. $P \times^A F$中的元可以写成$p \cdot f$, $p \in P$, $f \in F$的形式, 我们有$(pa)f = p(af)$, 这解释了记号的合理性. 注意: 对所有$p \in P$, 映射$f \mapsto p \cdot f$是F到$_PF$的双射, 因此我们说$_PF$是从F用P缠绕得到的.

缠绕过程也能从上循环的观点来定义. 若$(a_s) \in Z^1(G, A)$, 将G用公式

$$^{s'}f = a_s \cdot {}^sf$$

作用的集合F记为$_aF$. 我们说$_aF$是用上循环a_s缠绕F得到的.

从这些观点的联系容易看到: 若$p \in P$, 通过公式$^sp = p \cdot a_s$我们已经看到由p定义了上循环a_s. 上面定义的映射$f \mapsto p \cdot f$是G-集$_aF$与$_PF$之间的同构, 事实上我们有

$$p \cdot {}^{s'}f = p \cdot a_s \cdot {}^sf = {}^sp \cdot {}^sf = {}^s(p \cdot f).$$

特别地, 这说明若a, b是上同调的, $_aF$同构于$_bF$.

注记:

注意$_aF$与$_bF$之间一般没有典型的同构, 因此不可能将这两个集合等同, 尽管我们很想这么做. 特别地, 记号$_\alpha F, \alpha \in H^1(G, A)$很 "危险" (即便有时很方便……). 当然, 在拓扑、纤维空间理论中(我们正在模仿)也出现了同样的困难.

缠绕运算有许多初等性质:

(a) $_aF$对F具有函子性(关于A-态射$F \to F'$).

(b) 我们有$_a(F \times F') = {}_a F \times {}_a F'$.

(c) 若G-群B从右边作用在F上(使得它与A的作用交换), 则B也作用在$_aF$上.

(d) 若F有在A作用下不变的G-群结构, 则$_aF$上同样的结构也是G-群结构.

例子:

1) 取群A作为F, 它通过左平移作用于自身. 因为右平移与左平移交换, 上面的性质(c)说明A从右边作用于$_aF$, 因此得到A上的主齐次空间(即上小节记为$_aP$ 的空间).

在记号$P \times {}^A F$中, 它可以写成

$$P \times {}^A P = P,$$

这个消去公式类似$E \otimes_A A = E$.

2) 仍取群A作为F, 这次通过内自同构作用. 因为这个作用保持A的群结构, 性质(d) 说明$_aA$是G-群(我们能用同样的方式缠绕A的任何正规子群). 由定义, $_aA$与A有同样的基础群, G在$_aA$上的作用由公式

$$^{s'}x = a_s \cdot {}^sx \cdot a_s^{-1}, \; s \in G, x \in A$$

给出.

命题 1.5.2 令F为A从左边在其上作用(与G相容)的G-集, a是G在A中的上循环, 则缠绕群$_aA$作用(与G相容)在$_aF$上.

证明: 我们需要检验$_aA \times {}_aF$到$_aF$的映射$(a, x) \mapsto ax$是G-态射, 这是个简单的计算. $\square$

推论 1.5.3 若P是A上的主齐次空间, 群$_PA$从左边作用在P上, 使P成为$_PA$上的主左齐次空间.

证明: $_PA$作用在P上的事实是命题1.5.2的特殊情形(或者我们愿意的话, 可以直接看出). 显然这样使P成为$_PA$上的主左齐次空间. $\square$

注记:

若A, A'是两个G-群, 我们用显然的方式定义(A, A')-主空间的概念: 它是主(左)A-空间, 主(右)A'-空间, A, A'的作用交换. 若P是这样的空间, 上述推论说明A可以与$_PA'$等同. 若Q是(A', A'')-主空间(A''是其他的某个G-群), 空间$P \circ Q = P \times^{A'} Q$有$(A, A'')$-主空间的典型结构. 这样我们得到"双主空间"上(并非处处定义)的合成法则.

命题 1.5.4 令P为关于G-群A的右主齐次空间, $A' = {}_PA$为相应的群. 如果我们将每个A'上主(右)齐次空间Q映到合成空间$Q \circ P$上, 则将$H^1(G, A')$中的零元映到$H^1(G, A)$中P的类, 我们得到$H^1(G, A')$到$H^1(G, A)$上的双射. (更简洁地说: 如果用A的上循环缠绕群A自身, 我们得到与A有相同的1维上同调的群A'.)

证明: 定义P的反空间$\bar{P}$如下: 它是一个作为G-集等于P的(A, A')-主空间, 群A从左边作用: $a \cdot p = p \cdot a^{-1}$, 群$A'$从右边作用: $p \cdot a' = a'^{-1} \cdot p$. 将每个主右$A$-空间$R$映到合成空间$R \circ \bar{P}$, 我们得到由$Q \mapsto Q \circ P$给出的映射的逆映射, 由此得到命题. □

命题 1.5.5 令$a \in Z^1(G, A)$, $A' = {}_aA$. 将A'中的每个上循环a'_s映到$a'_s \cdot a_s$, 我们给出A中G的上循环, 从而有双射

$$t_a : Z^1(G, A') \longrightarrow Z^1(G, A).$$

取商, t_a定义了将$H^1(G, A')$中零元映到a的类α的双射

$$\tau_a : H^1(G, A') \longrightarrow H^1(G, A).$$

证明: 本质上这是将命题1.5.4用上循环的语言翻译而成, 也可以通过直接计算证明. □

注记:

1) 当A是Abel群时, 我们有$A' = A$, τ_a就是用a的类所作的平移.

2) 尽管命题1.5.4和命题1.5.5初等, 但是它们很有用. 我们将会看到, 它们给出了确定在各种"上同调正合列"中出现的等价关系的一种方法.

习题1.5.3 令A为G-群, $E(A)$为(A, A)-主空间的类集. 说明合成法将$E(A)$变成一个群, 这个群在$H^1(G, A)$上作用. 在一般情形下, 证明$E(A)$包含$\mathrm{Aut}(A)$模A^G中的元定义的内自同构得到的商. 利用上循环如何定义$E(A)$?

§1.5.4 与子群相关的上同调正合列

令A, B为G-群, $u : A \to B$为G-同态. 这个同态定义了一个映射

$$v : H^1(G, A) \longrightarrow H^1(G, B).$$

令$\alpha \in H^1(G, A)$. 我们想对v描述α的纤维, 即$v^{-1}(v(\alpha))$. 选取α的上循环代表元, b为它在B中的像. 如果设$A' = {}_aA, B' = {}_bB$, 显然u定义了一个同态

$$u' : A' \longrightarrow B',$$

从而有映射$v' : H^1(G, A') \to H^1(G, B')$.

我们也有下面的交换图(其中符号τ_a, τ_b表示§1.5.3中定义的双射):

$$H^1(G,A) \xrightarrow{\;v\;} H^1(G,B)$$
$$\tau_a \uparrow \qquad\qquad \tau_b \uparrow$$
$$H^1(G,A') \xrightarrow{\;v'\;} H^1(G,B').$$

因为τ_b将$H^1(G,B')$中的零元变为$v(\alpha)$, 我们可见τ_a是v'的核到α的纤维$v^{-1}(v(\alpha))$的双射. 换言之, 缠绕让我们将v的每个纤维变为一个核, 这些核本身可以出现在正合列中(参见[153]), p.131-134).

让我们将此原理应用到尽可能简单的情形, 这时A是B的子群.

考虑B的左A-类的齐次空间B/A, 这是个G-集, $H^0(G,B/A)$定义合理. 此外, 若$x \in H^0(G,B/A)$, x在B中的原像X是主(右)齐次A-空间, 将它在$H^1(G,A)$中的类记为$\delta(x)$. 如此定义的上边缘有下述性质:

命题 1.5.6 有点集的序列

$$1 \longrightarrow H^0(G,A) \longrightarrow H^0(G,B) \longrightarrow H^0(G,B/A) \xrightarrow{\;\delta\;} H^1(G,A) \longrightarrow H^1(G,B)$$

正合.

证明: 容易用上循环的语言将δ的定义翻译过来: 若$c \in (B/A)^G$, 选取射影到c的$b \in B$, 设$a_s = b^{-1} \cdot {}^s b$, 这是类为$\delta(c)$的上循环. 其定义说明它与0是同上同调的, 且$G$在$A$中上同调于$B$中的0的每个上循环都是这种形式, 由此得到命题. □

推论 1.5.7 $H^1(G,A) \to H^1(G,B)$的核可以与$(B/A)^G$模群B^G的作用得到的商空间等同.

证明: 通过δ等同, 我们需要验证$\delta(c) = \delta(c')$当且仅当存在$b \in B^G$使得$bc = c'$, 这是容易做到的. □

推论 1.5.8 令$\alpha \in H^1(G,A)$, a为代表α的上循环, 则$H^1(G,A)$中与α在$H^1(G,B)$里有相同像的元与$H^0(G,{}_aB/{}_aA)$模群$H^0(G,{}_aB)$的作用得到的商中的元素一一对应.

证明: 如上解释, 通过缠绕由推论1.5.7得到结论. □

推论 1.5.9 $H^1(G,A)$可数(有限, 简化为一个元)的充分必要条件是它在$H^1(G,B)$中的像以及商集$({}_aB/{}_aA)^G/({}_aB)^G, a \in Z^1(G,A)$都具有同样的性质.

证明: 由推论1.5.8可得. □

我们也能清楚地描述$H^1(G,A)$在$H^1(G,B)$中的像(只要$H^1(G,B/A)$有意义):

命题 1.5.10 令$\beta \in H^1(G,B), b \in Z^1(G,B)$是$\beta$的一个代表元, 则$\beta$属于$H^1(G,A)$的像的充分必要条件是用$b$缠绕$B/A$得到的空间${}_b(B/A)$在$G$下有一个固定点.

(本命题与推论1.5.8一起说明$H^1(G,A)$中像为β的元的集合与商集$H^0(G,{}_b(B/A))/H^0(G,{}_bB)$一一对应.)

证明: β属于$H^1(G,A)$的像的充分必要条件是存在$b \in B$使得对所有的$s \in G$, $b^{-1}b_s\,{}^s b$属于A. 若c表示b在B/A中的像, 这就意味$c = b_s \cdot {}^s c$, 即$c \in H^0(G,{}_b(B/A))$. □

注记:

命题1.5.6类似Ehresmann的经典结果: 主纤维丛的结构群A可以简化为给定的群B的充分必要条件是与纤维为A/B的纤维空间有截影.

§1.5.5 与正规子群相关的上同调正合列

假设A在B中正规, 设$C = B/A$, 这里C是G-群.

命题 1.5.11 有点集的序列

$$0 \longrightarrow A^G \longrightarrow B^G \longrightarrow C^G \stackrel{\delta}{\longrightarrow} H^1(G, A) \longrightarrow H^1(G, B) \longrightarrow H^1(G, C)$$

正合.

证明: 验证是直接的(参见[153], p.133). □

映射$H^1(G, A) \to H^1(G, B)$的纤维在§1.5.4中描述过. 但是, A在B中正规的事实简化了叙述. 首先注意:

群C^G(从右边)自然作用于$H^1(G, A)$. 事实上, 令$c \in C^G$, $X(c)$为它在B中的原像, G-集$X(c)$很自然地有主(A, A)-空间结构. 若P关于A是主空间, 积$P \circ X(c)$关于A也是主空间, 这是用c对P所作的变换. (用上循环的语言翻译过来: 将c提升为$b \in B$, 则$^sb = b \cdot x_s, x_s \in A$. 对$G$在$A$中的每个上循环$a_s$, 我们联系上循环$b^{-1}a_s bx_s = b^{-1}a_s{}^sb$, 它的上同调类是$(a_s)$的上同调类在$c$的像.

命题 1.5.12 (i) 若$c \in C^G$, 则$\delta(c) = 1 \cdot c$, 其中1表示$H^1(G, A)$ 的零元.

(ii) $H^1(G, A)$中两个元在$H^1(G, B)$里有相同的像当且仅当它们在相同的C^G-轨道中.

(iii) 令$a \in Z^1(G, A), \alpha$是它在$H^1(G, A)$中的像, $c \in C^G$, $\alpha \cdot c = \alpha$的充分必要条件是c属于同态$H^0(G, {}_aB) \to H^0(G, C)$的像.

(我们用${}_aB$表示用上循环a缠绕B得到的群, 其中A通过内自同构作用于B.)

证明: 等式$\delta(c) = 1 \cdot c$由δ的定义可得. 另一方面, 如果两个上循环a_s, a'_s 在B 中是上同调的, 则存在$b \in B$使得$a'_s = b^{-1}a_s{}^sb$. 若c在b于C 的像中, 我们有$^sc = c$, 从而$c \in C^G$, 显然c将a_s的类映到a'_s的类. 反过来的结果是显然的, 这就证明了(ii). 最后, 若$b \in B$是c的提升, 且若$\alpha \cdot c = a$, 则存在$x \in A$使得$a_s = x^{-1}b^{-1}a_s{}^sb^sx$, 此式也可以写成$bx = a_s{}^s(bx)a_s^{-1}$, 即$bx \in H^0(G, {}_aB)$, 从而(iii)成立. □

推论 1.5.13 $H^1(G, B) \to H^1(G, C)$的核可以与$H^1(G, A)$模群C^G的作用得到的商等同.

推论 1.5.14 令$\beta \in H^1(G, B), b$是代表β的上循环, 则$H^1(G, B)$中与β在$H^1(G, C)$里有相同像的元与$H^1(G, {}_bA)$模群$H^0(G, {}_bC)$的作用得到的商集中的元有双射对应.

(群B通过自同构作用于自身, 使A不动, 这就让上循环b缠绕正合列$1 \to A \to B \to C \to 1$.)

证明: 正如我们上节解释过的, 通过缠绕由推论1.5.13即可得到结果. □

注记:

命题1.5.5说明$H^1(G, {}_bB)$可以与$H^1(G, B)$等同, 类似地, $H^1(G, {}_bC)$也可以与$H^1(G, C)$等同. 相比之下, $H^1(G, {}_bA)$一般与$H^1(G, A)$没有关系.

推论 1.5.15 $H^1(G, B)$可数(有限, 退化为一个元)的充分必要条件是它在$H^1(G, C)$中的像, 以及对于$b \in Z^1(G, B)$, 所有商集$H^1(G, {}_bA)/({}_bC)^G$也都具有相同性质.

证明: 由推论1.5.14可得结论. □

习题1.5.4 证明: 如果将每个$c \in C^G$映到主(A, A)-空间$X(c)$的类, 则我们得到C^G到习题1.5.3中定义的群$E(A)$的同态.

§1.5.6 Abel正规子群的情形

假设A是Abel群且在B中正规. 保留上节的记号. 将$H^1(G, A)$写成加法形式, 因为它现在是Abel群. 若$\alpha \in H^1(G, A), c \in C^G$, 将上面定义的$\alpha$在$c$下的像记为$\alpha^c$. 让我们将这个运算讲得更清楚些:

为此, 我们注意显然的同态$C^G \to \mathrm{Aut}(A)$使C^G(从左边)作用于群$H^1(G, A)$, α在c下的像(关于这个新的作用)记为$c \cdot \alpha$.

命题 1.5.16 对于$\alpha \in H^1(G, A), c \in C^G$, 我们有$\alpha^c = c^{-1} \cdot \alpha + \delta(c)$.

证明: 这是个简单的计算: 如果我们将c提升为$b \in B$, 我们有${}^s b = b \cdot x_s$, x_s的类是$\delta(c)$. 另一方面, 若a_s是类α中的上循环, 我们能取上循环$b^{-1} a_s {}^s b$为α^c的代表, 取上循环$b^{-1} a_s b$为$c^{-1} \cdot \alpha$的代表. 我们有$b^{-1} a_s {}^s b = b^{-1} a_s b \cdot x_s$, 由此得到公式. $\qquad\square$

推论 1.5.17 我们有$\delta(c'c) = \delta(c) + c^{-1} \cdot \delta(c')$.

证明: 记$\alpha^{c'c} = (\alpha^{c'})^c$, 将它展开即得我们想要的公式. $\qquad\square$

推论 1.5.18 若A在B的中心里, 则$\delta : C^G \to H^1(G, A)$是同态, 且有$\alpha^c = \alpha + \delta(c)$.

证明: 这是显然的. $\qquad\square$

现在我们利用群$H^2(G, A)$. 当然, 我们是想要定义上边缘$H^1(G, C) \to H^2(G, A)$. 从这种形式看是不可能的, 除非A包含在B的中心里(参见§1.5.7). 但是, 我们的确有下面的部分结果:

令$c \in Z^1(G, C)$为G在C中的上循环. 因为A是Abel的, C在A上作用, 缠绕群${}_c A$的定义合理. 我们将c与上同调类$\Delta(c) \in H^2(G, {}_c A)$联系起来. 为此, 我们将$c_s$提升为$G$到$B$的连续映射$s \mapsto b_s$, 并定义

$$a_{s,t} = b_s {}^s b_t b_{st}^{-1}.$$

这个2-上链是值在${}_c A$中的上循环. 事实上, 若我们考虑G作用于${}_c A$的方式, 则可知这相当于等式

$$a_{s,t}^{-1} \cdot b_s {}^s a_{t,u} b_s^{-1} \cdot a_{s,tu} \cdot a_{st,u}^{-1} = 1, \quad s, t, u \in G,$$

即

$$b_{st} {}^s b_t^{-1} b_s^{-1} \cdot b_s {}^s b_t {}^{st} b_u b_{tu}^{-1} b_s^{-1} \cdot b_s {}^s b_{tu} b_{stu}^{-1} \cdot b_{stu} {}^{st} b_u^{-1} b_{st}^{-1} = 1,$$

这是对的(所有项抵消了).

另一方面, 如果我们将提升b_s用提升$a'_s b_s$替代, 将上循环$a_{s,t}$用上循环$a'_{s,t} \cdot a_{s,t}$替代, 其中

$$a'_{s,t} = (\delta a')_{s,t} = a'_s \cdot b_s {}^s a'_t b_s^{-1} \cdot a'_{st}{}^{-1},$$

这可以用类似的(更简单)计算验证. 因此, 上循环$a_{s,t}$的等价类定义合理, 我们记之为$\Delta(c)$.

命题 1.5.19 c的上同调类属于$H^1(G, B)$在$H^1(G, C)$中的像的充分必要条件是$\Delta(c)$为0.

证明: 必要性是显然的. 反过来, 若$\Delta(c) = 0$, 上面的解释说明我们可以选取b_s使得$b_s {}^s b_t b_{st}^{-1} = 1$, 且$b_s$是$G$的在$B$中像等于$c$的上循环, 从而命题成立. $\qquad\square$

推论 1.5.20 若对所有 $c \in Z^1(G,C)$ 有 $H^2(G, {}_cA) = 0$, 映射

$$H^1(G,B) \longrightarrow H^1(G,C)$$

是满射.

习题1.5.5 利用习题1.5.4和 $E(A)$ 是 $\mathrm{Aut}(A)$ 与 $H^1(G,A)$ 的半直积的事实重新推出命题1.5.16.

习题1.5.6 令 $c, c' \in Z^1(G,C)$ 为两个上同调的上循环. 对比 $\Delta(c)$ 和 $\Delta(c')$.

§1.5.7 中心子群的情形

我们现在假设 A 包含在 B 的中心里. 若 $a = (a_s)$ 是 G 在 A 中的上循环, $b = (b_s)$ 是 G 在 B 中的上循环, 易见 $a \cdot b = (a_s \cdot b_s)$ 是 G 在 B 中的上循环. 此外, $a \cdot b$ 的类只依赖 a 和 b 的类, 因此Abel群 $H^1(G,A)$ 作用于集合 $H^1(G,B)$ 上.

命题 1.5.21 $H^1(G,B)$ 中两个元在 $H^1(G,C)$ 中有相同的像当且仅当它们有相同的 $H^1(G,A)$-轨道.

证明: 证明直接可得. □

现在令 $c \in Z^1(G,C)$. 因为 C 在 A 上的作用平凡, §1.5.6中用到的缠绕群 ${}_cA$ 可以与 A 等同, 元素 $\Delta(c)$ 属于 $H^2(G,A)$. 简单计算(参见[153], p.132)可知 $\Delta(c) = \Delta(c')$ 当且仅当 c, c' 是上同调的. 这就定义了映射 $\Delta : H^1(G,C) \to H^2(G,A)$. 综合命题1.5.16和命题1.5.19, 我们得到:

命题 1.5.22 序列

$$1 \longrightarrow A^G \longrightarrow B^G \longrightarrow C^G \overset{\delta}{\longrightarrow} H^1(G,A) \longrightarrow H^1(G,B) \longrightarrow H^1(G,C) \overset{\Delta}{\longrightarrow} H^2(G,A)$$

正合.

这个序列通常只给出了关于 $H^1(G,C) \to H^2(G,A)$ 的核, 而不是相应的等价关系的信息. 要得到它, 我们必须缠绕要考虑的群. 更准确地说, 注意 C 通过自同构作用于 B, 而这些自同构在 A 上平凡. 若 $c = (c_s)$ 是 G 在 C 中的上循环, 我们可以用 c 缠绕正合列 $1 \to A \to B \to C \to 1$, 从而得到新的正合列

$$1 \longrightarrow A \longrightarrow {}_cB \longrightarrow {}_cC \longrightarrow 1.$$

这就给出了新的上边缘算子 $\Delta_c : H^1(G, {}_cC) \to H^2(G,A)$. 因为我们也有典型双射 $\tau_c : H^1(G, {}_cC) \to H^1(G,C)$, 我们能用它对比 Δ 和 Δ_c, 结果如下:

命题 1.5.23 我们有 $\Delta \circ \tau_c(\gamma') = \Delta_c(\gamma') + \Delta(\gamma)$, 其中 $\gamma \in H^1(G,C)$ 表示 c 的等价类, γ' 属于 $H^1(G, {}_cC)$.

证明: 令 c'_s 为表示 γ' 的上循环. 如上在 $B, {}_cB$ 中分别选取上链 b_s, b'_s 作为 c_s, c'_s 的提升. 我们可以用上循环

$$a_{s,t} = b_s {}^s b_t b_{st}^{-1}$$

表示 $\Delta(\gamma)$, 用上循环

$$a'_{s,t} = b'_s \cdot b_s {}^s b'_t b_s^{-1} \cdot b'_{st}{}^{-1}$$

表示 $\Delta_c(\gamma')$. 另一方面, $\tau_c(\gamma')$ 能用 $c'_s c_s$ 表示, 我们可以将它提升到 $b'_s b_s$. 因此我们可以用上循环

$$a''_{s,t} = b'_s b_s \cdot {}^s b'_t {}^s b_t \cdot b_{st}{}^{-1} b'_{st}{}^{-1}$$

表示 $\Delta \circ \tau_c(\gamma')$. 因为 $a_{s,t}$ 在 B 的中心里, 我们可以写成

$$a'_{s,t} \cdot a_{s,t} = b'_s b_s {}^s b'_t b_s^{-1} a_{s,t} b'_{st}{}^{-1}.$$

将 $a_{s,t}$ 用它的值替代并化简, 我们可知找到了 $a''_{s,t}$, 由此得到命题.　　　□

推论 1.5.24 $H^1(G,C)$ 中在 Δ 下与 γ 有相同像的元素与 $H^1(G, {}_cB)$ 模 $H^1(G, A)$ 的作用得到的商集中的元素双射地对应.

证明: 事实上, 双射 τ_c^{-1} 将这些元变到

$$\Delta_c : H^1(G, {}_cC) \longrightarrow H^2(G, A)$$

的核中的元, 命题1.5.21和命题1.5.22说明核可以与 $H^1(G, {}_cB)$ 模 $H^1(G, A)$ 的作用得到的商等同.　　　□

注记:

1) 这里仍然有: $H^1(G, {}_cB)$ 与 $H^1(G, B)$ 之间一般不会有双射对应.

2) 我们将由推论得到的关于可数性、有限性等的判别法的结论的任务留给读者.

习题1.5.7 因为 C^G 通过内自同构作用于 B, 它也作用于 $H^1(G, B)$. 让我们将这个作用表示成

$$(c, \beta) \longmapsto c * \beta, \ c \in C^G, \beta \in H^1(G, B).$$

证明: $c * \beta = \delta(c)^{-1} \cdot \beta$, 其中 $\delta(c)$ 是 c 在 $H^1(G, A)$ 中的像, 乘积 $\delta(c)^{-1} \cdot \beta$ 是相对 $H^1(G, A)$ 在 $H^1(G, B)$ 上的作用而言.

§1.5.8 补充

我们将讨论下述主题的任务留给读者.

群扩张

令 H 为 G 中的闭正规子群, A 为 G-群. 群 G/H 作用于 A^H, 这意味 $H^1(G/H, A^H)$ 的定义合理. 另一方面, 若 $(a_h) \in Z^1(H, A), s \in G$, 我们能用公式

$$s(a)_h = s(a_{s^{-1}hs})$$

定义上循环 $a = (a_h)$ 的变换 $s(a)$. 过渡到商集, 群 G 作用于 $H^1(H, A)$, 可以验证 H 在其上作用平凡. 因此正如Abel情形, G/H 作用于 $H^1(H, A)$. 我们有正合列

$$1 \longrightarrow H^1(G/H, A^H) \longrightarrow H^1(G, A) \longrightarrow H^1(H, A)^{G/H},$$

映射 $H^1(G/H, A^H) \to H^1(G, A)$ 是单射.

诱导

令H为G的闭子群, A为H-群, $A^* = M_G^H(A)$为连续映射$\alpha^*: G \to A$的群使得$a^*(^hx) = {}^ha^*(x), h \in H, x \in G$. 通过公式$(^ga^*)(x) = a^*(xg)$让$G$作用于$A^*$, 我们用这种方式得到$G$-群$A^*$, 并且有典型双射

$$H^0(G, A^*) = H^0(H, A),\ H^1(G, A^*) = H^1(H, A).$$

§1.5.9 上同调维数$\leqslant 1$的群的性质

下面这个结果本应在§1.3.4中给出.

命题 1.5.25 令I为素数集, 假设对每个$p \in I$, $\mathrm{cd}_p(G) \leqslant 1$, 则群$G$对扩张$1 \to P \to E \to W \to 1$有提升性质, 其中$E$的阶有限, P的阶仅被属于I的素数整除.

证明: 我们对P的阶作归纳. $\mathrm{card}(P) = 1$的情形显然, 因此假设$\mathrm{card}(P) > 1$, 令p为$\mathrm{card}(P)$的素因子. 由假设, 我们有$p \in I$. 令R为P的Sylow p-子群, 分两种情形考虑:

a) R在P中正规, 则它是P中唯一的Sylow p-子群, 且在E中正规. 我们有扩张:

$$1 \longrightarrow R \longrightarrow E \longrightarrow E/R \longrightarrow 1,$$

$$1 \longrightarrow P/R \longrightarrow E/R \longrightarrow W \longrightarrow 1.$$

因为$\mathrm{card}(P/R) < \mathrm{card}(P)$, 归纳假设说明给定的同态$f: G \to W$提升为$g: G \to E/R$. 另一方面, 因为$R$是$p$-群, 命题1.3.13说明$g$提升为$h: G \to E$. 因此我们提升了$f$.

b) R在P中不是正规的. 令E'为R在E中的正规化子, P'为R在P中的正规化子. 我们有$P' = E' \bigcap P$. 而且E'在W中的像等于整个W. 事实上, 若$x \in E$, 显然xRx^{-1}是P的Sylow p-子群, Sylow子群的共轭意味存在$y \in P$使得$xRx^{-1} = yRy^{-1}$. 因此我们有$y^{-1}x \in E'$, 这说明$E = P \cdot E'$, 由此得到结论. 所以我们得到扩张

$$1 \longrightarrow P' \longrightarrow E' \longrightarrow W \longrightarrow 1.$$

因为$\mathrm{card}(P') < \mathrm{card}(P)$, 归纳假设态射$f: G \to W$提升为$h: G \to E'$, 因为$E'$是$E$的子群, 这就完成了证明. □

推论 1.5.26 G通过阶不被属于I的素数整除的射有限群P的每个扩张分裂.

证明: P有限的情形直接由命题1.5.25和引理1.1.4得到. 一般的情形像§1.3.4中那样Zorn化处理(也可见习题1.5.10). □

注记:

上述推论给出了当A, B的阶互素时, 有限群A通过有限群B的群扩张分裂的事实(参见Zassenhaus的[197], §4.7).

称射有限群G为投射的(在射有限群的范畴中), 如果它对每个扩张具有提升性质, 这相当于说对每个满态射$f: G' \to G$, 其中G'是射有限的, 存在态射$r: G \to G'$使得$f \circ r = 1$.

推论 1.5.27 若G是射有限群, 则下面的性质等价:

(i) G是投射的.

(ii) $\mathrm{cd}(G) \leqslant 1$.

(iii) 对每个素数p, G的Sylow p-子群是自由射p-群.

证明: 等价(ii)⇔(iii)已经证明过了. 蕴含(i)⇒(ii)显然(参见命题1.3.13), 将推论1.5.26 应用于I为所有素数的集合的情形可得到蕴含(ii)⇒(i). □

投射群的例子:

(a) 自由(离散)群在由有限指标子群诱导的拓扑中的完备化.

(b) 直积$\prod\limits_{p} F_p$, 其中F_p是自由射p-群.

命题 1.5.28 在与命题1.5.25相同的假设下, 令

$$1 \longrightarrow A \longrightarrow B \longrightarrow C \longrightarrow 1$$

为G-群的正合列. 假设A有限, 且A的阶的每个素因子属于I, 则典型映射$H^1(G, B) \to H^1(G, C)$是满射.

证明: 令(c_s)为G的值在C中的上循环. 若π表示同态$B \to C$, E为元素对$(b, s), b \in B, s \in G$的集合使得$\pi(b) = c_s$. 我们将E上赋予合成法则(参见习题1.5.1):

$$(b, s) \cdot (b', s') = (b \cdot {}^s b', ss').$$

$c_{ss'} = c_s \cdot {}^s c_{s'}$的事实说明$\pi(b \cdot {}^s b') = c_{ss'}$, 这就意味上述定义合理. 可以验证$E$在上述合成法则和乘积空间$B \times G$诱导的拓扑下是紧群. 显然的态射$A \to E, E \to G$使$E$成为$G$通过$A$的扩张. 由推论1.5.26, 扩张分裂, 从而存在连续截影$s \mapsto e_s$, 它是G到E的态射. 若我们将e_s写成(b_s, s)的形式, $s \mapsto e_s$是态射的事实说明b_s是G 在B中的上循环, 这是给定的上循环的提升, 由此得到命题. □

推论 1.5.29 令$1 \to A \to B \to C \to 1$为$G$-群的正合列, 若$A$有限, $\mathrm{cd}(G) \leqslant 1$, 则典型映射$H^1(G, B) \to H^1(G, C)$是满射.

证明: 这是I为所有素数的集合时的特殊情形. □

习题1.5.8 令$1 \to A \to B \to C \to 1$为$G$-群的正合列, 其中$A$是有限Abel群. 在证明命题1.5.25中用到的方法将每个$c \in Z^1(G, C)$与G通过A的扩张E_c联系起来. 证明: 有这个扩张得到的G在A上的作用是${}_c A$的作用, 且E_c在$H^2(G, {}_c A)$中的像是§1.5.6中定义的元素$\Delta(c)$.

习题1.5.9 令A为有限G-群使得它的阶与G的阶互素. 证明: $H^1(G, A) = 0$. (归结为有限的情形, 这时的结果已知: 它是Feit-Thompson定理的结果, 说的是奇数阶群是可解的.)

习题1.5.10 令$1 \to P \to E \to G \to 1$为射有限群的扩张, 其中$G$和$P$满足推论1.5.26中的假设, E'为射影到G上的闭子群, 且为满足这个性质的极小元(参见习题1.1.4), $P' = P \bigcap E'$, 证明: $P' = 1$. (否则会存在于E'中正规的P'的开子群P'', $P'' \neq P'$. 将命题1.5.25应用于扩张$1 \to P'/P'' \to E'/P'' \to G \to 1$, 我们会得到$G$到$E'/P''$的提升, 从而有$E'$的射影到$G$的闭子群$E''$使得$E'' \bigcap P' = P''$, 这与$E'$的极小性矛盾.) 由此得到推论1.5.26的另一个证明.

习题1.5.11 (a) 令P为射有限群. 证明下列性质的等价性:

(i) P是有限幂零群的射影极限.

(ii) P是射p-群的直积.

(iii) 对任何素数p, P只有一个Sylow p-子群.

这样的群称为射幂零群.

(b) 令$f : G \to P$为射有限群的满态射. 假设P是射幂零的. 证明: 存在G的射幂零的子群P'使得$f(P') = P$. (将P写成直积$F = \prod\limits_p F_p$的商, 其中F_p是自由射p-群, 由推论1.5.27将$F \to P$提升到$F \to G$.

当P和G是有限群时, 我们重新得到一个熟知的结果(参见Huppert的[82], §3.3.10).

习题1.5.12 证明投射群的闭子群是投射的.

第1章的文献评论

§1.1, §1.2, §1.3, §1.4中几乎所有的结果都属于Tate, Tate本人没有将它们发表, 但是他的一些结果相继由Lang和Douady写出来(参见[55, 104, 105]), 其他的结果(特别是§1.4.5中仿效的证明)是他直接在通信中告诉我的.

例外: §1.3.5(对偶模)和§1.4.4(Shafarevich定理).

§1.5(非Abel上同调)取自Borel-Serre的[18], 这是直接由非Abel的层上同调启发的结果, 关于这方面, Grothendieck的Kansas报告[66]特别有用.

附录1 J.Tate —— 一些对偶定理

J.Tate于1963年3月28日的来信:

……你不必在对偶模的问题上过于谨慎: 有限性的假设并不需要. 更一般地, 假设R是由开的双边理想构成0的基本邻域系的拓扑环. 对每个这样的理想和每个R-模, 令

$$M_I = \operatorname{Hom}_R(R/I, M) = \{x \in M | Ix = 0\}.$$

令$C(R)$为R-模M构成的范畴使得$M = \bigcup_{I\text{开}} M_I$. 令$T : C(R)^0 \to (\mathrm{Ab})$为将归纳极限变为射影极限的加法反变函子, 则$T$是"姣好的", 即它是左正合的当且仅当它可表示. 事实上, 在R为离散的情形, 这是熟知的: 映射$M = \operatorname{Hom}_R(R, M) \to \operatorname{Hom}(T(M), T(R))$给出函子同态

$$\alpha_M : T(M) \longrightarrow \operatorname{Hom}_R(M, T(R)),$$

它在M自由时是双射, 因此当T是姣好的, 由于每个M有自由分解, 对每个M它都是双射. 在一般的情形, 对每个开的双边理想I, 范畴$C(R/I)$是$C(R)$满子范畴, 包含函子$C(R/I) \subset C(R)$ 正合且与$\varinjlim$交换. 所以, 如果T是姣好的, 对每个I, 它到$C(R/I)$上的限制也是姣好的, 从而对$M \in C(R/I)$, 我们有函子同构

$$(*) \qquad\qquad T(M) \xrightarrow{\simeq} \operatorname{Hom}_R(M, T(R/I)).$$

现在对$M = R/I_0, I_0 \supset I$应用结果, 你会看到$T(R/I_0) \sim T(R/I)_{I_0}$. 令$I \to 0$, 可知$T(R/I_0) \simeq E_{I_0}$, 其中$E = \varprojlim_{I \to 0} T(R/I)$. 回到公式$(*)$, 用$I_0$替代$I$, 我们现在发现

$$T(M) \simeq \operatorname{Hom}_R(M, E), \forall M \in C(R/I_0).$$

最后, 对于任何$M \in C(R)$, 我们得到

$$T(M) = \varprojlim T(M_{I_0}) = \varprojlim \operatorname{Hom}_R(M_{I_0}, E) = \operatorname{Hom}_R(M, E).$$

当然, 无论T是否姣好, 我们有函子同态

$$T(M) \xrightarrow{a_M} \operatorname{Hom}_R(M, E),$$

也有$T \circ \varinjlim = \varprojlim \circ T$, 时髦的陈述是下列结论等价:

(i) T是姣好的, $T \circ \varinjlim = \varprojlim \circ T$.

(ii) T是半正合的, $(T \circ \varinjlim) \to (\varprojlim \circ T)$是满射, 且对所有$M$, α_M 是单射.

(iii) 对所有M, α_M是双射.

现在对射有限群G, 任意$A \in C_G$以及任意的闭子群$S \subset G$, 我们设

$$D_r(S, A) = \varinjlim_{V \supset S} H^r(V, A)^*,$$

极限对开子群V收缩到S时, 关于上限制映射的转置Cor^*而取(回顾: 若B是Abel群, B^*表示$\mathrm{Hom}(B, \mathbb{Q}/\mathbb{Z})$).
显然, $A \mapsto D_r(S, A)$是反变函子的连通序列, 即正合列$0 \to A' \to A \to A'' \to 0$给出正合列

$$\cdots \longrightarrow D_r(S, A) \longrightarrow D_r(S, A') \longrightarrow D_{r-1}(S, A'') \longrightarrow D_{r-1}(S, A) \longrightarrow \cdots.$$

特别地, 我们记$D_r(A) = D_r(\{1\}, A)$, 有$D_r(A) \in C_G$, 因为对所有正规子群U, G/U作用于$H^r(U, A)$上.

特别地, 设

$$E_r = D_r(\mathbb{Z}) = \varinjlim H^r(G, \mathbb{Z}[G/U])^*,$$

$$E'_r = \varinjlim_m D_r(\mathbb{Z}/m\mathbb{Z}) = \varinjlim_{U, m} H^r(G, \mathbb{Z}/m\mathbb{Z})[G/U])^*,$$

则将上述考虑应用到环

$$R = \mathbb{Z}[G] = \varprojlim \mathbb{Z}[G/U], \ R' = \hat{\mathbb{Z}}[G] = \varprojlim (\mathbb{Z}/m\mathbb{Z})[G/U],$$

并注意到$C(R) = C_G, C(R') = C_G^t$, 我们得到映射

$$\alpha_M : H^r(G, M)^* \longrightarrow \mathrm{Hom}_G(M, E_r), M \in C_G,$$

$$\alpha'_M : H^r(G, M)^* \longrightarrow \mathrm{Hom}_G(M, E'_r), M \in C_G^t.$$

而且对$M \in C_G \ (C_G^t)$, $\alpha_M \ (\alpha'_M)$是双射当且仅当对所有$M \in C_G \ (C_G^t)$, $\alpha_M \ (\alpha'_M)$是单射, 当且仅当$\mathrm{scd}(G) \leqslant r \ (\mathrm{cd}(G) \leqslant r)$.

现在假设$\mathrm{cd}(G) \leqslant r$, 则我们有

$$E_{r+1} = D_{r+1}(\mathbb{Z}) = D_r(\mathbb{Q}/\mathbb{Z}) = \varinjlim H^r(U, \mathbb{Q}/\mathbb{Z})^* = \varinjlim \mathrm{Hom}_U(\mathbb{Q}/\mathbb{Z}, E'_r) = \bigcup \mathrm{Hom}(\mathbb{Q}/\mathbb{Z}, E'_r)^U,$$

从而有判别法

$$\mathrm{scd}_p(G) = r + 1 \iff (E'_r)^U \text{包含同构于} \mathbb{Q}_p/\mathbb{Z}_p \text{的子群}.$$

例子: $G = \hat{\mathbb{Z}}, E'_1 = \mathbb{Q}/\mathbb{Z}$, 因此$E_2 = \mathrm{Hom}(\mathbb{Q}/\mathbb{Z}, \mathbb{Q}/\mathbb{Z}) = \hat{\mathbb{Z}}$, 从而对$C_G$中的任何$M$, 我们有$H^2(G, M)^* = \mathrm{Hom}_G(M, \hat{\mathbb{Z}})$.

若$\mathrm{cd}(G) = \mathrm{scd}(G) = r$, 则$E'_r$自然是$E_r$的挠子模.

例子: 若$G = \mathrm{Gal}(\bar{\mathbb{Q}}_p/\mathbb{Q}_p)$, 则由类域论, 我们有$E_2 = \varprojlim \hat{K}^*$, 极限对$\mathbb{Q}_p$的所有有限扩张$K$作乘群的紧化而取, $E'_2 = \mu$是挠子群.

* * *

但是，一般的对偶定理如何呢？我目前能得到的最好结果是下面意想不到的理论.

定义 对$A \in C_G$, 我们称$\mathrm{cd}(G, A) \leqslant n$当且仅当对所有$r > n$和$G$的所有闭子群$S$有$H^r(S, A) = 0$.

引理1 对$A \in C_G$, 下面的结论等价:

(i) $\mathrm{cd}(G, A) = 0$.

(ii) 对每个开正规子群$U \subset G$, A^U是上同调平凡的G/U-模.

(iii) 对每个开正规子群U和每个$V \supset U$, 迹映射$N : H_0(V/U, A^U) \to H^0(V/U, A^U)$是双射.

证明: (ii)和(iii)的等价性由[153], p.152的定理8得到, q的两个连续值为$-1, 0$. 若(i) 成立, 谱序列$H^p(V/U, H^q(U, A)) \Rightarrow H(V, A)$退化, 而极限也退化, 所以对$p > 0$有$H^p(V/U, A^U) = 0$, 即(ii)是对的. 反过来, 我们从(ii)推出$p > 0$时, 对每个开子群V有$H^p(V, A) = \varinjlim H^p(V/U, A^U) = 0$, 从而对所有闭子群$S$有$H^p(S, A) = \varinjlim_{V \supset S} H^p(V, A) = 0$, 即(ii)成立. $\qquad\square$

令$A \in C_G$, 且

$$0 \longrightarrow A \longrightarrow X^0 \longrightarrow X^1 \longrightarrow \cdots$$

为A的典型分解, 例如用齐次上链(不一定"等变"), 或者如果你愿意, 可以重复标准的维数转移$0 \to A \to \mathrm{Map}(G, A)$. 令$Z^n$为$X^n$中的上循环群使得我们有正合列

$$(1) \qquad 0 \longrightarrow A \longrightarrow X^0 \longrightarrow X^1 \longrightarrow \cdots \longrightarrow X^{n-1} \longrightarrow Z^n \longrightarrow 0.$$

引理2 $\mathrm{cd}(G, A) \leqslant n \Longleftrightarrow \mathrm{cd}(G, Z^n) = 0$.

证明: 因为对$r > 0$, 我们有

$$H^r(S, Z^n) = H^{r+1}(S, Z^{n-1}) = \cdots = H^{r+n}(S, A). \qquad\square$$

定理1 若$\mathrm{cd}(G, A) \leqslant n$, 则有同调型的谱序列

$$(2) \qquad E^2_{pq} = H_p(G/U, H^{n-q}(U, A)) \Longrightarrow H_{p+q} = H^{n-(p+q)}(G, A).$$

证明: 考虑(1)和得到的复形

$$(3) \qquad 0 \longrightarrow (X^0)^U \longrightarrow (X^1)^U \longrightarrow \cdots \longrightarrow (X^{n-1})^U \longrightarrow (Z^n)^U \longrightarrow 0,$$

我们将它重新写成

$$(4) \qquad 0 \longrightarrow Y_n \longrightarrow Y_{n-1} \longrightarrow \cdots \longrightarrow Y_1 \longrightarrow Y_0 \longrightarrow 0,$$

使得我们有"同调". 事实上, 对所有q有$H_q(Y.) = H^{n-q}(U, A)$. 现在应用到Y的标准G/U链函子得到同调型的双复形$C..$:

$$C_{p,q} = C_p(G/U, Y_q).$$

取q-方向的同调, 因C_p是正合函子, 我们得到$C_p(G/U, H^{n-q}(U, A))$. 接着在p-方向取同调得到$E^2_{p,q} = H_p(G/U, H^{n-q}(U, A))$, 此即所需. 换个次序, 先取$p$-方向的同调得到$H_p(G/U, Y_q)$, 由引理1和引理2, 它在$p > 0$时为0; 还由这两个引理, 对$p = 0$我们有

$$H_0(G/U, Y_q) = H^0(G/U, Y_q) = Y_q^{G/U} = ((X^{n-q})^U)^{G/U} = (X^{n-q})^G,$$

这个复形的(上)同调为 $H^{n-q}(G, A)$, 证毕(对 $q=0$, 用 Z 替换 X). $\qquad\square$

这个结论对于 U 是函子的, 你会看到对于 $V \subset U$, 映射

$$H_p(G/V, H^{n-q}(V, A)) \longrightarrow H_p(G/U, H^{n-q}(U, A))$$

是从 $G/V \to G/U$ 和 $\mathrm{Cor}: H^{n-q}(V, A) \to H^{n-q}(U, A)$ 得到的.

推论 若 $\mathrm{cd}(G, A) \leqslant n$, 则对于每个正规子群 $N \subset G$, 存在上同调型的谱序列

(5) $$E_2^{pq} = H^p(G, D_{n-q}(N, A)) \Longrightarrow H^{n-(p+q)}(G, A)^*.$$

特别地, 对于 $N = \{1\}$ 有

(6) $$H^p(G, D_{n-q}(A)) \Longrightarrow H^{n-(p+q)}(G, A)^*.$$

证明: 事实上, 如果应用*, 利用有限群的上同调的对偶, 即 $H_p(G/U, B)^* \simeq H^p(G/U, B^*)$, 然后在 $U \supset N$ 上取极限, 从(2)就得到(3). $\qquad\square$

最显然的应用是:

定理2 令 G 为射有限群, $n \geqslant 0$, 下面的条件等价:

(i) $\mathrm{scd}(G) = n$, $E_n = D_n(\mathbb{Z})$ 可除, 且对 $q < n$ 有 $D_q(\mathbb{Z}) = 0$.

(ii) $\mathrm{scd}(G) = n$, 对 C_G 中所有 $\mathbb{Z}$ 上有限型的 A, 当 $q < n$ 时有 $D_q(A) = 0$.

(iii) 对 C_G 中所有 $\mathbb{Z}$ 上有限型的 A 和所有 r 有 $H^r(G, \mathrm{Hom}(A, E_n)) \simeq H^{n-r}(G, A)^*$.

类似地有:

定理3 以下等价:

(i) $\mathrm{cd}(G) = n$, 对所有 $q < n$ 和所有素数 p, $D_q(\mathbb{Z}/p\mathbb{Z}) = 0$.

(ii) $\mathrm{cd}(G) = n$, 对所有 $q < n$ 和所有 $A \in C_G^f$ 有 $D_q(A) = 0$.

(iii) 对所有 r 和所有 $A \in C_G^f$ 有 $H^r(G, \mathrm{Hom}(A, E_n')) \simeq H^{n-r}(G, A)^*$.

注意总有 $D_1(\mathbb{Z}) = 0$, 对所有 $p^\infty | (G:1)$ 有 $D_0(\mathbb{Z}) = 0$, 因此若 $\mathrm{scd}(G) = 2$, G 满足定理2的条件(对 $n=2$)当且仅当 E_2 可除. 例如在 $G = \mathrm{Gal}(\bar{\mathbb{Q}}_p/\mathbb{Q}_p)$ 时就属于这种情形, 但是在 k 是全虚的数域时, 结论对 $G = \mathrm{Gal}(\bar{k}/k)$ 不正确. 太糟了!

......

J. Tate

附录2 Golod-Shafarevich不等式

我们要证明下面的结论(参见§1.4.4):

定理1 若$G \neq 1$是p-群, 则$r > d^2/4$, 其中

$$d = \dim H^1(G, \mathbb{Z}/p\mathbb{Z}), r = \dim H^2(G, \mathbb{Z}/p\mathbb{Z}).$$

我们将看到这个定理是局部代数的一般结果的特殊情形.

2.1 结论

令R为域k上的有限维代数, I为R的双边理想. 我们作以下假设:

(a) $R = k \oplus I$.

(b) I是幂零的.

这些假设意味R是局部环(不一定是交换的), 其根是I, 剩余域是k, 参见Bourbaki的[23], §2.3.1.

若P是有限生成的左R-模, $\mathrm{Tor}_i^R(P, k)$是有限维k-向量空间. 我们设:

$$t_i(P) = \dim_k \mathrm{Tor}_i^R(P, k).$$

令$m = t_0(P) = \dim_k P/I \cdot P$. 若$\bar{x}_1, \ldots, \bar{x}_m$是$P/I \cdot P$的$k$- 基, 令$x_1, \ldots, x_m$为$\bar{x}_1, \ldots, \bar{x}_m$在$P$中的原像. 由Nakayama引理, 这些$x_i$生成$P$, 因此它们定义了满态射

$$x: R^m \longrightarrow P,$$

并且有$\ker(x) \subset I \cdot R^m$.

可以将它应用于$P = k, m = 1, x_1 = 1, \ker(x) = I$, 我们有

$$
\begin{aligned}
t_0(k) &= 1, \\
t_1(k) &= \dim_k \mathrm{Tor}_1^R(k, k) &= \dim_k I/I^2, \\
t_2(k) &= \dim_k \mathrm{Tor}_2^R(k, k) &= \dim_k \mathrm{Tor}_1^R(I, k).
\end{aligned}
$$

我们将证明:

定理2 若$I \neq 0$, 则$t_2(k) > t_1(k)^2/4$.

这个结论意味定理1. 事实上, 如果我们取$k = \mathbb{F}_p, R = \mathbb{F}_p[G]$, 则$R$是其基为增广理想$I$的局部代数(例如这可以由命题1.4.1得到). 我们也有$\mathrm{Tor}_i^R(k, k) = H_i(G, \mathbb{Z}/p\mathbb{Z})$, 从而有

$$t_i(k) = \dim H_i(G, \mathbb{Z}/p\mathbb{Z}) = \dim H^i(G, \mathbb{Z}/p\mathbb{Z}),$$

因为$H_i(G, \mathbb{Z}/p\mathbb{Z}), H^i(G, \mathbb{Z}/p\mathbb{Z})$互为对偶, 由此得到定理1.

2.2 证明

让我们令$d = t_1(k), r = t_2(k)$, 我们有

$$d = t_1(k) = t_0(I) = \dim_k I/I^2, r = t_2(k) = t_1(I).$$

$I \neq 0$的假设等价于$d \geqslant 1$. 从我们以上所说, 存在正合列

$$0 \longrightarrow J \longrightarrow R^d \longrightarrow I \longrightarrow 0,$$

其中$J \subset I \cdot R^d$. 因为$r = t_1(I) = t_0(J)$, 我们可知J同构于R^r的一个商模. 所以我们有正合列

$$R^r \overset{\varepsilon}{\longrightarrow} R^d \longrightarrow I \longrightarrow 0,$$

其中$\mathrm{Im}(\varepsilon) = J$(这是$I$的极小分解的起始部分, 参见[32, 74]).

将此正合列与R/I^n作张量积, 其中$n > 0$是整数, 我们得到正合列

$$(R/I^n)^r \longrightarrow (R/I^n)^d \longrightarrow I/I^{n+1} \longrightarrow 0.$$

但是ε的像包含于$I \cdot R^d$说明同态$(R/I^n)^r \longrightarrow (R/I^n)^d$经过$(R/I^{n-1})^r$分解. 如此我们得到正合列

$$(R/I^{n-1})^r \longrightarrow (R/I^n)^d \longrightarrow I/I^{n+1} \longrightarrow 0.$$

由此我们得到不等式

$$d \cdot \dim_k R/I^n \leqslant r \cdot \dim_k R/I^{n-1} + \dim_k I/I^{n+1},$$

这对所有的$n \geqslant 1$成立. 如果我们设$a(n) = \dim_k R/I^n$, 可以将上述不等式写成

$$(*_n) \qquad\qquad d \cdot a(n) \leqslant r \cdot a(n-1) + a(n+1) - 1, \ n \geqslant 1$$

$(*_n)$的第一个结果是不等式$r \geqslant 1$. 事实上, 若$r = 0$, 我们得到$d \cdot a(n) \leqslant a(n+1) - 1$, 从而$a(n) < a(n+1)$, 这是不可能的, 因为$a_n = \dim_k R/I^n$对大的$n$是常数(因为$I$是幂零的).

假设$d^2 - 4r \geqslant 0$. 让我们分解多项式: $X^2 - dX + r = (X - \lambda)(X - \mu)$, 其中$\lambda, \mu > 0$是实数, 且$\mu \geqslant \lambda$(从而$\mu \geqslant 1$, 因为$\lambda\mu = r$). 设

$$A(n) = a(n) - \lambda a(n-1).$$

我们有

$$A(n+1) - \mu A(n) = a(n+1) - (\lambda + \mu)a(n) + \lambda\mu a(n-1) = a(n+1) - d \cdot a(n) + r \cdot a(n-1),$$

这就使我们将$(*_n)$写成:

$$(*'_n) \qquad\qquad A(n+1) - \mu A(n) \geqslant 1, \ n \geqslant 1.$$

但是我们有$a(0) = 0, a(1) = 1, a(2) = d+1$, 因此$A(0) = 0, A(1) = 1, A(2) = d+1-\lambda = 1+\mu$. 因此我们对$n$作归纳由$(*'_n)$推出

$$A(n) \geqslant 1 + \mu + \cdots + \mu^{n-1}, \ n \geqslant 1.$$

因为$\mu \geqslant 1$, 这就意味$A(n) \geqslant n$. 但是这是荒唐的, 因为对大的n, $a(n)$, 从而$A(n)$ 是常数. 因此我们确实有$d^2 - 4r < 0$. 证毕.

习题1 令G为射p-群. 设$d = \dim H^1(G, \mathbb{Z}/p\mathbb{Z})$, $r = \dim H^2(G, \mathbb{Z}/p\mathbb{Z})$, 并假设$d, r$有限(所以 G是"有限表示的").

a) 令R为代数$\mathbb{F}_p[G/U]$, 其中U过G的开正规子群集合的射影极限. 证明: R是局部$\mathbb{F}_p$-代数, 其根为$I = \ker(R \to \mathbb{F}_p)$.

b) 证明: I^n在R中的余维数有限. 令$a(n) = \dim R/I^n$. 证明: $\dim I/I^2 = d$, 且若将I写成R^d/J的形式, 则$\dim J/IJ = r$, 参见Brumer的[32] 与Haran的[74]. 由此推出不等式$(*_n)$仍然成立(证明相同).

c) 假设$d > 2$, $r < d^2/4$. 由$(*_n)$推出存在常数$c > 1$, 使得对于充分大的n有$a(n) > c^n$. 利用Lazard([110]的A.3.11)的结果, 这意味G不是p-进解析群.

第 2 章　Galois上同调: 交换情形

§2.1　概述

§2.1.1　Galois上同调

令k为域, K为k的Galois扩张. 扩张K/k的Galois群$\text{Gal}(K/k)$是射有限群(参见§1.1.1), 我们能对它应用第1章的方法和结果. 特别地, 若$\text{Gal}(K/k)$作用于离散群$A(K)$上, $H^q(\text{Gal}(K/k), A(K))$的定义合理(若$A(K)$不是交换的, 我们假设$q = 0, 1$).

事实上, 通常更方便的做法是不在一个固定的扩张K/k中讨论, 下面是我们讨论的情境:

有基域k, 定义在k的可分代数扩张的范畴上, 取值于群范畴(或Abel群)的函子$K \mapsto A(K)$, 这个函子满足下面的公理:

(1) $A(K) = \varinjlim A(K_i)$, 其中K_i过K的在k上有限型的子扩张的集合.

(2) 若$K \to K'$是单射, 对应的态射$A(K) \to A(K')$也是单射.

(3) 若K'/K是Galois扩张, 有$A(K) = H^0(\text{Gal}(K'/K), A(K'))$. (这是有意义的, 因为群$\text{Gal}(K'/K)$函子地作用于$A(K')$上. 此外, 公理(1)意味这个作用是连续的.)

注记:

1) 若k_s表示k的可分闭包, 群$A(k_s)$的定义合理, 它是个$\text{Gal}(k_s/k)$-群. 了解这个群与了解函子A(在函子同构意义下)是一样的.

2) 函子A通常能对k的所有扩张(不一定是代数的或可分的)用验证(1), (2), (3)的方式定义. 最重要的例子是关于"群概型"的: 若A是k上局部有限型的群概型, A在扩张K/k 中取值的点构成函子地依赖于K的群$A(K)$, 这个函子满足公理(1), (2), (3)(公理(1)由A 为局部有限型得到). 特别地, 这些讨论适用于"代数群", 即k上有限型的群概型.

令A为满足上述公理的函子. 若K'/K为Galois扩张, $H^q(\text{Gal}(K'/K), A(K'))$有定义(若$A$非交换, 我们只考虑$q = 0, 1$), 我们用记号$H^q(K'/K, A)$表示它.

令$K_1'/K_1, K_2'/K_2$为两个Galois扩张, Galois群分别为G_1, G_2. 假设我们给定单射$K_1 \overset{i}{\to} K_2$, 让我们假设存在单射$K_1' \overset{j}{\to} K_2'$延拓包含映射$i$. 我们利用$j$得到同态$G_2 \to G_1$和态射$A(K_1') \to A(K_2')$, 这两个映射相容, 且定义了映射

$$H^q(G_1, A(K_1')) \longrightarrow H^q(G_2, A(K_2')).$$

这些映射不依赖于j的选取(参见[153], p.164), 因此我们有只依赖于i(以及j的存在)的映射

$$H^q(K_1'/K_1, A) \longrightarrow H^q(K_2'/K_2, A).$$

特别地, 我们可知k的两个可分闭包定义了彼此双射典型对应的上同调群$H^q(k_s/k, A)$. 这就使我们可以丢掉符号k_s而简写成$H^q(k, A)$, 它函子地依赖于k.

§2.1.2 基本例子

令G_a, G_m分别为由关系$G_a(K) = K, G_m(K) = K^*$定义的加法, 乘法群. 我们有(参见[153], p.158):

命题 2.1.1 对每个Galois扩张K/k, 我们有$H^1(K/k, G_m) = 0, H^q(K/k, G_a) = 0, q \geq 1$.

证明: 事实上, 当K/k有限时, 对所有$q \in \mathbb{Z}$, 修饰上同调群$\hat{H}^q(K/k, G_a)$是0. □

注记:

对$q \geq 2$, 群$H^q(K/k, G_m)$一般不是0. 回顾: 群$H^2(K/k, G_m)$可以与Brauer群$Br(k)$的被K分裂的部分等同. 特别地, $H^2(k, G_m) = Br(k)$(参见[153]的第10章).

推论 2.1.2 令$n \geq 1$为与k的特征互素的整数, μ_n为(k_s)中的n次单位根群. 我们有

$$H^1(k, \mu_n) = k^*/k^{*n}.$$

证明: 我们有正合列

$$1 \longrightarrow \mu_n \longrightarrow G_m \overset{n}{\longrightarrow} G_m \longrightarrow 1,$$

其中n表示自同态$x \mapsto x^n$. 由此得到上同调正合列

$$k^* \overset{n}{\longrightarrow} k^* \longrightarrow H^1(k, \mu_n) \longrightarrow H^1(k, G_m).$$

因为由命题2.1.1有$H^1(k, G_m) = 0$, 故推论成立. □

注记:

1) 同样的论证说明$H^2(k, \mu_n)$可以与在$Br(k)$中用n乘的核$Br_n(k)$等同.
2) 若μ_n包含于k^*中, 通过取一个n次本原单位根, 我们可以将μ_n与$\mathbb{Z}/n\mathbb{Z}$等同. 因此上述推论给出群同构

$$k^*/k^{*n} \cong Hom(G_k, \mathbb{Z}/n\mathbb{Z}) = H^1(k, \mathbb{Z}/n\mathbb{Z}),$$

我们重新得到了经典的"Kummer理论"(参见Bourbaki的[25], §5.11.8).

§2.2 上同调维数的判别法

以下各节中, 我们用G_k表示k_s/k的Galois群, 其中k_s是k的可分闭包, 这个群在非唯一同构下是确定的.

若p是素数, 我们用$G_k(p)$表示G_k的最大射p-商群, 它是扩张$k_s(p)/k$的Galois群, 这个扩张称为k的最大p-扩张. 我们将给出能计算$G_k, G_k(p)$的上同调维数的一些法则(参见§1.3).

§2.2.1 辅助结果

命题 2.2.1 令 G 为射有限群, $G(p) = G/N$ 为 G 的最大射 p-商群. 假设 $\mathrm{cd}_p(N) \leqslant 1$, 则典型映射

$$H^q(G(p), \mathbb{Z}/p\mathbb{Z}) \longrightarrow H^q(G, \mathbb{Z}/p\mathbb{Z})$$

是同构. 特别地, $\mathrm{cd}(G(p)) \leqslant \mathrm{cd}_p(G)$.

证明: 令 N/M 为 N 的最大射 p-商群. 显然, M 在 G 中正规, G/M 是射 p-群. 由 $G(p)$ 的定义, 这意味着 $M = N$. 因此, N 到射 p-群的每个态射是平凡的. 特别地, 我们有 $H^1(N, \mathbb{Z}/p\mathbb{Z}) = 0$. 又因为 $\mathrm{cd}_p(N) \leqslant 1$, 对 $i \geqslant 2$ 有 $H^i(N, \mathbb{Z}/p\mathbb{Z}) = 0$. 所以由群扩张的谱序列得到同态

$$H^q(G/N, \mathbb{Z}/p\mathbb{Z}) \longrightarrow H^q(G, \mathbb{Z}/p\mathbb{Z})$$

对所有的 $q \geqslant 0$ 是同构. 故又由命题1.4.3即得到不等式 $\mathrm{cd}(G/N) \leqslant \mathrm{cd}_p(G)$. □

习题2.2.1 在与命题2.2.1中相同的假设下, 令 A 为 p-准素挠 $G(p)$-模. 证明: 对每个 $q \geqslant 0$, $H^q(G(p), A)$ 到 $H^q(G, A)$ 的典型映射是同构.

§2.2.2 p 等于基域的特征的情形

命题 2.2.2 若 k 是特征为 p 的域, 我们有 $\mathrm{cd}_p(G_k) \leqslant 1, \mathrm{cd}(G_k(p)) \leqslant 1$.

证明: 设 $x^p - x = f(x)$, 映射 f 是加性的, 给出正合列

$$0 \longrightarrow \mathbb{Z}/p\mathbb{Z} \longrightarrow G_a \xrightarrow{f} G_a \longrightarrow 0.$$

事实上, (由定义)这意味 Abel 群序列

$$0 \longrightarrow \mathbb{Z}/p\mathbb{Z} \longrightarrow k_s \xrightarrow{f} k_s \longrightarrow 0$$

正合, 这是容易看出的. 过渡到上同调, 我们得到正合列

$$H^1(k, G_a) \longrightarrow H^2(k, \mathbb{Z}/p\mathbb{Z}) \longrightarrow H^2(k, G_a).$$

由命题2.1.1, 我们推出 $H^2(k, \mathbb{Z}/p\mathbb{Z}) = 0$, 即 $H^2(G_k, \mathbb{Z}/p\mathbb{Z}) = 0$. 这个结果也可以应用于 G_k 的闭子群(因为它们是Galois群), 特别地可应用于Sylow p-子群. 若 H 表示其中一个, 则有 $\mathrm{cd}(H) \leqslant 1$(参见命题1.4.3), 从而有 $\mathrm{cd}_p(k) \leqslant 1$(推论1.3.7). 若 N 是 $G_k \to G_k(p)$ 的核, 上述论证也适用于 N, 从而说明 $\mathrm{cd}_p(N) \leqslant 1$. 我们由命题2.2.2推出 $\mathrm{cd}(G_k(p)) \leqslant \mathrm{cd}_p(G_k) \leqslant 1$. □

推论 2.2.3 群 $G_k(p)$ 是自由射 p-群.

证明: 由推论1.4.11可得结论. □

(因为 $H^1(G_k(p))$ 能与 $k/f(k)$ 等同, 我们甚至能计算 $G_k(p)$ 的秩.)

推论 2.2.4 (Albert-Hochschild) 若 k' 是 k 的纯不可分扩张, 则典型映射 $\mathrm{Br}(k) \to \mathrm{Br}(k')$ 是满射.

证明: 令 k'_s 为 k' 的包含 k_s 的可分闭包. 因为 k'/k 是纯不可分的, 我们能将 G_k 与 k'_s/k' 的Galois群等同. 我们有

$$\mathrm{Br}(k) = H^2(G_k, k_s^*), \ \mathrm{Br}(k') = H^2(G_k, k_s'^*).$$

此外, 对每个$x \in k_s'$, 存在p的幂q使得$x^q \in k_s$, 换言之, 群$k_s'^*/k_s^*$是p-准素挠群. 因为$\mathrm{cd}_p(G_k) \leqslant 1$, 我们有$H^2(G_k, k_s'^*/k_s^*) = 0$, 故上同调正合列说明$H^2(G_k, k_s^*) \to H^2(G_k, k_s'^*)$是满射. □

注记:

1) 当k'是k的高(或指数)为1的纯不可分扩张, $\mathrm{Br}(k) \to \mathrm{Br}(k')$的核能用$k'/k$的$p$-Lie微分代数的上同调帮助计算, 参见G.P.Hochschild的[78, 79].

2) 令$\mathrm{Br}_p(k)$为$\mathrm{Br}(k)$中乘p的核, 我们可以用微分形式描述$\mathrm{Br}_p(k)$如下:

令$\Omega_{\mathbb{Z}}^1(k)$为k上微分1-形式$\sum x_i \, \mathrm{d} y_i$的$k$-线性空间, $H_p^2(k)$为$\Omega_{\mathbb{Z}}^1(k)$模正合微分$\mathrm{d} z(z \in k)$和$(x^p - x) \, \mathrm{d} y/y(x \in k, y \in k^*)$生成的子群得到的商群, 参见Kato的[89]. 存在唯一的同构$H_p^2(k) \to \mathrm{Br}_p(k)$, 它将微分形式$x \, \mathrm{d} y/y$映到由生成元$X, Y$和下面的关系定义的单代数的类$[x, y]$:

$$X^p - X = x, \ Y^p = y, \ YXY^{-1} = X + 1,$$

参见[153]的§14.5.

习题2.2.2 令$x, y \in k$. $\mathrm{Br}_p(k)$中的元素$[x, y]$定义为:

$$[x, y] = \begin{cases} [xy, y], & 若 y \neq 0, \\ 0, & 若 y = 0. \end{cases}$$

(参见上面的注记2)). 证明: $[x, y]$是$\mathrm{Br}(k)$中由两个生成元X, Y和关系

$$X^p = x, \ Y^p = y, \ XY - YX = -1$$

定义的秩为p^2的单中心代数的类. 证明$[x, y]$是关于元素对(x, y)的双加性交错函数.

§2.2.3 p不等于基域的特征的情形

命题 2.2.5 令k是特征不等于p的域, $n \geqslant 1$为整数, 下面的条件等价:

(i) $\mathrm{cd}_p(G_k) \leqslant n$.

(ii) 对于k的任何代数扩张K, 我们有$H^{n+1}(K, \mathrm{G_m})(p) = 0$, 且群$H^n(K, \mathrm{G_m})$是$p$-可除的.

(iii) 与(ii)中的结论相同, 但是要限制到次数与p互素的有限可分扩张K/k上.

(回顾: 若A是挠Abel群, $A(p)$表示A的p-准素分支.)

证明: 令μ_p是p-次单位根群, 它包含于k_s中. 我们有正合列

$$1 \longrightarrow \mu_p \longrightarrow \mathrm{G_m} \overset{p}{\longrightarrow} \mathrm{G_m} \longrightarrow 1,$$

参见§2.1.2. 上同调正合列说明条件(ii)相当于说对所有K有$H^{n+1}(K, \mu_p) = 0$, 关于(iii)有类似的转述.

现在假设$\mathrm{cd}_p(G_k) \leqslant n$. 因为$G_K$同构于$G_k$的闭子群, 我们也有$\mathrm{cd}_p(G_K) \leqslant n$, 从而$H^{n+1}(K, \mu_p) = 0$, 故(i)⇒(ii). 蕴含(ii)⇒(iii)是显然的. 现在假设(iii) 成立, 令H为G_k中的p-子群, K/k为相应的扩张, 则

$$K = \varinjlim K_i,$$

其中K_i是k的次数与p互素的有限可分扩张. 由(iii), 对所有i我们有$H^{n+1}(K_i, \mu_p) = 0$, 从而$H^{n+1}(K, \mu_p) = 0$, 即$H^{n+1}(H, \mu_p) = 0$. 但是H是射p-群, 所以它在$\mathbb{Z}/p\mathbb{Z}$上的作用平凡, 故我们可以将μ_p与$\mathbb{Z}/p\mathbb{Z}$等同, 命题1.4.3说明$\mathrm{cd}(H) \leqslant 1$, 由此得到条件(i). $\qquad\square$

§2.3 维数$\leqslant 1$的域

§2.3.1 定义

命题 2.3.1 令k为域, 下面的性质等价:

(i) 我们有$\mathrm{cd}(G_k) \leqslant 1$. 若此外$k$的特征$p \neq 0$, 则对每个代数扩张$K/k$有$\mathrm{Br}(K)(p) = 0$.

(ii) 对每个代数扩张K/k, 我们有$\mathrm{Br}(K) = 0$.

(iii) 若L/K为任何Galois扩张, K为k上的代数扩张, 则$\mathrm{Gal}(L/K)$-模L^*是同调平凡的(参见[153], §9.3).

(iv) 在(iii)的假设下, 范映射$N_{L/K} : L^* \to K^*$是满射.

(i'), (ii'), (iii'), (iv'): 结论同(i), (ii), (iii), (iv), 但是限制到k的有限可分扩张K/k上.

证明: 等价(i)$\Leftrightarrow$(i'), (ii)$\Leftrightarrow$(ii')由推论2.2.4得到, 等价(i)$\Leftrightarrow$(ii)由命题2.2.2与命题2.2.5得到, 等价(ii')$\Leftrightarrow$(iii')$\Leftrightarrow$(iv')在[153], p.169中证明了. 此外, 若k满足(ii), 每个代数扩张K/k 满足(ii), 因此也满足(ii'), (iii'), 这就意味k满足(iii). 因为显然有(iii)$\Rightarrow$(iii)', 我们可知(ii)$\Rightarrow$(iii), 同理可证(ii)$\Rightarrow$(iv). $\qquad\square$

注记:

条件$\mathrm{Br}(k) = 0$不能够推出(i), (ii), (iii), (iv), 参见习题2.3.1.

定义 2.3.2 称域k的维数$\leqslant 1$, 如果它们满足命题2.3.1中等价的条件, 此时我们记为$\dim(k) \leqslant 1$.

命题 2.3.3 (a) 维数$\leqslant 1$的域的每个代数扩张的维数也$\leqslant 1$.

(b) 令k为完全域, 则$\dim(k) \leqslant 1$的充分必要条件是$\mathrm{cd}(G_k) \leqslant 1$.

证明: 结论(a)是显然的. 对于(b), 注意到若k是完全域, 则映射$x \mapsto x^p$是k_s^*到自身的双射, 由此得到$H^q(k, \mathrm{G_m})$的p-分支是0, 特别地, $\mathrm{Br}(k)(p)$为0. 因为可以将此应用到任何代数扩张K/k 上, 我们可知命题2.2.1中的条件(i)能简化为$\mathrm{cd}(G_k) \leqslant 1$. $\qquad\square$

命题 2.3.4 令k为维数$\leqslant 1$的域, p为素数, 则$\mathrm{cd}(G_k(p)) \leqslant 1$.

证明: 设$G_k(p) = G_k/N$. 因为$\mathrm{cd}(G_k) \leqslant 1$, 我们有$\mathrm{cd}(N) \leqslant 1$, 命题2.2.1说明$\mathrm{cd}(G_k/N) \leqslant \mathrm{cd}_p(G_k)$, 由此得到本命题. $\qquad\square$

习题2.3.1 (M. Auslander) 令k_0是特征为0的域且满足以下性质: k_0不是代数闭的、k_0没有非平凡的Abel扩张、$\dim(k_0) \leqslant 1$. (这样的域的例子: $\mathbb{Q}$ 的所有有限可解Galois 扩张的合成域.) 令$k = k_0((T))$. 证明: $\mathrm{Br}(k) = 0$, k不是维数$\leqslant 1$的域.

习题2.3.2 特征$p > 0$时, 证明存在维数$\leqslant 1$的域k使得$[k : k^p] = p^r$, 其中$r \geqslant 0$是整数或$+\infty$. (取k为$\mathbb{F}_p(T_1, \ldots, T_r)$ 的可分闭包.) 若$r \geqslant 2$, 推出存在有限纯不可分闭包K/k使得$N_{K/k} : K^* \to k^*$不是满射. (这说明命题2.3.1中的可分假设不能省略.)

56

§2.3.2 满足性质(C_1)的关系

性质(C_1)是指:

(C_1). 若$n > d$, 每个方程$f(x_1, \ldots, x_n) = 0$在k^n中有非零解, 其中f是系数在k中, 次数为$d \geqslant 1$的齐次多项式, 此时称k为(C_1)的.

我们将在§2.3.3中看到这样的域的例子.

命题 2.3.5 令k为满足(C_1)的域.

(a) k的每个代数扩张k'也满足(C_1).

(b) 若L/K是有限扩张, K在k上代数, 则$N_{L/K}(L^*) = K^*$.

证明: 要证明(a), 我们能假设k'在k上有限. 令$F(x)$为系数在k'中的n元d次齐次多项式. 设$f(x) = N_{k'/k}F(x)$. 取k'/k的一组基$e_1, \ldots, e_m$, 将x关于这组基的分量写出来, 我们可知f可以等同于一个系数在k中的nm元dm次齐次多项式. 若$d < n$, 我们有$dm < nm$, 这个多项式有非平凡零点x. 这意味着$N_{k'/k}F(x) = 0$, 从而$F(x) = 0$.

现在让我们置身于假设(b)下, 令$a \in K^*$. 若$d = [L:K]$, 考虑方程

$$N(x) = a \cdot x_0^d, \ x \in L, x_0 \in K,$$

这是$d+1$元d次方程. 因为由(a), 域K满足(C_1), 这个方程有非零解(x, x_0). 若x_0是0, 我们有$N(x) = 0$, 从而$x = 0$, 与假设矛盾. 所以$x_0 \neq 0$, $N(x/x_0) = a$, 这就证明了范映射的满性. $\square$

推论 2.3.6 若k满足(C_1), 我们有$\dim(k) \leqslant 1$, 且若k的特征大于0, $[k:k^p] = 1$或p.

证明: 由上面的命题, 域k满足命题2.3.1中的条件(iv). 因此我们有$\dim(k) \leqslant 1$. 此外, 假设$k \neq k^p$, 令K为k的p次纯不可分扩张. 由命题2.3.5, 我们有$N(K) = k$. 但是$N(K) = K^p$, 故$K^p = k$, 由此得到$K^{p^2} = k^p$, $[k:k^p] = [K:K^p] = p$. $\square$

注记:

1) 关系"$[k:k^p] = 1$或p"也能表述为k的唯一纯不可分扩张是$k^{p^{-i}}$, $i = 0, 1, \ldots, \infty$.

2) 推论2.3.6的逆是不对的: 存在维数$\leqslant 1$但不是(C_1)的完全域k, 参见下面的习题.

习题2.3.3 (根据J.Ax的[8]) (a) 构造包含所有单位根的特征为0的域k_0使得$\mathrm{Gal}(\bar{k}_0/k_0) = \mathbb{Z}_2 \times \mathbb{Z}_3$. (取$\mathbb{C}((X))$的适当的代数扩张.)

(b) 构造系数在k_0中的5次齐次多项式$f(X, Y)$使之不能表示0. (取一个2次多项式与一个3次多项式的乘积.)

(c) 令$k_1 = k_0(T)$, k为对每个与5互素的整数n, 添加T的n次根到k_1上的域. 证明

$$\mathrm{Gal}(\bar{k}/k) = \mathbb{Z}_2 \times \mathbb{Z}_3 \times \mathbb{Z}_5,$$

从而$\dim(k) \leqslant 1$. 证明多项式

$$F(X_1, \ldots, X_5, Y_1, \ldots, Y_5) = \sum_{i=1}^{5} T^i f(X_i, Y_i)$$

是5次的且在k上不能表示0, 故域k不满足(C_1).

(有类似但更复杂的构造给出维数$\leqslant 1$的域, 且对任何r不满足(C_r)的例子, 参见[8].)

§2.3.3 维数 ≤ 1 的域的例子

a) 有限域是 (C_1) 的: Chevalley 定理[38]. 特别地, 它的维数 ≤ 1.

b) 代数闭域的超越次数为 1 的扩张是 (C_1) 的: 曾理定理[103]. 特别地, ...

c) 令 K 为赋予离散赋值且有代数闭的剩余类域的域. 假设 K 为 Hensel 的, $\hat{K}$ 在 K 上可分, 则 K 满足 (C_1): Lang 定理[103]. 可以将它应用于有完全剩余类域的局部域的极大非分歧扩张.

d) 令 k 为域 $\mathbb{Q}$ 的代数扩张. 记 $k = \varinjlim k_i$, 其中 k_i 为 $\mathbb{Q}$ 上的有限扩域. 让我们将 k_i 的 "位" (数域的 "位" 可定义为通过非平凡绝对值得到的域上的拓扑) 记为 V_i, 令 $V = \varprojlim V_i$. 若 $v \in V$, v 在每个 k_i 上诱导位, 完备化 $(k_i)_v$ 的定义合理. 设

$$n_v(k) = \mathrm{l.c.m.}[(k_i)_v : \mathbb{Q}_v],$$

这是一个 "超自然数" (参见 §1.1.3), 称之为 k 在 v 处的次数.

命题 2.3.7 令 k 为 $\mathbb{Q}$ 的代数扩张, p 为素数. 假设 $p \neq 2$, 或者 k 是全虚的. 若对 k 的每个超距位 v, p 在局部次数 $n_v(k)$ 的指数无限, 则我们有 $\mathrm{cd}_p(G_k) \leq 1$.

(我们说 k 是 "全虚的", 若它在 $\mathbb{R}$ 中没有任何嵌入, 即若对每个由 Archimedes 绝对值定义的位 v 有 $n_v(k) = 2$.)

证明: 让我们先证明 $\mathrm{Br}(k)$ 的 p-准素分支为 0. 为此, 令 $x \in \mathrm{Br}(k)$ 满足 $px = 0$. 因为 $k = \varinjlim k_i$, 我们有 $\mathrm{Br}(k) = \varinjlim \mathrm{Br}(k_i)$, x 来自某个元 $x_0 \in \mathrm{Br}(k_{i_0})$. 但是我们知道 (例如参见 Artin-Tate 的[6], §7) 数域的 Brauer 群中的元由它的局部像决定, 而这些局部像本身由属于 $\mathbb{Q}/\mathbb{Z}$ 的不变量给出. 若 $i \geq i_0$, x 在 $\mathrm{Br}(k_i)$ 中的像 $x(i)$ 有定义合理的不变量. 令 W_i 为 V_i 中由 $x(i)$ 的局部不变量不是零对应的位构成的子集. 这些 W_i 构成射影系 (对 $i \leq i_0$), 我们将看到 $\varprojlim W_i = \varnothing$. 事实上, 若 $v \in \varprojlim W_i$, x 在每个 Brauer 群 $\mathrm{Br}((k_i)_v)$ 中的像不是 0. 但是我们知道, 当延拓局部域时, Brauer 群中元素的不变量是要乘上这个扩张次数 d 的 (参见[153], p.201). 若 v 是超距的, p^∞ 整除 $n_v(k)$, 且对充分大的 i, $(k_i)_v$ 在 $(k_{i_0})_v$ 上的次数被 p 整除, 这就意味 $x(i)$ 在 v 处的不变量是 0, 与我们的假设矛盾. 类似地, 若 v 是 Archimedes 的 (这是不可能的, 除非 $p = 2$), 对充分大的 i, $(k_i)_v = \mathbb{C}$, 且 $x(i)$ 在 v 处的不变量还是 0. 因此我们有 $\varprojlim W_i = \varnothing$, 又因为这些 W_i 有限, 这就意味对充分大的 i 有 $W_i = \varnothing$ (参见引理 1.1.7), 故 $x(i) = 0$, $x = 0$. 这就证明了 $\mathrm{Br}(k)(p) = 0$.

同样的推理可证对 k 的每个代数扩张 k' 有 $\mathrm{Br}(k')(p) = 0$, 命题 2.2.5 说明 $\mathrm{cd}_p(G_k) \leq 1$. □

推论 2.3.8 若 k 是全虚的, 且 k 的每个超距位的局部次数等于 ∞, 则我们有 $\dim(k) \leq 1$.

证明: 事实上, k 是完全的, 且对所有 p 有 $\mathrm{cd}_p(G_k) \leq 1$, 我们可以应用命题 2.3.2. □

注记:

我们不知道满足上述推论中条件的域是否为 (C_1) 的, 看起来不会是.

习题 2.3.4 证明命题 2.3.7 的逆 (利用典型映射 $\mathrm{Br}(k) \to \mathrm{Br}(k_v)$ 的满性).

习题 2.3.5 证明: $G_{\mathbb{Q}}$ 不包含任何同构于 $\mathbb{Z}_p \times \mathbb{Z}_p$ 的子群 (注意这样的子群的上同调维数为 2, 利用命题 2.3.7). 由 Artin-Schreier 的[5]中的结果, $G_{\mathbb{Q}}$ 不包含阶大于 2 的有限子群, 也不包含 $\mathbb{Z}/2\mathbb{Z} \times \mathbb{Z}_p$.

推出 $G_{\mathbb{Q}}$ 的每个交换闭子群同构于 $\mathbb{Z}/2\mathbb{Z}$ 或乘积 $\prod_{p \in I} \mathbb{Z}_p$, 其中 I 为素数集的子群. 特别地, 这样的子群是拓扑循环群.

习题2.3.6 令k为完全域. 证明下面的性质等价:

(i) k是代数闭的.

(ii) $\dim k((t)) \leqslant 1$.

(iii) $\dim k(t) \leqslant 1$.

§2.4 传递定理

§2.4.1 代数扩张

命题 2.4.1 令k'为域k的代数扩张, p为素数, 则$\mathrm{cd}_p(G_{k'}) \leqslant \mathrm{cd}_p(G_k)$, 且在下面两种情形之一时等式成立:

(i) $[k' : k]_s$与p互素.

(ii) $\mathrm{cd}_p(G_k) < \infty$, $[k' : k]_s < \infty$.

证明: Galois群$G_{k'}$可以与Galois群G_k的子群等同且其指标为$[k' : k]_s$, 故本命题由命题1.3.5得到. □

注记:

事实上有一个更精确的结果:

命题 2.4.2 假设$[k' : k] < \infty$, 则$\mathrm{cd}_p(G_{k'}) = \mathrm{cd}_p(G_k)$, 除非下面的条件同时满足:

(a) $p = 2$;

(b) k是有序域(即-1不是k中元的平方和);

(c) $\mathrm{cd}_2(G_{k'}) < \infty$.

(例子: $k = \mathbb{R}, k' = \mathbb{C}$.)

证明: 我们将命题1.3.11应用到射有限群G_k及其开子群$G_{k'}$上, 可知若$\mathrm{cd}_p(G_k) \neq \mathrm{cd}_p(G_{k'})$, 群$G_k$包含$p$阶元. 但是, 由Artin-Schreier定理(参见[5]或Bourbaki的[25], VI.42, 习题31), 这是不可能的, 除非$p = 2$且k 有序, 因此命题成立. □

§2.4.2 超越扩张

命题 2.4.3 令k'为k的超越次数为N的扩张. 若p是素数, 我们有

$$\mathrm{cd}_p(G_{k'}) \leqslant N + \mathrm{cd}_p(G_k).$$

当k'在k上是有限生成的, $\mathrm{cd}_p(G_k) < \infty$且$p$不同于$k$的特征时等式成立.

证明: 利用命题2.4.1, 我们可以限于考虑$k' = k(t)$的情形, 故$N = 1$. 若$\bar{k}$表示k的代数闭包, $\bar{k}/k$是拟Galois扩张(即正规扩张), Galois群为G_k. 此外, 这个扩张与扩张$k(t)/k$线性无交. 因此扩张$\bar{k}(t)/k(t)$的Galois群可以与G_k等同. 另一方面, 若H表示Galois群$\overline{\bar{k}(t)}/\bar{k}(t)$, 曾定理说明$\mathrm{cd}(H) \leqslant 1$. 因为$G_{k'}/H = G_k$, 命题1.2.12 给出我们想要的不等式.

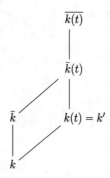

剩下证明在$cd_p(G_k) < \infty$和p不同于k的特征时有等式. 将G_k用它的一个Sylow p- 子群替代, 我们可以假设G_k是射p-群. 若μ_p表示p次单位根, G_k在μ_p上平凡作用, 这说明p次单位根属于k.

设$d = cd_p(G_k)$. 我们将看到$H^{d+1}(G_{k'}, \mu_p) \neq 0$, 这就证明了我们想要的不等式. 群扩张的谱序列(参考§1.3.3)给出

$$H^{d+1}(G_{k'}, \mu_p) = H^d(G_k, H^1(H, \mu_p)).$$

然而$H^1(H, \mu_p) = H^1(\bar{k}(t), \mu_p)$. 为了简化记号, 设$K = \bar{k}(t)$. 将正合列$0 \to \mu_p \to G_m \xrightarrow{p} G_m \to 0$应用于域$K$说明$H^1(K, \mu_p) = K^*/K^{*p}$, 且这个同构与群$G_k = G_{k'}/H$的作用相容. 所以我们有

$$H^{d+1}(G_{k'}, \mu_p) = H^d(G_k, K^*/K^{*p}).$$

令$w : K^* \to \mathbb{Z}$是$K = \bar{k}(t)$的由k中某个元(例如0)定义的赋值; 过渡到商群, w 定义了与G_k的作用相容的满同态$K^*/K^{*p} \to \mathbb{Z}/p\mathbb{Z}$. 由此我们推出同态

$$H^d(G_k, K^*/K^{*p}) \longrightarrow H^d(G_k, \mathbb{Z}/p\mathbb{Z}),$$

它是满的(因为$cd_p(G_k) \leq d$). 但是, 因为G_k是射p-群, 我们有$H^d(G_k, \mathbb{Z}/p\mathbb{Z}) \neq 0$, 故$H^d(G_k, K^*/K^{*p}) \neq 0$, 从而$H^{d+1}(G_{k'}, \mu_p) \neq 0$. □

推论 2.4.4 若k是有限域上的单变量函数域或代数闭域上双变量函数域, 则$cd(G_k) = 2$.

(我们说域k_0上 "r个变量的函数域" 的意思是k_0的超越次数为r的有限生成扩张.)

证明: 由$cd(G_{k_0})$在k_0为有限域时等于1, 在k_0为代数闭域时等于0的事实即可得到结果. □

注记:

1) 当k'是k的纯超越扩张时, 射影$G_{k'} \to G_k$分裂(只需看$k' = k(t)$的情形, 此时由关于$k((t))$的类似结果可得, 参见习题2.4.1, 2.4.2). 由此得到(参见Ax的[8]): 对每个G_k-模A, 典型映射

$$H^i(k, A) \longrightarrow H^i(k', A), \ i = 0, 1, \ldots$$

是单射. 特别地, 这说明$cd_p(G_{k'}) \geq cd_p(G_k)$, 即使$cd_p(G_k) = \infty$.

2) 关于$k(t)$和k的有限扩张的上同调之间的这些关系(赋值、剩余等)的更多细节, 参见附录3.4.

§2.4.3 局部域

命题 2.4.5 令 K 为关于离散赋值的完备域且有剩余域 k. 对任何素数 p, 我们有

$$\mathrm{cd}_p(G_K) \leqslant 1 + \mathrm{cd}_p(G_k).$$

当 $\mathrm{cd}_p(G_k) < \infty$ 且 p 不同于 K 的特征时等式成立.

证明: 与上一个命题的证明类似. 我们利用 K 的极大非分歧扩张, 这个扩张的 Galois 群能够与 G_k 等同. 此外, $\mathrm{Gal}(K_s/K_{\mathrm{nr}})$ 的上同调维数 $\leqslant 1$(参见§2.3.3和[153]的第12章). 命题1.3.12可用来说明 $\mathrm{cd}_p(G_K) \leqslant 1 + \mathrm{cd}_p(G_k)$.

当 $d = \mathrm{cd}_p(G_k)$ 有限, p 是与 K 的特征互素的素数, 我们可以如上假设 G_k 是射 p- 群. 计算 $H^{d+1}(G_K, \mu_p)$ 得到:

$$H^{d+1}(G_K, \mu_p) = H^d(G_k, K_{\mathrm{nr}}^*/K_{\mathrm{nr}}^{*p}).$$

K_{nr} 的赋值定义了满同态

$$K_{\mathrm{nr}}^*/K_{\mathrm{nr}}^{*p} \longrightarrow \mathbb{Z}/p\mathbb{Z},$$

这就给出了满同态 $H^d(G_k, K_{\mathrm{nr}}^*/K_{\mathrm{nr}}^{*p}) \to H^d(G_k, \mathbb{Z}/p\mathbb{Z})$, 我们再次看到 $H^{d+1}(G_k, \mu_p) \neq 0$. □

推论 2.4.6 若 K 的剩余域有限, 则对每个不同于 K 的特征的 p, 我们有 $\mathrm{cd}_p(G_K) = 2$.

证明: 事实上有 $G_k = \hat{\mathbb{Z}}$, 因此对所有 p 有 $\mathrm{cd}_p(G_k) = 1$. □

注记:

若 $\mathrm{cd}_p(G_k) = \infty$, 则 $\mathrm{cd}_p(G_K) = \infty$, 参见下面的习题2.4.3.

下面的习题中, K, k 满足命题2.4.5中的假设.

习题2.4.1 假设 k 的特征为0, 有正合列

$(*)$ $$1 \longrightarrow N \longrightarrow G_K \longrightarrow G_k \longrightarrow 1,$$

其中 $N = \mathrm{Gal}(\overline{K}/K_{\mathrm{nr}})$ 是 G_K 的惯性群.

(a) 定义 N 到 $\varprojlim \mu_n$ 上的典型同构, 其中 μ_n 表示 $\bar{k}$ 中(或同样地在 $\bar{K}$ 中)的 n 次单位根群. 由此推出 N 与 $\hat{\mathbb{Z}}$(非典型)同构.

(b) 证明扩张 $(*)$ 分裂. (若 π 是 K 的单值化子, 证明我们可以在 $\bar{K}$ 中选取 $\pi_n, n \geqslant 1$ 使得 $\pi_1 = \pi$, 对任何的 $n, m \geqslant 1$ 有 $(\pi_{nm})^m = \pi_n$. 若 H 是 G_K 中固定 π_n 的子群, 证明 G_K 是 H 和 N 的半直积.)

习题2.4.2 假设 k 的特征为 $p > 0$. 称 K 的有限 Galois 扩张为顺的, 若它的惯性群的阶与 p 互素. 令 K_{mod} 为所有这样的扩张的合成. 我们有 $K_s \supset K_{\mathrm{mod}} \supset K_{\mathrm{nr}} \supset K$. $K_{\mathrm{mod}}, K_{\mathrm{nr}}$ 的剩余域等于 k_s, K_s 的剩余域等于 $\bar{k}$.

(a) 令 $N = \mathrm{Gal}(K_{\mathrm{mod}}/K_{\mathrm{nr}})$. 证明: $N = \varprojlim \mu_n$, 其中 n 过与 p 互素的大于1的整数.

证明扩张

$$1 \longrightarrow N \longrightarrow \mathrm{Gal}(K_{\mathrm{mod}}/K) \longrightarrow G_k \longrightarrow 1$$

分裂(方法与习题2.4.1相同).

(b) 令$P = \mathrm{Gal}(K_s/K_{\mathrm{mod}})$. 证明: P是射p-群.

(c) 证明扩张

$$1 \longrightarrow \mathrm{Gal}(K_s/K_{\mathrm{nr}}) \longrightarrow G_K \longrightarrow G_k \longrightarrow 1$$

分裂(利用(a), 以及由于$\mathrm{cd}_p(G_k) \leqslant 1$(参见命题2.2.2), G_k通过P的每个扩张可裂的事实; 在k是完全域的情形, 也可参见[49]附录中Hazewinkel的结果定理2.1.)

习题2.4.3 利用上面两个习题证明的$G_K \to G_k$的分裂性证明: 若A是G_k-模, 典型映射

$$H^i(k, A) \longrightarrow H^i(K, A), i = 0, 1, \ldots$$

是单射(参见[8]). 因此对所有p, 我们有$\mathrm{cd}_p(G_k) \leqslant \mathrm{cd}_p(G_K)$.

§2.4.4 代数数域的Galois群的上同调维数

命题 2.4.7 令k为代数数域. 若$p \neq 2$, 或者k是全虚的, 则我们有$\mathrm{cd}_p(G_k) \leqslant 2$.

证明依赖于下面的引理:

引理 2.4.8 对每个素数p, 存在$\mathbb{Q}$的Abel扩张K, 其Galois群同构于$\mathbb{Z}_p$, 并且对K的每个超距位v, 其局部次数$n_v(K)$等于p^∞.

(因为K在$\mathbb{Q}$上是Galois的, K的位v的局部次数$n_v(K)$只依赖于v在$\mathbb{Q}$上诱导的位, 若这个诱导的位由素数ℓ定义, 我们将$n_v(K)$记为$n_\ell(K)$.)

证明: 首先令$\mathbb{Q}(p)$为在$\mathbb{Q}$上添加p幂次单位根得到的域. 熟知("分圆多项式的不可约性")这个扩张的Galois群能与域$\mathbb{Q}_p$的单位群U_p典型等同. 此外, 素数ℓ的分解群D_ℓ在$\ell = p$时等于U_p, 在$\ell \neq p$时等于U_p的由ℓ生成的子群的闭包(参见[153], p.85). 这说明D_ℓ是无限群, 从而它的阶(即为$n_\ell(\mathbb{Q}_p)$)被p^∞整除. 注意现在U_p是有限群与群$\mathbb{Z}_p$的直积(例如参见[153], p.220). 这个分解定义了$\mathbb{Q}(p)$的子域K使得$\mathrm{Gal}(K/\mathbb{Q}) = \mathbb{Z}_p$. 因为$[\mathbb{Q}(p) : K]$有限, $K/\mathbb{Q}$的局部次数一定等于p^∞, 这就完成了引理的证明. $\square$

命题2.4.7的证明: 令K为满足引理2.4.8中列出的性质的域, L为K与k的合成域. L/k的Galois群可以与群$\mathrm{Gal}(K/\mathbb{Q})$的有限指标闭子群等同, 因此它也同构于$\mathbb{Z}_p$. 同样的理由可以证明$K$的超距位的局部次数等于$p^\infty$. 由命题2.3.7, 我们有$\mathrm{cd}_p(G_L) \leqslant 1$. 因为我们也有$\mathrm{cd}_p(\mathbb{Z}_p) = 1$, 由命题1.3.12即知$\mathrm{cd}_p(G_k) \leqslant 2$. $\square$

§2.4.5 性质(C_r)

性质(C_r)如下:

(C_r). 若$n > d^r$, 每个方程$f(x_1, \ldots, x_n) = 0$在k^n中有非零解, 其中f是系数在k中, 次数为$d \geqslant 1$的齐次多项式, 此时称k为(C_r)的.

(注意$(\mathrm{C}_0) \Leftrightarrow k$是代数闭的; 关于$(\mathrm{C}_1)$, 参见§3.2.2.)

性质(C_r)具有与§2.4.1和§2.4.2中类似的"传递定理". 更准确地说:

(a) 若k'是k的代数扩张, 且若k是(C_r)的, 则k'是(C_r)的, 参见Lang的[103].

(b) 更一般地, 若k'是k的超越次数为n的扩张, 且若k是(C_r)的, 则k'是(C_{r+n})的, 参见Lang的[103]以及Nagata于[126]中对前文的补全.

特别地, 代数闭域的每个超越次数$\leqslant r$的扩张是(C_r)的, 可将它应用到例如r维紧的复解析簇上的亚纯函数域上.

另一方面, 命题2.4.5没有关于(C_r)的模拟: 若K是其剩余类域k为(C_r)的局部域, 一般来说K未必是(C_{r+1})的. 最简单的例子是Terjanian[182]给出的, 其中$r = 1, k = \mathbb{F}_2, K = \mathbb{Q}_2$. Terjanian构造了一个整系数的18元4次齐次多项式f, 它在$\mathbb{Q}_2$中没有非平凡的零点, 因为$18 > 4^2$, 这说明$\mathbb{Q}_2$不是(C_2)的, 即使它的剩余类域是(C_1)的. 关于其他例子, 参见Greenberg的[65]和Borevič-Šafarevič的[21] 中§1.6.5.

$r = 2$的情形:

性质(C_2)特别有趣, 这意味着:

(∗) 若D是中心为k且在k上有限的除环, 约化范$\mathrm{Nrd} : D^* \to k^*$是满射.

事实上, 若$[D : k] = n^2$, 且若$a \in k^*$, $\mathrm{Nrd}(x) = at^n$是$n^2 + 1$元(即t和x 的分量)n次齐次方程, 若k是(C_2)的, 则它有非平凡解, 这说明a是D^*中某个元约化范.

(C_2)的另一个结果是:

(∗∗) k上每个5元以上的二次型是迷向的(即可以表示0).

这就让我们可以利用秩, 判别式(在k^*/k^{*2}中等于$H^1(k, \mathbb{Z}/2\mathbb{Z})$)以及Hasse-Witt不变量(在$\mathrm{Br}_2(k)$中等于$H^2(\mathbb{Z}/2\mathbb{Z})$, 参见Witt的[195]和Scharlau的[177]中§2.14.5)对k上二次型作出完全分类.

(C_r)与$\mathrm{cd}(G_k) \leqslant r$之间的联系:

我们在§2.3.2中已经看到$(C_1) \Rightarrow \mathrm{cd}(G_k) \leqslant 1$. 可能有:

$$(C_2) \Rightarrow \mathrm{cd}(G_k) \leqslant r, \forall r \geqslant 0.$$

对$r = 0$显然是对的, 由Merkurjev和Suslin的结果, 对$r = 2$也成立(不显然), 更准确地说(参见Suslin的[175], 推论24.9):

定理 2.4.9 (MS) 令k为完全域, 下面的性质等价:

(a) $\mathrm{cd}(G_k) \leqslant 2$.

(b) 上面的性质(∗)(约化范的满性)对k的所有有限扩张都成立.

证明: 因为$(C_2) \Rightarrow$(b), 这说明当k是完全的, $(C_2) \Rightarrow \mathrm{cd}(G_k) \leqslant 2$. 一般的情形可归结于这种情形. □

注记:

1) Merkurjev-Suslin定理证明中的关键点是构造同态$k^*/\mathrm{Nrd}(D^*) \to H^3(k, \mu_n^{\otimes 2})$, 它在$n$无平方因子时是单射, 参见Merkurjev-Suslin的[117], 定理12.2.

2) 我们会问是否$\mathrm{cd}(G_k) \leqslant 2$意味(∗∗). 答案是"否". Merkurjev曾证明(参见[116]): 对每个$N \geqslant 1$, 存在特征为0的域k使得$\mathrm{cd}(G_k) = 2$, 且有秩为N的反迷向二次型. 若$N > 4$, 这样的域不是(C_2)的, 若取$N > 2^r$, 它甚至不是(C_r)的.

3) 关于$(C_r) \overset{?}{\Rightarrow} \mathrm{cd}(G_k) \leqslant r$方面的部分结果, 参见习题2.4.5.

习题2.4.4 假设k的特征$\neq 2$, 用I表示k的Witt环的增广理想. 证明: 作为Merkurjev和Suslin的结果的推论([4, 119], 下面的性质等价:

(a) k上的二次型由它的秩, 判别式和Hasse-Witt不变量刻画.

(b) $I^3 = 0$.

(c) $H^3(k, \mathbb{Z}/2\mathbb{Z}) = 0$.

习题2.4.5 假设k的特征$\neq 2$. 对$x \in k^*$, 用(x)表示它在$H^1(k, \mathbb{Z}/2\mathbb{Z}) = k^*/k^{*2}$中对应的元, 参见$2.1.2.

用(M_i)表示下面关于k的性质(这是Milnor猜想[125]的特殊情形): $H^i(k, \mathbb{Z}/2\mathbb{Z})$由$H^1(k, \mathbb{Z}/2\mathbb{Z})$中的元的上积生成.

假设对某个整数$r \geqslant 1$, k是(C_r)的.

(a) 令$x_1, \ldots, x_r \in k^*$. 证明: $i > r$时, 上积$(x_1) \cdots (x_i) \in H^i(k, \mathbb{Z}/2\mathbb{Z})$是0. (令$q$为$i$次Pfister型$\langle 1, -x_1 \rangle \otimes \cdots \otimes \langle 1, -x_i \rangle$. q的Arason不变量[2]是$(x_1) \cdots (x_i)$. 若$i > r$, (C_r)意味q是迷向的, 从而是双曲的, 其不变量是0.)

(b) 假设k的有限扩张有性质(M_{r+1}). 证明: $\mathrm{cd}_2(G_k) \leqslant r$.

(c) 与(b)中的结论相同, 但是用(M_r)替代(M_{r+1}).

(因此如果我们假设Milnor猜想成立, 我们有$(C_r) \Rightarrow \mathrm{cd}_2(G_k) \leqslant r$.)

习题2.4.6 假设k是(C_r)的且其特征为$p > 0$.

(a) 证明$[k : k^p] \leqslant p^r$. 推出Bloch与Kato定义的上同调群$H_p^i(k)$(参见[89])在$i > r + 1$时为0.

(b) 假设$p = 2$, 利用Kato关于Pfister型的结果([89]中命题3)证明$i = r + 1$时$H_p^i(k) = 0$. (可能这个结果在$p \neq 2$时也成立.)

§2.5 p-进域

本节中, 字母k表示, 即域$\mathbb{Q}_p$的有限扩张. 这样的域关于离散赋值v是完备的, 并且它的剩余类域k_0是素域$\mathbb{F}_p$的有限扩张$\mathbb{F}_{p^f}$, 它是局部紧的域.

§2.5.1 已知结果的总结

a) k^*的结构

若$U(k)$表示k的单位群, 有正合列

$$0 \longrightarrow U(k) \longrightarrow k^* \stackrel{v}{\longrightarrow} \mathbb{Z} \longrightarrow 0.$$

群$U(k)$是紧的交换p-进解析群, 它的维数N等于$[k : \mathbb{Q}_p]$. 因此由Lie理论, $U(k)$同构于有限群F与$(\mathbb{Z}_p)^N$的直积. 显然F就是包含在k中的单位根集, 特别地, 它是有限循环群.

由k^*的拆分可知对所有$n \geqslant 1$, 商群k^*/k^{*n}有限, 我们可以很容易求出它们的阶.

b) $\bar{k}/k$的Galois群G_k的上同调维数为2(参见§2.4.3中的推论2.4.6).

c) Brauer群$\mathrm{Br}(k) = H^2(k, G_m)$可以与$\mathbb{Q}/\mathbb{Z}$等同, 参见[153]的第13章. 让我们回顾一下这个等同是怎么做的:

若k_{nr}是k的极大非分歧扩张, 我们首先证明$\mathrm{Br}(k) = H^2(k_{nr}/k, G_m)$, 即$\mathrm{Br}(k)$中的每个元通过一个非分歧扩张分裂. 由此可以证明赋值v给出$H^2(k_{nr}/k, G_m)$到$H^2(k_{nr}/k, \mathbb{Z})$上的同构. 因为$\mathrm{Gal}(k_{nr}/k) = \hat{\mathbb{Z}}$, 群$H^2(k_{nr}/k, \mathbb{Z})$可以与$\mathbb{Q}/\mathbb{Z}$等同, 这就给出了想要的同构.

§2.5.2 有限G_k-模的上同调

让我们用μ_n表示$\bar{k}$中的n次单位根群, 它是G_k-模.

引理 2.5.1 我们有$H^1(k, \mu_n) = k^*/k^{*n}$, $H^2(k, \mu_n) = \mathbb{Z}/n\mathbb{Z}$, 并且$i \geqslant 3$时有$H^i(k, \mu_n) = 0$. 特别地, $H^i(k, \mu_n)$是有限群.

我们写出对应正合列

$$0 \longrightarrow \mu_n \longrightarrow \mathrm{G_m} \xrightarrow{\ n\ } \mathrm{G_m} \longrightarrow 0$$

的上同调正合列, 参见§2.1.2. 我们有$H^0(k, \mathrm{G_m}) = k^*$, $H^1(k, \mathrm{G_m}) = 0$, $H^2(k, \mathrm{G_m}) = \mathbb{Q}/\mathbb{Z}$. 这就给出了$i \leqslant 2$时的$H^i(k, \mu_n)$, 由于$\mathrm{cd}(G_k) = 2$, $i \leqslant 3$时的$H^i(k, \mu_n) = 0$.

命题 2.5.2 若A是有限G_k-模, 则对每个n, $H^n(k, A)$有限.

证明: 存在k的有限Galois扩张K使得A(作为G_K-模)同构于μ_n型的模的直和. 利用引理2.5.1, 群$H^j(K, A)$有限. 所以谱序列

$$H^i(\mathrm{Gal}(K/k), H^j(K, A)) \Longrightarrow H^n(k, A)$$

说明$H^n(k, A)$有限. $\qquad\square$

特别地, 群$H^2(k, A)$有限, 因此我们可以将命题§1.3.5中的结果应用于群G_k并定义G_k的对偶模I.

定理 2.5.3 对偶模I同构于μ_n, $n \geqslant 1$的并集μ.

(注意μ作为Abel群同构于$\mathbb{Q}/\mathbb{Z}$, 但作为G_k-模它们不同构.)

证明: 让我们设$G = G_k$以简化记号. 令$n \geqslant 1$为整数, I_n为I中被n零化的元构成的子模. 若H为G的子群, 我们知道I是关于H的对偶模, $\mathrm{Hom}^H(\mu_n, I_n) = \mathrm{Hom}^H(\mu_n, I)$可以与$H^2(H, \mu_n)$的对偶等同, 而由引理2.5.1(应用于$k$的对应$H$的扩张上), $H^2(H, \mu_n)$本身同构于$\mathbb{Z}/n\mathbb{Z}$. 特别地, 这个结果与H无关. 由此得到$\mathrm{Hom}(\mu_n, I_n) = \mathbb{Z}/n\mathbb{Z}$, G平凡作用于这个群. 若$f_n : \mu_n \to I_n$表示$\mathrm{Hom}(\mu_n, I_n)$中对应$\mathbb{Z}/n\mathbb{Z}$的典型生成元的元素, 可以验证f_n是μ_n到I_n的同构, 并且G在这两个群上的作用相容. 令n(乘性地)趋于无穷大, 我们得到μ到I的同构, 定理得证. $\qquad\square$

定理 2.5.4 令A为有限G_k-模, 设

$$A' = \mathrm{Hom}(A, \mu) = \mathrm{Hom}(A, \mathrm{G_m}).$$

对每个整数i, $0 \leqslant i \leqslant 2$, 上积

$$H^i(k, A) \times H^{2-i}(k, A') \longrightarrow H^2(k, \mu) = \mathbb{Q}/\mathbb{Z}$$

给出有限群$H^i(k, A)$与$H^{2-i}(k, A')$之间的对偶.

证明: 对$i = 2$, 这就是对偶模的定义. 通过用A'替代A并注意到$(A')' = A$, $i = 0$的情形可归结于$i = 2$的情形. 由同样的推理, 在$i = 1$的情形, 只需证明典型同态

$$H^1(k, A) \longrightarrow H^1(k, A') = \mathrm{Hom}(H^1(k, A'), \mathbb{Q}/\mathbb{Z})'$$

是单射. 但是, 从我们已经知道的结论出发, 这是 "纯形式" 的. 事实上, 因为函子$H^1(k, A)$是可去的, 我们能将A嵌入到每一个使得$H^1(k, A) \to H^1(k, B)$为0的G_k-模B 中. 设$C = B/A$, 我们有交换图

$$
\begin{array}{ccccc}
H^0(k, B) & \longrightarrow & H^0(k, C) & \overset{\delta}{\longrightarrow} & H^1(k, A) \\
\downarrow{\scriptstyle\alpha} & & \downarrow{\scriptstyle\beta} & & \downarrow{\scriptstyle\gamma} \\
H^2(k, B')^* & \longrightarrow & H^2(k, C')^* & \longrightarrow & H^1(k, A')^*.
\end{array}
$$

因为α, β是双射, δ是满射, 我们推出γ是单射. $\qquad\square$

注记:

1) 上面的定理归功于Tate[184]. Tate的原始证明中用到 "环面" 的上同调, 本质上用到了Nakayama定理(参见[153]的第9章). Poitou用拆分法通过简化到μ_n的情形给出了另一个证明(参见习题2.4.7).

2) 当k不是p-进域, 而是含p^f个元的有限域k_0上的形式幂级数域$k_0((T))$, 上面的这些结果无需变动, 仍然成立, 只要模A的阶与p互素. 对于p-准素模, 情况就不同了. 我们必须将$A' = \mathrm{Hom}(A, \mathbf{G}_m)$解释成0维代数群(对应可能有幂零元的代数), 从 "平坦拓扑" 的观点, 而不是从Galois观点(这样什么也得不到)取群的上同调. 此外, 因为$H^1(k, A)$一般来说不是有限的, 有必要在其上赋予拓扑, 并对这个拓扑取连续特征, 然后对偶定理就适用了. 关于更多的细节, 参见Shatz的[165]和Milne的[124].

习题2.5.1 将对偶定理应用于模$A = \mathbf{Z}/n\mathbf{Z}$, 证明我们可以重获(由局部类域论给出的)$\mathrm{Hom}(G_k, \mathbf{Z}/n\mathbf{Z})$与$k^*/k^{*n}$之间的对偶定理. 当$k$包含$n$次单位根时, 我们可以将$A$与$A' = \mu_n$等同, 证明由此得到的$k^*/k^{*n} \times k^*/k^{*n}$到$\mathbf{Q}/\mathbf{Z}$的映射是Hilbert 符号(参见[153]的第14章).

习题2.5.2 取k为关于离散赋值完备的域, 使得其剩余类域k_0拟有限[†](参见[153], p.198). 证明: 定理2.5.3和定理2.5.4 仍然成立, 只要我们限于考虑阶与k_0的特征互素的有限模.

习题2.5.3 定理2.5.4的证明中 "纯形式" 部分事实上是一个关于上同调函子的态射的定理, 这个定理是什么?

§2.5.3 基本应用

命题 2.5.5 群G_k的严格上同调维数是2.

证明: 事实上, 群$H^0(G_k, I) = H^0(G_k, \mu)$就是$k$中的单位根群, 我们已经在§2.5.1 中看到这个群有限, 由此以及命题1.3.20得到本命题成立. $\qquad\square$

命题 2.5.6 若A是定义于k上的Abel簇, 我们有

$$
H^2(k, A) = 0.
$$

证明: 对任何的$n \geqslant 1$, 令A的子群A_n为乘n的核, 我们有$H^2(k, A) = \varinjlim H^2(k, A_n)$. 由对偶定理, $H^2(k, A_n)$与$H^0(k, A_n')$对偶. 此外, 若B表示与A对偶的Abel簇(Abel簇的对偶意义下), A_n'可以与B_n等同. 所以我们归结于证明

$$
\varprojlim H^0(k, B_n) = 0.
$$

[†]译者注: 即k_0是完全域且k_0的代数闭包(必可分)在k_0上的Galois群与$\hat{\mathbf{Z}}$作为拓扑群同构.

但是$B(k) = H^0(k, B)$是紧Abel p-紧Lie群, 故它的挠子群有限, 这就证明了$H^0(k, B_n)$包含在B的一个固定的有限子群中. $\varprojlim H^0(k, B_n)$为0是显然的结果. □

注记:

Tate证明了$H^1(k, A)$能与紧群$H^0(k, B)$的对偶等同(参见[105, 183]), 看起来这个结果并不能从上节的对偶定理直接推出.

习题2.5.4 令T为k上定义的环面. 证明下面的条件等价:

(i) $T(k)$是紧的.

(ii) T到G_m的每个k-同态是平凡的.

(iii) $H^2(k, T) = 0$.

§2.5.4 Euler-Poincaré示性数(初等情形)

令A为有限G_k-模, $h^i(A)$为有限群$H^i(k, A)$的阶. 设

$$\chi(A) = \frac{h^0(A) \cdot h^2(A)}{h^1(A)}.$$

我们得到大于0的有理数, 称之为A的Euler-Poincaré示性数. 若$0 \to A \to B \to C \to 0$是$G_k$-模的正合列, 我们容易看到

$$\chi(B) = \chi(A) \cdot \chi(C).$$

这是Euler-Poincaré示性数的"加性". Tate证明了$\chi(A)$仅依赖于A的阶(更准确地说, 他证明了等式$\chi(A) = 1/(\mathfrak{o} : a\mathfrak{o})$, 其中$\mathfrak{o}$表示$k$的整数环, 参见§2.5.7). 我们暂时满足于初等的特殊情形:

命题 2.5.7 若A的阶与p互素, 则$\chi(A) = 1$.

证明: 我们利用与扩张$k \to k_{nr} \to \bar{k}$相关的谱序列. 我们知道群$\mathrm{Gal}(k_{nr}/k)$是$\hat{\mathbb{Z}}$. 如果我们用U表示群$\mathrm{Gal}(\bar{k}/k_{nr})$, 分歧理论说明$U$的Sylow p-子群U_p在U中正规, 商群$V = U/U_p$同构于$\mathbb{Z}_\ell, \ell \neq p$的直积(参见习题2.4.2). 由此我们容易推出对所有i, $H^i(U, A)$有限并且它在$i \geqslant 2$时为0. 这里的谱序列

$$H^i(k_{nr}/k, H^j(U, A)) \Longrightarrow H^n(k, A)$$

变成

$$H^i(\hat{\mathbb{Z}}, H^j(U, A)) \Longrightarrow H^n(k, A).$$

由此我们推出

$$H^0(k, A) = H^0(\hat{\mathbb{Z}}, H^0(U, A)), \quad H^2(k, A) = H^1(\hat{\mathbb{Z}}, H^1(U, A)).$$

但是, 如果M是有限$\mathbb{Z}$-模, 立刻可见群$H^0(\hat{\mathbb{Z}}, M), H^1(\hat{\mathbb{Z}}, M)$有相同的元素个数. 将它应用于$M = H^0(U, A)$和$M = H^1(U, A)$, 我们可知$h^1(A) = h^0(A) \cdot h^2(A)$, 即$\chi(A) = 1$. □

习题2.5.5 证明: 命题2.5.7中定义的群U_p是自由射p-群. 推出对$j \geqslant 2$和每个G_k-模A有$H^j(U, A) = 0$. 证明: 若A是非零的群, 群$H^1(U, A)$不是有限的.

§2.5.5 非分歧上同调

我们保留上节的记号. 称G_k-模A为非分歧的, 若群$U = \mathrm{Gal}(\bar{k}/k_{\mathrm{nr}})$在$A$上的作用平凡. 这就使得我们可以将$A$视为$\hat{\mathbb{Z}}$-模, 因为$\mathrm{Gal}(k_{\mathrm{nr}}/k) = \hat{\mathbb{Z}}$. 特别地, 上同调群$H^i(k_{\mathrm{nr}}/k, A)$有定义, 我们将它们记为$H_{\mathrm{nr}}^i(k, A)$.

命题 2.5.8 令A为有限非分歧G_k-模, 我们有

(a) $H_{\mathrm{nr}}^0(k, A) = H^0(k, A)$.

(b) $H_{\mathrm{nr}}^1(k, A)$能与$H^1(k, A)$的一个子群等同, 它与$H^0(k, A)$有相同的阶.

(c) 对$i \geqslant 2$有$H_{\mathrm{nr}}^i(k, A) = 0$.

证明: 结论(a)是显然的, 结论(b)由$H^0(\hat{\mathbb{Z}}, A)$和$H^1(\hat{\mathbb{Z}}, A)$有相同个数的元的事实得到, 结论(c)由$\hat{\mathbb{Z}}$的上同调维数为1得到. $\qquad\square$

命题 2.5.9 令A为阶与p互素的非分歧有限G_k-模, 则模$A' = \mathrm{Hom}(A, \mu)$有同样的性质. 此外, 在$H^1(k, A)$与$H^1(k, A')$之间的对偶中, $H_{\mathrm{nr}}^1(k, A)$与$H_{\mathrm{nr}}^1(k, A')$互为正交.

证明: 令$\bar{\mu}$为μ的由阶与p互素的元构成的子模. 熟知$\bar{\mu}$是非分歧的G_k-模($\mathrm{Gal}(k_{\mathrm{nr}}/k) = \hat{\mathbb{Z}}$的典型生成元$F$在$\bar{\mu}$上的作用为$\lambda \mapsto \lambda^q$, q为剩余类域k_0中的元素个数). 因为$A' = \mathrm{Hom}(A, \bar{\mu})$, 我们可见$A'$非分歧.

上积$H_{\mathrm{nr}}^1(k, A) \times H_{\mathrm{nr}}^1(k, A') \to H^2(k, \mu)$经过$H_{\mathrm{nr}}^2(k, \bar{\mu}) = 0$分解, 因此$H_{\mathrm{nr}}^1(k, A)$与$H_{\mathrm{nr}}^1(k, A')$正交. 要证它们互为正交, 只需验证$H^1(k, A)$的阶$h^1(A)$等于$H_{\mathrm{nr}}^1(k, A)$与$H_{\mathrm{nr}}^1(k, A')$的阶的乘积$h_{\mathrm{nr}}^1(A) \cdot h_{\mathrm{nr}}^1(A')$. 但是命题2.5.8说明$H_{\mathrm{nr}}^1(A) = h^0(A)$, $H_{\mathrm{nr}}^1(A') = h^0(A')$. 由对偶定理, $h^0(A') = h^2(A)$. 因为$\chi(A) = 1$(参见命题2.5.7), 我们推出

$$h^1(A) = h^0(A) \cdot h^2(A) = h_{\mathrm{nr}}^1(A) \cdot h_{\mathrm{nr}}^1(A'). \qquad\square$$

习题 2.5.6 将命题2.5.7和命题2.5.8推广到关于一个离散赋值完备且有拟有限的剩余类域的域上. 能不能将命题2.5.5和命题2.5.6也这样推广?

§2.5.6 k的极大p-扩张的Galois群

令$k(p)$为k的极大p-扩张, 含义见于§2.2. 由定义, $k(p)/k$的Galois群$G_k(p)$是G_k的最大射p-商群. 我们现在研究这个群的结构.

命题 2.5.10 令A为挠$G_k(p)$-模且是p-准素的. 对于整数$i \geqslant 0$, 典型同态

$$H^i(G_k(p), A) \longrightarrow H^i(G_k, A)$$

是同构.

我们要利用下面的引理:

引理 2.5.11 令K为k的次数被p^∞整除的代数扩张, 我们有$\mathrm{Br}(K)(p) = 0$.

证明: 记K为k的所有有限子扩张K_α的并集, 则$\mathrm{Br}(K) = \varinjlim \mathrm{Br}(K_\alpha)$. 此外, 每个$\mathrm{Br}(K_\alpha)$能与$\mathbb{Q}/\mathbb{Z}$等同, 且若$K_\beta$包含$K_\alpha$, 从$\mathrm{Br}(K_\alpha)$到$\mathrm{Br}(K_\beta)$的相应同态就是乘上次数$[K_\beta : K_\alpha]$(参见[153], p.201), 由此容易得到引理(参见命题2.3.7 的证明). $\qquad\square$

命题2.5.10的证明: 域$k(p)$包含k的极大非分歧p-扩张, 其Galois群是$\mathbb{Z}_p$, 因此我们有$[k(p):k]=p^\infty$, 故可以将引理2.5.11应用于$k(p)$的所有代数扩张K. 若$I=\mathrm{Gal}(\bar{k}/k(p))$, 这意味$\mathrm{cd}_p(I)\leqslant 1$(参见命题2.2.5), 所以对$i\geqslant 2$有$H^i(I,A)=0$. 但是我们也有$H^1(I,A)=0$, 因为$I$到$p$- 群的每个同态是0(参见命题2.2.1 的证明). 群扩张的谱序列说明同态

$$H^i(G_k/I,A)\longrightarrow H^i(G_k,A)$$

是同构. □

定理 2.5.12 若k不包含p次本原单位根, 群$G_k(p)$是秩为$N+1$的自由射p-群, 其中$N=[k:\mathbb{Q}_p]$.

证明: 由命题2.5.10, 我们有$H^2(G_k(p),\mathbb{Z}/p\mathbb{Z})=H^2(k,\mathbb{Z}/p\mathbb{Z})$, 对偶定理说明后一个群是$H^0(k,\mu_p)$的对偶, 由假设它是0. 所以我们有$H^2(G_k(p),\mathbb{Z}/p\mathbb{Z})=0$, 这意味$G_k(p)$是自由的(参见§1.4.2). 要计算该群的秩, 我们需要确定$H^1(G_k(p),\mathbb{Z}/p\mathbb{Z})$的维数, 后者同构于$H^1(G_k,\mathbb{Z}/p\mathbb{Z})$. 由局部类域论(或由对偶定理), 这个群与$k^*/k^{*p}$对偶. 利用§2.5.1中的结果, k^*/k^{*p}是$N+1$维$\mathbb{F}_p$-向量空间. □

定理 2.5.13 若k包含本原p次单位根, 群$G_k(p)$是秩为$N+2$的Demuškin射p-群, 其中$N=[k:\mathbb{Q}_p]$, 它的对偶模是单位根群μ的p-准素分支.

证明: 我们有$H^0(k,\mu_p)=\mathbb{Z}/p\mathbb{Z}$, 由此得到$H^2(k,\mathbb{Z}/p\mathbb{Z})=\mathbb{Z}/p\mathbb{Z}$. 应用命题2.5.10, 我们可知$H^2(G_k(p),\mathbb{Z}/p\mathbb{Z})=\mathbb{Z}/p\mathbb{Z}$, $H^i(G_k(p),\mathbb{Z}/p\mathbb{Z})=0,i>2$, 这就说明$\mathrm{cd}_p(G_k(p))=2$. 要验证$G_k(p)$是Demuškin群, 还要证明上积

$$H^1(G_k(p),\mathbb{Z}/p\mathbb{Z})\times H^1(G_k(p),\mathbb{Z}/p\mathbb{Z})\longrightarrow H^2(G_k(p),\mathbb{Z}/p\mathbb{Z})=\mathbb{Z}/p\mathbb{Z}$$

是非退化的双线性型. 但是这是命题2.5.10以及关于k的上同调的类似结果的推论(注意μ_p和$\mathbb{Z}/p\mathbb{Z}$同构).

$\quad$ $G_k(p)$的秩等于$H^1(G_k(p),\mathbb{Z}/p\mathbb{Z})$的维数, 又等于$k^*/k^{*p}$的维数, 即$N+2$.

$\quad$ 剩下证明$G_k(p)$的对偶模是$\mu(p)$. 首先, 因为k包含$\mu(p)$, k上添加p^n次单位根的域是k的次数小于或等于p^{n-1}的Abel扩张, 所以它包含$k(p)$中. 这就说明$\mu(p)$是$G_k(p)$-模. 由命题2.5.10, 我们有

$$H^2(G_k(p),\mu(p))=H^2(k,\mu(p))=(\mathbb{Q}/\mathbb{Z})(p)=\mathbb{Q}_p/\mathbb{Z}_p.$$

$\quad$ 现在令A为有限p-准素的$G_k(p)$-模. 设

$$A'=\mathrm{Hom}(A,\mu)=\mathrm{Hom}(A,\mu(p)).$$

这样我们得到$G_k(p)$-模. 若$0\leqslant i\leqslant 2$, 上积定义双线性映射

$$H^i(G_k(p),A)\times H^{2-i}(G_k(p),A)\longrightarrow H^2(G_k(p),\mu(p))=\mathbb{Q}_p/\mathbb{Z}_p.$$

由命题2.5.10, 这个映射可以与关于G_k的上同调的相应映射等同. 因此由定理2.5.4, 这是$H^i(G_k(p),A)$与$H^{2-i}(G_k(p),A')$之间的对偶. 这就完成了$\mu(p)$是$G_k(p)$的对偶模的证明. □

推论 2.5.14 (Kawada) 群$G_k(p)$能用$N+2$个生成元和一个关系定义.

证明: 这可以由等式

$$\dim H^1(G_k(p),\mathbb{Z}/p\mathbb{Z})=N+2,\ \dim H^2(G_k(p),\mathbb{Z}/p\mathbb{Z})=1$$

得到. □

注记:

$G_k(p)$的结构由Demuškin[51, 52]和Labute[100]完全确定, 其结果如下; 让我们用p^s表示使得k包含p^s次单位根的最大p幂. 先假设$p^s \neq 2$(尤其是$p \neq 2$的情形), 这时我们能选取$G_k(p)$的生成元$x_1, \ldots, x_{N+2}$以及这些生成元之间的关系r使得

$$r = x_1^{p^s}(x_1, x_2) \cdots (x_{N+1}, x_{N+2}).$$

(这里(x, y)表示换位子$xyx^{-1}y^{-1}$. 注意假设$p^s \neq 2$意味N是偶数.)

当$p^s = 2$且N是奇数时, 关系r能写成

$$r = x_1^2 x_2^4 (x_2, x_3)(x_4, x_5) \cdots (x_{N+1}, x_{N+2}).$$

参见[155]和Labute的[100]中定理8. 特别地, 对$k = \mathbb{Q}_2$, 群$G_k(2)$由3个元x, y, z(拓扑)生成且有关系$x^2 y^4(y, z) = 1$.

当$p^s = 2$且N是偶数, $G_k(2)$的结构依赖于分圆特征$\chi: G_k \to U_2 = \mathbb{Z}_2^*$的像(参见[100]的定理9):
若$\text{Im}(\chi)$是U_2中由$-1 + 2^f (f \geq 2)$生成的闭子群, 我们有

$$r = x_1^{2+2^f}(x_1, x_2)(x_3, x_4) \cdots (x_{N+1}, x_{N+2});$$

若$\text{Im}(\chi)$是U_2中由-1和$1 + 2^f (f \geq 2)$生成的, 我们有

$$r = x_1^2(x_1, x_2)x_3^{2^f}(x_3, x_4) \cdots (x_{N+1}, x_{N+2}).$$

以下习题中k是关于一个离散赋值完备且剩余类域为$\mathbb{F}_q, q = p^f$的域.

习题2.5.7 令k_{mod}为k的所有顺Galois扩张的合成(参见习题2.4.2). 证明: $\text{Gal}(k_{\text{mod}}/k)$同构于$\hat{\mathbb{Z}}$与$\hat{\mathbb{Z}}'$的半直积, 其中$\hat{\mathbb{Z}} = \prod_{\ell \neq p} \mathbb{Z}_\ell$, $\hat{\mathbb{Z}}$的典型生成元在$\hat{\mathbb{Z}}'$上的作用为$\lambda \mapsto q\lambda$(证明: 这个群同构于与两个生成元x, y及其关系$yxy^{-1} = x^q$ 定义的离散群相关的射有限群.)

习题2.5.8 令ℓ为不等于p的素数. 我们将确定射ℓ-群$G_k(\ell)$的结构, 参见§2.2.

(a) 假设$\mathbb{F}_q$不包含ℓ次本原单位根, 即$\ell \nmid (q - 1)$. 证明: $G_k(\ell)$是秩为1的自由射ℓ-群, 且扩张$k(\ell)/k$非分歧.

(b) 假设$q \equiv 1 \mod \ell$. 证明: $G_k(\ell)$是秩为2的Demuškin群. 利用习题2.5.7证明$G_k(\ell)$能用两个生成元x, y和关系$yxy^{-1} = x^q$定义. 证明: 这个群同构于仿射群$\left\{ \begin{pmatrix} a & b \\ 0 & 1 \end{pmatrix} \right\}$中由使得$b \in \mathbb{Z}_\ell, a \in \mathbb{Z}_\ell^*$是$q$的$\ell$-进幂的矩阵构成的子群.

(c) 假设与(b)中相同, 用m表示$q - 1$的ℓ-进赋值. 证明: m是使得k包含ℓ^m次单位根的最大整数. 证明: 若$\ell \neq 2$, 或者$\ell = 2$ 且$m \neq 1$, 群$G_k(\ell)$ 能用两个生成元x, y和关系

$$yxy^{-1} = x^{1+\ell^m}$$

定义. 若$\ell = 2, m = 1$, 令n为$q + 1$的2-进赋值. 证明: $G_k(2)$能用两个生成元x, y和关系

$$yxy^{-1} = x^{-(1+2^n)}$$

定义.

(d) 在情形(b)确定$G_k(\ell)$的对偶模.

§2.5.7 Euler-Poincaré示性数

回到§2.5.4中的记号, 特别地, $\mathfrak{o}$表示k的整数环. 若$x \in k$, 我们用$\|x\|_k$表示x的标准绝对值, 参见[153], p.37. 对每个$x \in \mathfrak{o}$, 我们有

$$\|x\|_k = \frac{1}{(\mathfrak{o} : x\mathfrak{o})}.$$

特别地:

$$\|p\|_k = p^{-N}, N = [k : \mathbb{Q}_p].$$

若A是有限G_k-模, 我们用$\chi(k, A)$(或对在k上不至于造成混乱的情形仅用$\chi(A)$)表示A的Euler-Poincaré示性数(参见§2.5.4). Tate定理可以叙述如下:

定理 2.5.15 若有限G_k-模A的阶是a, 我们有

$$\chi(A) = \|a\|_k.$$

证明: 这个公式的两边"加性地"依赖于A, 这样我们直接通过拆分转为A是素域上的向量空间的情形. 若这个域的特征不等于p, 定理已经得证(命题2.5.7). 因此我们假设A是$\mathbb{F}_p$上的向量空间, 从而我们可以将A视为$\mathbb{F}_p[G]$-模, 其中G表示G_k 的有限商群. 令$K(G)$ 为有限型$\mathbb{F}_p[G]$-模范畴的Grothendieck群(例如参见Swan的[172]). 函数$\chi(A)$, $\|a\|_k$定义了$K(G)$到$\mathbb{Q}_+^*$的同态χ, φ, 一切都归结于证明$\chi = \varphi$. 因为$\mathbb{Q}_+^*$是无挠Abel群, 只需证明χ与φ在$K(G)$中生成$K(G) \otimes \mathbb{Q}$的元x_i上有相同的值. 但是我们有如下引理:

引理 2.5.16 对G的任何子群, 用M_G^C表示由§1.2.5中的函子M_G^C("诱导模")定义的从$K(C) \otimes \mathbb{Q}$到$K(G) \otimes \mathbb{Q}$的同态. 群$K(G) \otimes \mathbb{Q}$由M_G^C的像生成, 其中C 过G的阶与p互素的循环子群的集合.

证明: 这个结果可以从$K(G) \otimes \mathbb{Q}$的"模特征"描述推出. 我们也可以更简单些应用Swan[172, 173]的一般结果得到. $\qquad\qquad\qquad\qquad\qquad\qquad\qquad\qquad\qquad\qquad\square$

要从这个引理推出上述定理, 只需在A是形如$M_G^C(B)$的$\mathbb{F}_p[G]$-模时证明等式$\chi(A) = \|a\|_k$, 其中C是G的阶与p互素的循环子群. 但是, 若K是k的对应C的扩张, $b = \mathrm{card}(B)$, 我们有

$$\chi(K, B) = \chi(k, A), \|b\|_K = (\|b\|_k)^{[K:k]} = \|a\|_k.$$

因此要证的公式等价于公式$\chi(K, B) = \|B\|_K$, 这就意味我们可以归结于模B, 甚至(在改变基域后)归结于G是与p互素的循环群的情形. 这样形式就简化了, 尤其是因为现在$\mathbb{F}_p[G]$是半单代数了.

令L为k的扩张使得$\mathrm{Gal}(L/k) = G$. 因为G与A的阶互素, 我们有

$$H^i(k, A) = H^0(G, H^i(L, A)), \forall i.$$

这就促使我们引入$K(G)$中的元$h_L(A)$, 它由公式

$$h_L(A) = \sum_{i=0}^{2} (-1)^i [H^i(L, A)]$$

定义, 其中$[H^i(L, A)]$表示$K(G)$中对应$K(G)$-模$H^i(L, A)$的元素.

我们还令$\theta : K(G) \to \mathbb{Z}$为$K(G)$到$\mathbb{Z}$使得对任何$K(G)$-模$E$有$\theta([E]) = \dim H^0(G, E)$的唯一的同态. 显然我们有

$$\log_p \chi(A) = \theta(h_L(A)).$$

此外, 我们可以清楚地计算出 $h_L(A)$:

引理 2.5.17 令 $r_G \in K(G)$ 为模 $\mathbb{F}_p[G]$ 的类("正则表示"), $N = [k : \mathbb{Q}_p]$, $d = \dim(A)$, 则我们有

$$h_L(A) = -dN \cdot r_G.$$

假设该引理成立. 因为 $\theta(r_G) = 1$, 我们可见 $\theta(h_L(A)) = -dN$, 由此得到 $\chi(A) = p^{-dN} = \|p^d\|_k = \|a\|_k$, 即为所需, 这就完成了定理2.5.15的证明. $\qquad\square$

引理2.5.17的证明: 首先注意上积定义 G-模同构

$$H^i(L, \mathbb{Z}/p\mathbb{Z}) \otimes A \longrightarrow H^i(L, A).$$

因此在环 $K(G)$ 中, 我们有

$$h_L(A) = h_L(\mathbb{Z}/p\mathbb{Z}) \cdot [A],$$

从而我们可以归结于证明 $h_L(\mathbb{Z}/p\mathbb{Z}) = -N \cdot r_G$ (事实上, 容易验证 $r_G \cdot [A] = \dim(A) \cdot r_G$). 所以我们只需要在 $A = \mathbb{Z}/p\mathbb{Z}$ 时证明引理2.5.17.

但是在这种情形, 我们有
$H^0(L, \mathbb{Z}/p\mathbb{Z}) = \mathbb{Z}/p\mathbb{Z}$;
$H^1(L, \mathbb{Z}/p\mathbb{Z}) = \mathrm{Hom}(G_L, \mathbb{Z}/p\mathbb{Z}) = L^*/L^{*p}$ 的对偶(类域论);
$H^2(L, \mathbb{Z}/p\mathbb{Z}) = H^0(L, \mu_p)$ 的对偶(对偶定理).

令 U 为 L 的单位群, 我们有正合列

$$0 \longrightarrow U/U^p \longrightarrow L^*/L^{*p} \longrightarrow \mathbb{Z}/p\mathbb{Z} \longrightarrow 0.$$

若我们用 $h_L(\mathbb{Z}/p\mathbb{Z})^*$ 表示 $h_L(\mathbb{Z}/p\mathbb{Z})$ 的对偶, 则我们可见有

$$h_L(\mathbb{Z}/p\mathbb{Z})^* = -[U/U^p] + [H^0(L, \mu_p)].$$

令 V 为 U 的由模环 $\mathfrak{o}_L$ 的极大理想同余1的元素构成的子群, 则 $V/V^p = U/U^p$, 且 $H^0(L, \mu_p)$ 就是 V 中由满足 $x^p = 1$ 的元 x 构成的子群 $_pV$. 所以我们能写成

$$-h_L(\mathbb{Z}/p\mathbb{Z})^* = [V/V^p] - [_pV] = [\mathrm{Tor}_0(V, \mathbb{Z}/p\mathbb{Z})] - [\mathrm{Tor}_1(V, \mathbb{Z}/p\mathbb{Z})].$$

但是 V 是有限生成的 $\mathbb{Z}_p$-模, 我们知道(这是Brauer理论的初等结果, 例如参见Giorgiutti 的[61])式子 $[\mathrm{Tor}_0(V, \mathbb{Z}/p\mathbb{Z})] - [\mathrm{Tor}_1(V, \mathbb{Z}/p\mathbb{Z})]$ 只依赖于 V 与 $\mathbb{Q}_p$ 的张量积(要不就说成 p-进解析群 V 的Lie代数). 但是, 正规基定理说明这个Lie代数是秩为 N 的自由 $\mathbb{Q}[G]$- 模. 因此我们有

$$[\mathrm{Tor}_0(V, \mathbb{Z}/p\mathbb{Z})] - [\mathrm{Tor}_1(V, \mathbb{Z}/p\mathbb{Z})] = N \cdot r_G,$$

又因为 $(r_G)^* = r_G$, 我们可知 $h_L(\mathbb{Z}/p\mathbb{Z}) = -N \cdot r_G$, 这就完成了证明. $\qquad\square$

注记:

Tate的原始证明(参见[184])没有用到引理2.5.16, 而是用了一个不太准确的"拆分"论证: 简化为次数可能被 p 整除的顺分歧Galois扩张 L/k 的情形. L^*/L^{*p} 的研究更微妙, 并且Tate需要用到Iwasawa[84]的一个结果. 他还给我送来这个值得探讨的结果的"上同调"的证明(1963年4月7日来信).

习题2.5.9 直接证明: 若V, V'是有限生成的$\mathbb{Z}_p[G]$-模, 使得$V \otimes \mathbb{Q}_p = V' \otimes \mathbb{Q}_p$, 我们在$K(G)$中有

$$[V/pV] - [{}_pV] = [V'/pV'] - [{}_pV'].$$

(简化为$V \supset V' \supset pV$的情形, 并利用正合列

$$0 \longrightarrow {}_pV' \longrightarrow {}_pV \longrightarrow V/V' \longrightarrow V'/pV' \longrightarrow V/pV \longrightarrow V/V' \longrightarrow 0).$$

习题2.5.10 令F为特征为p的域, A为F上有限维向量空间, 假设G_k连续(并且线性)作用于A, 因此上同调群$H^i(k, A)$是H上的向量空间. 我们设

$$\varrho(A) = \sum (-1)^i \dim H^i(k, A).$$

证明: $\varrho(A) = -N \cdot \dim(A)$, 其中$N = [k : \mathbb{Q}_p]$. (与定理2.5.15的证明相同, 将各处的域$\mathbb{F}_p$替换为$F$.)

习题2.5.11 假设与上一习题相同. 考虑Galois群G有限的Galois扩张L/k使得G_L平凡作用于A(即A是$F[G]$-模). 设在有限生成的$F[G]$-模的Grothendieck群$K_F(G)$中有

$$h_L(A) = \sum (-1)^i [H^i(L, A)].$$

证明: 仍然有公式

$$h_L(A) = -N \cdot \dim(A) \cdot r_G.$$

(利用模特征理论简化为G是阶与p互素的循环群的情形.)

习题2.5.12 假设和记号与上面两个习题相同, 除了我们假设F的特征$\neq p$. 证明: 对所有A有$\varrho(A) = 0, h_L(A) = 0$.

§2.5.8 乘型群

令A为$\mathbb{Z}$上有限型的G_k-模, 我们通过通常的公式

$$A' = \mathrm{Hom}(AQ, \mathrm{G_m})$$

定义它的对偶.

群A'是定义在k上并且我们仍然记之为$\mathrm{Hom}(A, \mathrm{G_m})$的交换代数群的$\bar{k}$点的群. 当$A$有限, A'有限; 当A在$\mathbb{Z}$上自由, A'是特征群为A的环面(参见§3.2.1). 我们打算将§2.5.2 中的对偶定理推广到群偶(A, A')上. 上积给出了双线性映射

$$\theta_i : H^i(k, A) \times H^{2-i}(k, A') \longrightarrow H^2(k, \mathrm{G_m}) = \mathbb{Q}/\mathbb{Z}, \ i = 0, 1, 2.$$

定理 2.5.18 (a) 令$H^0(k, A)^{\wedge}$为Abel群$H^0(k, A)$关于有限指标子群给出的拓扑的完备化. 映射θ_0给出紧群$H^0(k, A)^{\wedge}$与离散群$H^2(k, A')$之间的对偶.

(b) θ_1给出有限群$H^1(k, A)$与$H^1(k, A')$之间的对偶.

(c) 群$H^0(k, A')$有自然的p-进解析群的结构. 令$H^0(k, A')^{\wedge}$为Abel群$H^0(k, A')$关于有限指标开子群给出的拓扑的完备化. 映射θ_2给出离散群群$H^2(k, A)$与离散群$H^0(k, A')^{\wedge}$之间的对偶.

(当A有限时, 我们可以省去(a)和(c)中完备化的操作, 并且重新得到定理2.5.4.)

证明: 让我们利用"分拆"给出证明的梗概: 我们能利用附录1中的结果直接进行.

(i) $A = \mathbb{Z}$ 的情形

我们有 $A' = \mathrm{G_m}$, 结论(a)由同构 $H^2(k, \mathrm{G_m}) = \mathbb{Q}/\mathbb{Z}$ 得到; 结论(b)由 $H^1(k, \mathbb{Z}) =$ 和 $H^1(k, \mathrm{G_m}) = 0$ 得到; 结论(c)成立是因为 $H^2(k, \mathbb{Z})$ 同构于 $\mathrm{Hom}(G_k, \mathbb{Q}/\mathbb{Z})$, 而局部类域论(包括"存在"定理)说明这个群与 k^* 关于有限指标开子群给出的拓扑的完备化对偶.

(ii) $A = \mathbb{Z}[G]$, G 为 G_k 的有限商群的情形

若 G 是有限扩张 K/k 的Galois群, 我们有 $H^i(k, A) = H^i(K, \mathbb{Z})$ 和 $H^i(k, A') = H^i(K, \mathrm{G_m})$, 因此我们可简化为上一情形(关于域 K).

(iii) $H^1(k, A)$ 和 $H^1(k, A')$ 的有限性

当 A 本身有限时有限性是已知的(参见§2.5.2), 所以由拆分, 我们可以简化为 A 在 $\mathbb{Z}$ 上自由的情形. 令 K/k 为 k 的有限Galois扩张, 其Galois群为 G, 使得 G_K 在 A 上的作用平凡. 我们有 $H^1(K, A) = \mathrm{Hom}(G_K, A) = 0$, $H^1(K, A') = 0$(Hilber定理90). 因此我们有

$$H^1(k, A) = H^1(G, A), \quad H^1(k, A') = H^1(G, A').$$

显然群 $H^1(G, A)$ 有限, 群 $H^1(G, A')$ 的有限性也易见(参见§3.4.3).

(iv) 一般的情形

我们将 A 写成商模 L/R 的形式, 其中 L 是有限型的自由 $\mathbb{Z}[G]$-模, G 是 G_k 的有限商群. 由(ii), 定理2.5.18对 L 正确, 并且我们有 $H^1(k, L) = H^1(k, L') = 0$. 关于系数的正合列

$$0 \longrightarrow R \longrightarrow L \longrightarrow A \longrightarrow 0,$$

$$0 \longrightarrow A' \longrightarrow L' \longrightarrow R' \longrightarrow 0$$

的上同调正合列都能分成两部分, 从而得到下面的交换图(I)和(II). 为了将它们更方便地写出, 我们不明确提到 k, 并且用 E^* 表示拓扑群 E 到离散群 $\mathbb{Q}/\mathbb{Z}$ 的连续同态. 关于我们需要考虑的拓扑群, 有时"连续"等价于"指标有限". 这样一来, 要讨论的交换图如下:

$$
\begin{array}{ccccccccc}
0 & \longrightarrow & H^1(R)^* & \longrightarrow & H^0(A)^* & \longrightarrow & H^0(L)^* & \longrightarrow & H^0(R)^* & \longrightarrow & 0 \\
& & \uparrow f_1 & & \uparrow f_2 & & \uparrow f_3 & & \uparrow f_4 & & \\
0 & \longrightarrow & H^1(R') & \longrightarrow & H^2(A') & \longrightarrow & H^2(L') & \longrightarrow & H^2(R') & \longrightarrow & 0,
\end{array}
$$
(I)

$$
\begin{array}{ccccccccc}
0 & \longrightarrow & H^1(A) & \longrightarrow & H^2(R) & \longrightarrow & H^2(L) & \longrightarrow & H^2(A) & \longrightarrow & 0 \\
& & \downarrow g_1 & & \downarrow g_2 & & \downarrow g_3 & & \downarrow g_4 & & \\
0 & \longrightarrow & H^1(A')^* & \longrightarrow & H^0(R')^* & \longrightarrow & H^0(L')^* & \longrightarrow & H^0(A')^* & \longrightarrow & 0.
\end{array}
$$
(II)

当然, 竖直箭头由双线性映射 θ_i 定义. 应该注意这两个图是行正合的: 对于图(I), 这是显然的, 对于图(II)的第一行也是显然的. 关于图(II)的第二行, 我们要利用 $\mathrm{Hom_{cont}}(G, \mathbb{Q}/\mathbb{Z})$ 在全不连通且可数无穷的局部紧Abel群 G 的范畴上是正合函子的事实.

定理2.5.18相当于说映射 f_2, g_1, g_2 是双射. 由(ii), g_3 是双射, 从而 g_4 是满射. 因为这个结果可以应用到任何 G_k-模 A, 它对 R 也成立, 这就证明了 g_2 是满射. 由此和图(II), 我们推出 g_4 是双射, 从而 g_2 是双射, 最终得到 g_1 是双射. 回到图(I), 我们可知 f_1, f_3 是双射. 我们由此推出 f_2 是单射, 因此也有 f_4, 从而 f_2 是双射, 这就完成了证明. $\qquad\square$

注记:

当A在$\mathbb{Z}$上自由时(即A'是环面时), 我们基于Nakayama-Tate型定理能给出定理2.5.18一个更简单的证明.

§2.6 代数数域

在本节中, k是代数数域, 即$\mathbb{Q}$的有限扩张. k的位是k的绝对值的等价类, 位的集合记为V. 若$v \in V$, k关于v定义的拓扑的完备化记为k_v; 若v是Archimedes 的, 则k_v与$\mathbb{R}$或$\mathbb{C}$同构, 若v是超距的, 则k_v是p-进域.

§2.6.1 有限模——群$P^i(k, A)$的定义

令A为有限G_k-模. 基变换$k \to k_v$使我们能够定义上同调群$H^i(k_v, A)$.(当v时archimedes位时, 我们习惯上用$H^0(k_v, A)$表示有限群G_k的系数在A中的0次修饰上同调(参见[153], §3.1). 例如, 当v是复的, 我们有$H^0(k_v, A) = 0$.)

由§2.1.1, 我们有典型同态

$$H^i(k, A) \longrightarrow H^i(k_v, A).$$

这些同态能用以下方式解释:

令w为v到$\bar{k}$的延拓, D_w是相应的分解群(我们有$s \in D_w$当且仅当$s(w) = w$). 用$\bar{k}_w$表示$\bar{k}$的有限子扩张的完备化的并(注意: 这不是$\bar{k}$关于w的完备化, 参见习题2.6.1). 容易证明$\bar{k}_w$是k_v的代数闭包, 且它的Galois群是D_w. 因此我们可以将$H^i(k_v, A)$与$H^i(D_w, A)$等同, 这时同态

$$H^i(k, A) \longrightarrow H^i(k_v, A)$$

就变成限制同态

$$H^i(G_k, A) \longrightarrow H^i(D_w, A).$$

同态族$H^i(k, A) \to H^i(k_v, A)$定义了同态$H^i(k, A) \to \prod H^i(k_v, A)$. 事实上, 可以用更小的子群替代直积. 更准确地说, 令K/k为k的有限Galois扩张使得G_k在A上的作用平凡, S为k的位的有限集使之包含所有Archimedes位和所有在K中分歧的位. 易见对于$v \notin S$, G_{k_v}-模A在§2.5.5的意义下非分歧, 并且子群$H^i_{\mathrm{nr}}(k_v, A)$的定义合理. 令$P^i(k, A)$为直积$\prod\limits_{v \in V} H^i(k_v, A)$的子群, 它由元素族$(x_v)$构成, 其中对几乎所有的$v \in V$, x_v属于$H^i_{\mathrm{nr}}(k_v, A)$. 我们有

命题 2.6.1 典型同态$H^i(k, A) \to \prod H^i(k_v, A)$将$H^i(k, A)$映到$P^i(k, A)$.

证明: 事实上, $H^i(k, A)$的每个元x来自$H^i(L/k, A)$的一个元y, 其中L/k是某个有限Galois扩张. 若T表示S与k的在L中分歧的位的并, 显然对所有$v \notin T$, x在$H^i(k_v, A)$中的像x_v属于$H^i_{\mathrm{nr}}(k_v, A)$, 从而命题成立. □

我们用$f_i : H^i(k, A) \to P^i(k, A)$表示上面的命题中定义的同态. 由命题2.5.8, 我们有

$$P^0(k, A) = \prod H^0(k_v, A) \ (\text{直积}),$$

$$P^2(k, A) = \coprod H^2(k_v, A) \quad (\text{直和}).$$

关于群 $P^1(k, A)$, Tate 建议用 $\prod H^1(k_v, A)$ 强调他介于直积和直和之间.

群 $P^i(k, A)$, $i \geq 3$ 不过是 $H^i(k_v, A)$ 的 (有限) 积, 其中 v 过 k 的实 Archimedes 位的集合. 特别地, 对 $i \geq 3$, 当 k 是全虚的或者 A 是奇数阶时我们有 $P^i(k, A) = 0$.

注记:

映射 f_0 显然是单射, 而 Tate 证明过 (参见 §2.6.3) f_i, $i \geq 3$ 是双射. 与之相对照的是 f_1, f_2 不一定是单射 (参见 §3.4.7).

习题 2.6.1 令 w 为 k 的代数闭包 $\bar{k}$ 的超距位. 证明上面定义的域 $\bar{k}_w$ 不是完备的 (注意它是没有内点的闭子空间的可数并, 利用 Baire 定理). 证明 $\bar{k}_w$ 的完备化是代数闭的.

习题 2.6.2 对 $i < 0$ 定义 $p^i(k, A)$, 证明群组 $\{P^i(k, A)\}_{i \in \mathbb{Z}}$ 构成关于 A 的上同调函子.

§2.6.2 有限性定理

上节定义的群 $P^i(k, A)$ 能赋予自然的紧群拓扑 (这是 Braconnier 引入的 "限制乘积" 的概念的特殊情形): 我们取子群族 $\prod\limits_{v \notin T} H^i_{\mathrm{nr}}(k_v, A)$, 其中 T 过 V 的包含 S 的有限子集的集合为 0 的邻域基. 对于 $P^0(k, A) = \prod H^0(k_v, A)$, 我们得到乘积拓扑, 这就使得 $P^0(k, A)$ 成为紧群; 对于 $P^1(k, A) = \prod H^1(k_v, A)$, 我们得到局部紧群拓扑; 对于 $P^2(k, A) = \coprod H^2(k_v, A)$, 我们得到离散拓扑.

定理 2.6.2 典型同态

$$f_i : H^i(k, A) \longrightarrow P^i(k, A)$$

是本征映射, 其中 $H^i(k, A)$ 赋予离散拓扑, $P^i(k, A)$ 赋予上面定义的拓扑 (即 $P^i(k, A)$ 的紧子集在 f_i 下的原像有限).

证明: 我们将仅对 $i = 0$ 证明这个定理. $i = 0$ 的情形是显然的, $i \geq 2$ 的情形可由 Tate 和 Poitou 的更精确的结果得到, 这个结果将在下节给出.

令 T 为 V 的包含 S 的子集, $P^1_T(k, A)$ 为 $P^1(k, A)$ 的由使得对所有 $v \notin T$, $x_v \in H^1_{\mathrm{nr}}(k_v, A)$ 的元素 (x_v) 构成的子群. 显然 $P^1(k, A)$ 是紧的; 反过来, $P^1(k, A)$ 的任何紧子集包含于某个 $P^1_T(k, A)$ 中. 因此只需证明 $P^1_T(k, A)$ 在 $H^1(k, A)$ 中的原像 X_T 有限. 由定义, 元素 $x \in H^1(k, A)$ 属于 X_T 当且仅当它在 T 外非分歧. 让我们如上用 K/k 表示 k 的有限 Galois 扩张使得 G_K 在 A 上的作用平凡, 令 T' 为 K 的位的集合使得其元素延拓 T 中的位. 容易看到 X_T 在 $H^1(k, A)$ 中的像由在 T 外分歧的元构成; 因为 $H^1(k, A) \to H^1(K, A)$ 的核有限, 我们转而证明这些元的个数有限. 所以 (用 K 替代 k 即可) 我们可以假设 G_k 在 A 上的作用平凡, 从而有 $H^1(k, A) = \mathrm{Hom}(G_k, A)$. 若 $\varphi \in \mathrm{Hom}(G_k, A)$, 用 $k(\varphi)$ 表示 k 的对应 φ 的核的扩张. 这是个 Abel 扩张, 并且 φ 定义了 Galois 群 $\mathrm{Gal}(k(\varphi)/k)$ 到 A 的一个子群上的同构. 说 φ 在 T 外非分歧的意思是扩张 $k(\varphi)/k$ 在 T 外分歧. 因为这些扩张 $k(\varphi)/k$ 的次数有界, 我们想要得到的有限性定理是下面更精确的结果的推论. $\qquad \square$

引理 2.6.3 令 k 为代数数域, r 为整数, T 为 k 的位的有限集, 则 k 只存在有限多个在 T 外非分歧的 r 次扩张.

证明: 我们可以立即归结于 $k = \mathbb{Q}$ 的情形. 若 E 是 $\mathbb{Q}$ 的在 T 外非分歧的 r 次扩张, E 在 $\mathbb{Q}$ 上的判别式只能被属于 T 的素数整除. 此外, p 在 d 中的指数有界(这一点可以由例如事实: 局部域 $\mathbb{Q}_p$ 上只有有限个次数 $\leqslant r$ 的扩张(参见§3.4.2)得到, 也可以参见[153], p.67), 从而判别式 d 只有有限种可能. 由于只有有限多个数域具有给定的判别式(Hermite定理), 这就证明了引理. $\qquad\square$

§2.6.3 Poitou-Tate定理的陈述

保留前面的记号, 设 $A' = \mathrm{Hom}(A, \mathrm{G_m})$. 关于局部情形的对偶定理连同命题2.5.9意味 $P^0(k, A)$ 与 $P^2(k, A')$ 对偶, $P^1(k, A)$ 与 $P^1(k, A')$ 对偶(我们需要在Archimedes位时小心些, 但是由在§2.6.1开始所做的约定, 本结论仍然正确.).

下面三个定理更难, 我们就不作证明地将它们陈述出来.

定理 2.6.4 $f_1 : H^1(k, A) \to \prod H^1(k_v, A)$ 的核与 $f_2' : H^2(k, A') \to \coprod H^2(k_v, A')$ 的核互为对偶.

注意将这个结果应用于模 A' 意味 f_2 的核有限, 由此立刻得到定理2.6.2在 $i = 2$ 的情形.

定理 2.6.5 对 $i \geqslant 3$, 同态

$$f_i : H^i(k, A) \longrightarrow \prod H^i(k_v, A)$$

是同构.

(当然, 直积中的 v 过 k 的实位, 即使得 $k_v = \mathbb{R}$.)

定理 2.6.6 我们有正合列

序列中出现的所有同态是连续的.

(这里 G^* 是局部紧群 G 的Pontryagin对偶.)

Tate的Stockholm讲义[184]给出了这些定理及其简洁的证明提示. 其他归功于Poitou的证明可以在1963年Lille研讨会文集[134]中找到, 也可以参见Haberland的[73]和Milne的[124].

第2章的文献评论

与第1章的情况一样: 几乎所有的结果都归功于Tate. Tate就这个课题发表的唯一一篇论文是他的Stockholm讲义[184], 那里面包含许多的结果(比这里可能讨论的多得多), 但是很少有证明. 幸好, 在局部的情形Lang[105]给出了证明, 其他证明可以在Douady于Bourbaki研讨会上的讲义中找到.

让我们另外提一下:

1) (关于域k的Galois群G_k的)"上同调维数"的概念是由Grothendieck第一次引入的, 与他研究的"Weil上同调"相关. 命题2.4.3就是他的结果.

2) Poitou差不多与Tate同时得到§2.6中的结果, 他在Lille研讨会[134]上讲过他的证明(看起来异于Tate的证明).

3) Poitou与Tate都受到Cassel关于椭圆曲线的Galois上同调的结果的影响, 参见[34].

附录3 纯超越扩张的Galois上同调

下面的文本除了微小改动照搬自发表于法兰西大学年刊(*l'Annuaire du Collège de France*, 1991-1992, pp.105-113)的课程概述(résumé de cours).

本课程分两部分.

3.1 $k(T)$的上同调

这些结果本质上是熟知的, 它们归功于Faddeev[58], Scharlau[176], Areason[3], Elman[57]等. 可以将这些结果归纳如下:

3.1.1 一个正合列

令G为射有限群, N为G的闭正规子群, Γ为商群G/N, C为离散G-模使得N在其上的作用平凡(即为Γ-模). 让我们假设

(3.1.1) $$H^i(N,C) = 0, \ \forall i > 1.$$

因此谱序列$H^*(\Gamma, H^*(N,C)) \Rightarrow H^*(G,C)$退化为正合列

(3.1.2) $$\cdots \longrightarrow H^i(\Gamma,C) \longrightarrow H^i(G,C) \xrightarrow{r} H^{i-1}(\Gamma, \mathrm{Hom}(N,C)) \longrightarrow H^{i+1}(\Gamma,C) \longrightarrow \cdots$$

(3.1.2)中的同态$r : H^i(G,C) \to H^{i-1}(\Gamma, \mathrm{Hom}(N,C))$用如下方式定义(参见Hochschild-Serre的[80], 第2章):

若α是$H^i(G,C)$中的元, 我们可以用标准上循环$a(g_1,\ldots,g_i)$(即当某个g_i等于1 时, 值为0)表示α, 它仅依赖于g_1和$g_2,\ldots,g_i$在Γ中的像$\gamma_2,\ldots,\gamma_i$. 给定$\gamma_2,\ldots,\gamma_i$, 由

$$n \longmapsto a(n, g_2, \ldots, g_i), \ n \in N$$

定义的从N到C的映射是$\mathrm{Hom}(N,C)$中的元素$b(\gamma,\ldots,\gamma_i)$, 并且在$\Gamma$上如此定义的$(i-1)$-上链$b$是值在$\mathrm{Hom}(N,C)$中的$(i-1)$-上循环, 它的上同调类是$r(\alpha)$.

补充假设:

(3.1.3) $$\text{扩张} 1 \longrightarrow N \longrightarrow G \longrightarrow \Gamma \longrightarrow 1 \text{分裂}.$$

从而同态$H^i(\Gamma,C) \to H^i(G,C)$是单射, 故(3.1.2)可简化为正合列

(3.1.4) $$0 \longrightarrow H^i(\Gamma,C) \longrightarrow H^i(G,C) \xrightarrow{r} H^{i-1}(\Gamma, \mathrm{Hom}(N,C)) \longrightarrow 0.$$

3.1.2 局部情形

若K是域, 令K_s为K的一个可分闭包, 设$G_K = \mathrm{Gal}(K_s/K)$. 若$C$是(离散)$G_K$- 模, 我们将$H^i(G_K,C)$记为$H^i(K,C)$.

假设赋予K离散赋值v, 剩余类域为$k(v)$, 用K_v表示K关于v的完备化. 让我们选取v到K_s的一个延拓, 令D, I为相应的分解群和惯性群, 我们有$D \simeq G_{K_v}, D/I \simeq G_{k(v)}$.

令$n > 0$为与$k(v)$的特征互素的整数, C为满足$nC = 0$的G_K-模. 让我们作如下假设:

(3.1.5) C在v处非分歧(即I平凡作用于C).

因此我们可以将3.1中的结果应用于正合列

$$1 \longrightarrow I \longrightarrow D \longrightarrow G_{k(v)} \longrightarrow 1$$

(容易验证假设(3.1.1)和(3.1.3)). $G_{k(v)}$-模$\mathrm{Hom}(I, C)$能够与$C(-1) = \mathrm{Hom}(\mu_n, C)$等同, 其中$\mu_n$表示$k(v)_s$ 或K_s中的, 说的是同一件事n次单位根群. 我们从(3.1.4)得到正合列

(3.1.6) $0 \longrightarrow H^i(k(v), C) \longrightarrow H^i(K_v, C) \xrightarrow{r} H^{i-1}(k(v), C(-1)) \longrightarrow 0.$

假设$\alpha \in H^i(K, C)$, α_v为它(限制映射下)在$H^i(K_v, C)$中的像. $H^{i-1}(k(v), C(-1))$的元素$r(\alpha_v)$称为α在v处的剩余, 记为$v_v(\alpha)$. 若它不是0, 我们称α在v处有极点; 若它是0, 我们称α在v处正则(或"全纯"), 这时α_v可以与$H^i(k(v), C)$中的一个元等同, 称为α在v处的值, 记为$\alpha(v)$.

3.1.3 代数曲线与单变量的函数域

令X为域k上连通光滑射影曲线, $K = k(X)$为相应的函数域. 令$\underline{X}$为概型X的闭点集. $\underline{X}$中的点x可以与K的一个在k上平凡的离散赋值等同, 我们用记号$k(x)$ 表示相应的剩余类域, 它是k的有限扩张.

同上, 令$n > 0$为与k的特征互素的整数, C为满足$nC = 0$的G_k-模. 选取k_s到K_s的一个嵌入就定义了同态$G_K \to G_k$, 这就允许我们将C视为G_K-模. 所有$x \in \underline{X}$满足假设(3.1.4). 若$\alpha \in H^1(K, C)$, 则我们能谈及α在x处的剩余$r_x(\alpha)$, 我们有$r_x(\alpha) \in H^{i-1}(k(x), C(-1))$. 可以证明:

(3.1.7) 除了有限个$x \in \underline{X}$, 有$r_x(\alpha) = 0$(即α的极点集有限).

更准确地说, 令L/K为K的足够大的有限Glaois扩张使得α来自$H^i(\mathrm{Gal}(L/K), C_L)$中的一个元, 其中$C_L = H^0(G_L, C)$, 则对所有使得在此处$L/K$的分歧指数与$n$互素的$x$有$r_x(\alpha) = 0$.

(3.1.8) "剩余公式": 在$H^{i-1}(k, C(-1))$中有

$$\sum_{x \in \underline{X}} \mathrm{Cor}_k^{k(x)} r_x(\alpha) = 0,$$

其中$\mathrm{Cor}_k^{k(x)} : H^{i-1}(k(x), C(-1)) \to H^{i-1}(k, C(-1))$表示相对扩张$k(x)/k$的上限制同态.

(让我们解释一下当F/E是有限扩张时, Cor_E^F的意思: 它是通常的Galois上限制(对应包含映射$G_F \to G_E$)与不可分次数$[F : E]_i$的乘积. 复合$\mathrm{Cor}_E^F \circ \mathrm{Res}_F^E$是乘$[F : E]$的映射.)

应用:

假设$f \in K^*$, 令$D = \sum_{x \in \underline{X}} n_x x$为$f$的除子. 假设$D$与$\alpha$的极点集没有交集, 这样我们能用公式

$$\alpha(D) = \sum_{x \in |D|} n_x \, \mathrm{Cor}_k^{k(x)} \alpha(x)$$

定义$H^i(k,C)$中的元$\alpha(D)$. 我们从(3.1.7)推出下面的公式:

$$(3.1.9) \qquad \alpha(D) = \sum_{\alpha\text{的极点}x} \mathrm{Cor}_k^{k(x)}(f(x)) \cdot r_x(\alpha),$$

其中:

$(f(x))$是由$k(x)$中的元素$f(x)$通过Kummer理论定义的$H^1(k(x), \mu_n)$的元素;

$r_x(\alpha) \in H^{i-1}(k(x), C(-1))$是$\alpha$在$x$处的剩余;

$(f(x)) \cdot r_x(\alpha)$是$(f(x))$与$r_x(\alpha)$关于双线性映射$\mu_n \times C(-1) \to C$ 的在$H^i(k(x), C)$中的上积.

当α没有极点, (3.1.8)变成

$$\alpha(D) = 0,$$

这是Abel定理的上同调模拟. 这就使我们将α映到X的Jacobi簇的有理点群到群$H^i(k, C)$的一个同态, 在$i = 1$时, 我们就回到1956~1957学年课程中研究的情形, 参见[152].

3.1.4 $K = k(T)$的情形

当X为射影直线$\mathbb{P}_1$时就是这种情况. 因为X有有理点, 典型同态$H^i(k, C) \to H^i(K, C)$是单射. 称$H^i(K, C)$中的元是常值的, 如果它属于$H^i(k, C)$. 可以证明:

$(3.1.10) \qquad \alpha \in H^i(K, C)$为常值的充分必要条件是对所有的$x \in \underline{X}$有$r_x(\alpha) = 0$(即没有极点).

$(3.1.11) \qquad$ 对所有的$x \in \underline{X}$, 令ϱ_x为$H^{i-1}(k(x), C(-1))$中的元. 假设除了有限个x有$\varrho_x = 0$, 并且在$H^{i-1}(k, C(-1))$ 中有

$$\sum_{x \in \underline{X}} \mathrm{Cor}_k^{k(x)} \varrho_x = 0,$$

则存在$\alpha \in H^i(K, C)$使得对每个$x \in \underline{X}$有$r_x(\alpha) = \varrho_x$.

我们可以用正合列

$$0 \longrightarrow H^i(k, C) \longrightarrow H^i(K, C) \longrightarrow \bigoplus_{x \in \underline{X}} H^{i-1}(k(x), C(-1)) \longrightarrow H^{i-1}(k, C(-1)) \longrightarrow 0$$

来概括结论(3.1.7), (3.1.8), (3.1.10)和(3.1.11).

注记:

考虑$\alpha \in H^i(K, C)$, 令P_α为它的极点集. 上面的结论说明α由它的剩余以及它在X中不包含于P_α的某个点的值确定. 特别地, α的值可以由这些数据计算出来. 这里有一个计算公式: 若$\infty \notin P_\alpha$,

$$(3.1.12) \qquad \alpha(x) = \alpha(\infty) + \sum_{y \in P_\alpha} \mathrm{Cor}_k^{k(y)}(x - y) \cdot r_y(\alpha),$$

其中:

$\alpha(x)$是α在某个有理点$x \in X(k), x \notin P_\alpha, x \neq \infty$的值;

$\alpha(\infty)$是α在点∞处的值;

$(x - y)$是$(x - y)$定义的在$H^1(k(y), \mu_n)$中的元;

$(x - y) \cdot r_y(\alpha)$是$(x - y)$与剩余$r_y(\alpha)$在$H^i(k(y), C)$中计算的上积;

$\mathrm{Cor}_k^{k(y)}$是上限制$H^i(k(y), C) \to H^i(k, C)$.

将(3.1.9)应用到除子D为$(x) - (\infty)$的函数$f(T) = x - T$即可得到此公式.

推广到多变量:

令$K = k(T_1, \ldots, T_m)$为m维射影空间$\mathbb{P}_m$的函数域. $\mathbb{P}_m$上的每个不可约除子W定义了K的一个离散赋值v_W. 对m作归纳由(3.1.10)得到下面的结论:

(3.1.13) $\alpha \in H^i(K, C)$为常值(即属于$H^i(k, C)$)的充分必要条件是α 在任何赋值v_W处没有极点(只需考虑异于无限点处的超平面的W, 即我们可以在m 维仿射空间, 而不必在射影空间中考虑问题).

3.2 应用: Brauer群的特殊化

3.2.1 记号

与3.1.4中的记号相同, 取$i = 2, C = \mu_n$, 则$C(-1) = \mathbb{Z}/n\mathbb{Z}$.

我们有$H^2(K, C) = \mathrm{Br}_n(K)$, 即用$n$乘Brauer群$\mathrm{Br}(K)$的核. 正合列(3.1.12)能写成

$$0 \longrightarrow \mathrm{Br}_n(k) \longrightarrow \mathrm{Br}_n(K) \longrightarrow \bigoplus_{x \in \underline{X}} H^1(k(x), \mathbb{Z}/n\mathbb{Z}) \longrightarrow H^1(k, \mathbb{Z}/n\mathbb{Z}) \longrightarrow 0,$$

这个结果属于D.K.Faddeev[58].

考虑$\alpha \in \mathrm{Br}_n(K)$, 令$P_\alpha \subset \underline{X}$为$\alpha$的极点集. 若$x \in X(k)$为$X = \mathbb{P}_1$的有理点, $x \notin P_\alpha$, α在x处的值是$\mathrm{Br}_n(k)$中的元. 我们对$\alpha(x)$随x 的变化, 特别是使得$\alpha(x) = 0$的x的集合$V(\alpha)$("α 的零点集")感兴趣. 我们希望了解$V(\alpha)$的结构.(例如, 若k无穷, 是不是$V(\alpha)$为空集或者与k有相同的基数?)

$n = 2$和$\alpha = (f, g), f, g \in K^*$的情形特别有趣, 因为它可以用由齐次方程

$$U^2 - f(T)V^2 - g(T)W^2 = 0$$

定义的底空间X的二次纤维化来解释.

可以从多种观点出发来研究$V(\alpha)$. 我们考虑其中三个:

用有理基变换零化α(参见3.2.2);

Manin条件和弱逼近(参见3.2.3);

筛法界定(参见3.2.4).

3.2.2 由基变换零化

为简单起见, 假设k的特征为0.

同上考虑$\alpha \in \mathrm{Br}_n(K), K = k(T)$. 令$f(T')$为关于单变量$T'$的有理函数, 假设$f$不是常值的. 若设$T = f(T')$, 我们得到$K$到$K' = k(T')$的一个嵌入, 由此通过基变换得到$\mathrm{Br}_n(K)$中的一个元$f^*\alpha$. 我们称$\alpha$被$K'/K$(或$f$)零化, 如果在$\mathrm{Br}_n(K')$中有$f^*\alpha = 0$. 若如此, 则对任何不是$\alpha$的极点且不形如$f(t'), t' \in \mathbb{P}_1(k)$的$t \in X(k)$有$\alpha(t) = 0$. 特别地, $V(\alpha)$非空(且与k有相同的基数). 我们会问它的逆

是否成立, 从而有下面的问题:

(3.2.1) 假设$V(\alpha)$非空, 存在非常值的有理函数f零化α吗?

(3.2.1)还有一个关于基点的变体:

(3.2.2) 考虑$t_0 \in V(\alpha)$, 存在(3.2.1)中的f使得t_0形如$f(t_0')$, $t_0' \in \mathbb{P}_1(k)$吗?

已知(参见Yanchevskiĭ的[196])(3.2.2)在k是局部Hensel的或$k = \mathbb{R}$时的答案是肯定的.

如果我们不对k作任何假设, 我们只有$n = 2$时的结果. 要陈述这一结果, 让我们引入下面的记号:

(3.2.3)
$$d(\alpha) = \deg P_\alpha = \sum_{x \in P_\alpha} [k(x) : k].$$

(整数$d(\alpha)$是α的极点个数, 重数计算在内.)

定理3.2.1(Mestre的[125]) 当$n = 2, d(\alpha) \leqslant 4$时, 问题(3.2.2)的答案是肯定的.

注记:

1) 定理3.2.4的证明给出了零化α的域$K' = k(T')$的补充信息, 例如, 我们可以选取K'使得$[K' : K] = 8$.

2) Mestre还得到了$n = 2, d(\alpha) = 5$时的结果.

下面是该定理的一个推论(参见[121]):

定理3.2.2 群$SL_2(\mathbb{F}_7)$有性质"Gal_T", 即为$\mathbb{Q}(T)$的$\mathbb{Q}$-正则Galois扩张的Galois群.

特别地, 存在无限个两两无交的$\mathbb{Q}$的Galois扩张具有Galois群$SL_2(\mathbb{F}_2)$.

关于群$\widetilde{M_{12}}, 6 \cdot A_6, 6 \cdot A_7$有类似的结果.

3.2.3 Manin条件, 弱逼近与Schinzel假设

我们现在假设k是在$\mathbb{Q}$上的次数有限的代数数域, 令Σ为它的(Archimedes的和超距的)位的集合. 对于$v \in \Sigma$, 我们用k_v表示k关于v的完备化. 令$\mathbb{A}$为k的加性理想元环, 即$k_v (v \in \Sigma)$的限制乘积.

令$X(\mathbb{A}) = \prod\limits_{v} X(k_v)$为$X = \mathbb{P}_1$的加性理想元点空间, 这是个紧空间. 我们将$\mathrm{Br}_n(K)$中的每个元$\alpha$映到以如下方式定义的子空间$V_{\mathbb{A}}(\alpha)$上:

加性理想元点$x = (x_v)$属于$V_{\mathbb{A}}(\alpha)$, 如果对所有的$v \in \Sigma$, 我们有$x_v \neq P_\alpha$且在$\mathrm{Br}_n(k_v)$中有$\alpha(x_v) = 0$. (即$V_{\mathbb{A}}(\alpha)$是方程$\alpha(x) = 0$的加性理想元解的集合.

$\alpha(x) = 0$在k中的任何解显然是加性理想元解, 因此有包含关系:

$$V(\alpha) \subset V_{\mathbb{A}}(\alpha),$$

我们会问: $V(\alpha)$在$V_{\mathbb{A}}(\alpha)$中的闭包是什么? 要回答(或尝试回答)这个问题, 介绍一下"Manin 猜想"是很有好处的(参见Colliot-Thélène和Sansuc的[44]):

让我们称$\mathrm{Br}_n(K)$中的元β从属于α, 如果对于所有的$x \in \underline{X}$, $r_x(\beta)$是$r_x(\alpha)$的整数倍, 我们有$P_\beta \subset P_\alpha$. 令$\mathrm{Sub}(\alpha)$为α的这些从属元的集合, 这是$\mathrm{Br}_n(K)$的包含$\mathrm{Br}_n(k)$的子群, 商群$\mathrm{Sub}(\alpha)/\mathrm{Br}_n(k)$有限. 若$\beta \subset \mathrm{Sub}(\alpha)$, $x = (x_v)$是$V_{\mathbb{A}}(\alpha)$的一个点, 则对几乎所有的v有$\beta(x_v) = 0$. 这就允许我们通过公式

$$(3.2.5) \qquad m(\beta, x) = \sum_v \mathrm{inv}_v \, \beta(x_v)$$

定义$\mathbb{Q}/\mathbb{Z}$中的一个元$m(\beta, x)$, 其中inv_v表示$\mathrm{Br}_n(k_v)$到$\mathbb{Q}/\mathbb{Z}$的典型同态. 函数

$$x \longmapsto m(\beta, x)$$

在$V_{\mathbb{A}}(\alpha)$上是局部常值的并且$V(\alpha)$上为0; 此外, 它只依赖与$\beta \bmod \mathrm{Br}_n(k)$的等价类. 让我们用$V_{\mathbb{A}}^M(\alpha)$表示$V_{\mathbb{A}}(\alpha)$的由"Manin条件":

$$(3.2.6) \qquad m(\beta, x) = 0, \ \forall \beta \in \mathrm{Sub}(\alpha)$$

定义的子空间. 它是$V_{\mathbb{A}}(\alpha)$的包含$V(\alpha)$的既开又闭子空间. 构作下面的猜想似乎是合理的:

(3.2.7) $V(\alpha)$在$V_{\mathbb{A}}^M(\alpha)$中是稠密的.

特别地,

(3.2.8) 若$V_\alpha^M(\alpha) \neq \varnothing$, 则$V(\alpha) \neq \varnothing$: Manin条件是方程$\alpha(x) = 0$的有理解存在性的"唯一"阻碍.

(3.2.9) 若$\mathrm{Sub}(\alpha) = \mathrm{Br}_n(k)$(即不要Manin条件), $V(\alpha)$在$V_{\mathbb{A}}(\alpha)$中稠密, 我们有弱逼近: Hasse原理成立.

可找到的大多数关于(3.2.7), (3.2.8), (3.2.9)的结果是在$n = 2$的情形. 在一般的情形, 我们有下面的定理, 它补充了Colliot-Thélène与Sansuc(1982)以及Swinnerton-Dyer(1991)的早期结果, 参见[44, 45].

定理3.2.3 Schinzel假设(H)[165]意味(3.2.7).

(回顾假设(H)的内容: 考虑在$\mathbb{Q}$上不可约, 系数在$\mathbb{Z}$中, 首项大于0的多项式$P_1(T), \ldots, P_m(T)$, 使得对任何素数p, 存在$n_p \in \mathbb{Z}$满足$P_i(n_p) \neq 0 \bmod p$, $i = 1, \ldots, m$, 则存在无限个整数$n > 0$使得$P_i(n)$是素数, $i = 1, \ldots, m$.)

注记:

上述定理可以推广到方程组$\alpha_i(x) = 0$上, 其中α_i是$\mathrm{Br}_n(K)$中有限多个元. 我们可以用$\mathrm{Br}_n(K)$中对$x \in \underline{X}$, $r_x(\beta)$属于$H^1(k(x), \mathbb{Z}/n\mathbb{Z})$的由这些$r_x(\alpha_i)$生成的子群的元素$\beta$的集合替代$\mathrm{Sub}(\alpha)$.

3.2.4 筛法给出的界

保留上面的记号, (为简单起见)假设$k = \mathbb{Q}$. 若$x \in X(k) = \mathbb{P}_1(\mathbb{Q})$, 用$H(x)$表示$x$的高: 若$x = p/q$, 其中$p, q$是互素的整数, 则$H(x) = \sup(|p|, |q|)$. 若$H \to \infty$, 使得$H(x) \leqslant H$的$x$的个数是$cH^2 + O(H \cdot \log H)$, 其中$c = 12/\pi^2$.

令$N_\alpha(H)$为满足$H(x) \leqslant H$的$x \in V(\alpha)$的个数. 我们想知道当$H \to \infty$时$N_\alpha(H)$的增长率, 用$e_x(\alpha)$表示α在$x(x \in \underline{X})$处的剩余$r_x(\alpha)$的阶; 若x不是x的极点时, 我们有$e_x(\alpha) = 1$. 让我们设

$$(3.2.10) \qquad \delta(\alpha) = \sum_{x \in \underline{X}} (1 - 1/e_x(\alpha)).$$

定理3.2.4 当$H \to \infty$时, 我们有$N_\alpha(H) \ll H^2/(\log H)^{\delta(\alpha)}$.

注意: 当α不是常值的, 则$\delta(\alpha) > 0$, 本定理说明$V(\alpha)$中"几乎没有"有理点.

我们会问在$V(\alpha) \neq \varnothing$的假设下, 这样得到的上界是不是最佳的. 换言之:

(3.2.11)   若$V(\alpha) \neq \varnothing$, 对充分大的$H$是不是有$N_\alpha(H) \gg H^2/(\log H)^{\delta(\alpha)}$?

(这方面有一个令人振奋的结果, 参见Hooley的[81].)

注记:

对数域和方程组$\alpha_i(x) = 0$有类似的结果, 这时需要将$e_x(\alpha)$替换为由这些$r_x(\alpha_i)$生成的群的阶.

第 3 章　非Abel的Galois上同调

§3.1　形式

本节的目的是说明一个"一般性原理"，这个原理可以粗略地陈述如下：

令K/k为域扩张，X为k上定义的"对象"。我们称k上定义的对象Y为X的K/k-形式，如果将基域扩张到K时，Y与X同构。这样的形式类(等价关系由k-同构定义)构成集合$E(K/k, X)$。

若K/k是Galois扩张，在$E(K/k, X)$与$H^1(\mathrm{Gal}(K/k), A(K))$之间存在双射对应，其中$A(K)$表示$X$的$K$-自同构群。

显然，通过将"k上定义的对象""数乘扩张"这些概念以公理化形式定义，并且对它们添加一些简单的要求，要说明上述结论的合理性是可能的。我不这样做了，并且我仅限于考虑特殊情形：关于带张量的向量空间，关于代数簇(或代数群)。对一般情形感兴趣的读者可以查阅Grothendieck研讨会[72]的第六讲中的*Cateégories fibrées et descente*，也可见Giraud的[62]。

§3.1.1　张量

这个例子在[153]的§10.2中详细讨论论过，我们来快速概述一下它：

这个"对象"是(V, x)，其中V是有限维k-向量空间，x是V上给定的(p, q)型张量。我们有

$$x \in T_q^p(V) = T^p(V) \otimes T^q(V^*).$$

两个对象$(V, x), (V', x')$为k-同构的概念是显然的。若K是k的扩域，(V, x)是定义于k上的对象，通过取V_K为向量空间$V \otimes_k K$，取x_K为$T_q^p(V_K) = T_q^p(V) \otimes_k K$中的元素$x \otimes 1$，我们得到定义于$K$上的对象$(V_K, x_K)$。这就定义了$(V, x)$的$K/k$-形式的概念，我们记这些形式(同构意义下)的集合为$E(K/k)$。进一步假设K/k为Galois扩张，$A(K)$为(V_K, x_K)的K-自同构群。若$s \in \mathrm{Gal}(K/k), f \in A(K)$，我们在下面的公式中定义$^s f \in A(K)$：

$$^s f = (1 \otimes s) \circ f \circ (1 \otimes s^{-1}).$$

(若f由矩阵(a_{ij})表示，则$^s f$由矩阵$(^s a_{ij})$表示。) 从而我们得到$A(K)$的$\mathrm{Gal}(K/k)$-群结构，并且上同调集$H^1(\mathrm{Gal}(K/k), A(K))$的定义合理。

现在令(V', x')为(V, x)的K/k-形式。(V'_K, x'_K)到(V_K, x_K)上的同构集P是$A(K)$上的主齐次空间，从而定义了$H^1(\mathrm{Gal}(K/k), A(K))$中的一个元，参见§1.5.2。让$p$对应$(V', x')$，我们得到典型映射

$$\theta : E(K/k) \longrightarrow H^1(\mathrm{Gal}(K/k), A(K)).$$

命题 3.1.1　上面定义的映射θ是双射。

证明在前面引用[153]的地方给出了. 单性是显然的, 满性由下面的引理得到.

引理 3.1.2 对于任何整数n, 我们有$H^1(\mathrm{Gal}(K/k), \mathrm{GL}_n(K)) = 0$.

(在$n = 1$时, 我们重新得到著名的"定理90".)

注记:

事实上, 可以对任何交换k-代数K定义群$A(K)$, 它是$\mathrm{GL}(V)$的某个子代数群A的K-点群. 从矩阵的观点来说, 将等式$T_q^p(f)x = x$写清楚, 我们就得到关于A的等式(注意这样定义的代数群A作为概型不一定"光滑", 因为其结构层可能有非零的幂零元, 参见习题3.1.2). 遵照§2.2.1的约定, 我们将$H^1(\mathrm{Gal}(K/k), A(K))$记为$H^1(K/k, A)$. 当$K = k_s$时, 我们简记为$H^1(k, A)$.

上面的命题只能让我们研究Galois扩张, 而下个命题往往能使我们归结于这一情形.

命题 3.1.3 令$\mathfrak{g}$为$\mathfrak{gl}(V)$中使得x不变(无穷小意义下的定义, 参见[27]的§1.3)的元素构成的子Lie代数, 则(V, x)的自同构代数群A在k上光滑的充分必要条件是它与$\mathfrak{g}$的维数相等. 若该条件满足, (V, x)的每个K/k- 形式也是k_s/k-形式.

证明: 令L为A在单位元处的局部环, $\mathfrak{m}$为L的极大理想. Lie代数$\mathfrak{g}$是$\mathfrak{m}/\mathfrak{m}^2$的对偶.

因为$\dim(A) = \dim(L)$, 等式$\dim(\mathfrak{g}) = \dim(A)$意味$L$是正则局部环, 即$A$在$k$上于单位元处(从而由平移, 处处)光滑. 这就证明了第一个结论. 现在令(V', x')为(V, x)的K/k-形式, P为(V', x')到(V, x)的同构的k-簇(我们把用函子的语言或用显式将此概念定义出来的任务交给读者). (V', x')与(V, x)为K-同构的事实说明$P(K)$非空. 因此P_K, A_K是K-同构的. 特别地, $P(K)$在K上光滑, 从而P在k上光滑. 由代数几何中的初等结果可知P中那些在k_s中取值的点在P中稠密. 至少存在这样一个点足以保证(V, x), (V', x')是k_s-同构的. $\qquad\square$

§3.1.2 例子

a) 取一个非退化交错双线性型为张量x, 群A为与该线性型相关的辛群Sp. 另一方面, 交错型的初等理论说明x的所有线性型是平凡的(即同构于x). 因此有:

命题 3.1.4 对任何Galois扩张K/k, 我们有$H^1(K/k, \mathrm{Sp}) = 0$.

b) 假设特征不等于2, 取一个非退化的对称型为x, 群A为x定义的正交群$\mathrm{O}(x)$. 我们由此推出:

命题 3.1.5 对任何Galois扩张K/k, 集合$H^1(K/k, \mathrm{O}(x))$与定义于k上K'-等价于x的二次型的集合双射对应.

在特征2的情形, 我们需要用一个二次型取代辛双线性型, 这就使得我们必须放弃张量空间的背景(参见习题3.1.2).

c) 取$(1, 2)$-型的张量, 或者结果一样地取V的一个代数结构为x, 因此群A为这个代数的自同构群, $\mathfrak{g}$为A的导子的Lie代数. 当$V = \mathrm{M}_n(k)$, V的K/k-形式就是k上秩为n^2、被K分裂的中心单代数; 群A可以与射影群$\mathrm{PGL}_n(k)$等同, 这样我们得到用中心单代数的语言对$H^1(K/k, \mathrm{PGL}_n)$的一个解释, 参见[153]的§10.5.

习题3.1.1 证明$M_n(k)$的每个导子是线性的. 利用这个事实和命题3.1.3可以重得一个定理, 据此, 每个中心单代数有一个在基域上为Galois扩张的分裂域.

习题3.1.2 令V为特征为2的域上的向量空间, F为V上的二次型, b_F为相关的双线性型. 证明: 正交群O(F)的Lie代数$\mathfrak{g}$由V的对所有a满足$b_F(a, u(a)) = 0$的自同态u组成. 假设b_F是非退化的(这意味$\dim V \equiv 0 \bmod 2$), 计算$\mathfrak{g}$的维数; 在这种情形判断群O(F)的光滑性. 当b_F退化时, 这个结果还对吗?

§3.1.3 簇, 代数群等

现在我们选取代数簇(或代数群, 或代数群上的代数齐次空间)作为"对象". 若V是这样的定义在域k上的簇, 且若K是k的扩张, 我们用$A(K)$表示V_K的K-自同构群(看作代数簇, 相应地视为代数群, 齐次空间). 于是, 我们得到满足§2.1中假设的函子Aut$_V$.

现在令K/k为Galois扩张, V'为V的K/k-形式. V_K上V'_K的K-自同构集合P显然是Gal(K/k)-群$A(K) = Aut_V(K)$上的主齐次空间. 正如§3.1.1中, 这就给出了典型映射

$$\theta : E(K/k, V) \longrightarrow H^1(K/k, \text{Aut}_V).$$

命题 3.1.6 映射θ是单射. 若V是拟投射的, 则θ是双射.

证明: θ的单性是显然的. 要建立满性(在V是拟投射时), 我们应用Weil的"递降"法. 做法如下:

为了简单起见, 我们假设K/k有限, 令$c = (c_s)$为Gal(K/k)在Aut$_V(K)$中的1-上循环. 将c_s与V_K的自同构$1 \otimes s$合在一起, 我们得到群Gal(K/k)在V_K上的作用, 从而商簇

$$_cV = (V_K)/\text{Gal}(K/k)$$

是V的K/k-形式(因为V是拟投射的, 这个商簇存在). 我们说$_cV$由上循环c缠绕V得到(这个术语显然与§1.5.3中的那个相容). 易见$_cV$在θ下的像等于c的上同调类, 从而得到θ的满性. □

推论 3.1.7 若V是代数群, 映射θ是双射.

证明: 事实上, 熟知每个群簇是拟投射的. □

注记:

1) 由命题3.1.6可知两个有相同自同构函子的簇V, W有互相双射对应的K/k-形式(K 是k的Galois扩张时). 例如:

$$\text{八元数代数} \Longleftrightarrow G_2\text{型单群}$$

$$\text{秩为}n^2\text{的中心单代数} \Longleftrightarrow n-1\text{维Severi-Brauer簇}$$

$$\text{带对合的半单代数} \Longleftrightarrow \text{中心平凡的典型群}$$

2) 函子Aut$_V$(在k-概型范畴中)并非总是可表的; 此外, 即使它可表, 表示它的概型在k上不是有限型的事情可能发生, 即在通常术语的意义下它没有定义一个"代数群".

§3.1.4 例子: 群SL_n的k-形式

我们假设$n \geq 2$. 群SL_n是单连通的可裂单群, 其根系不可约且是(A_{n-1})型. 相应的Dynkin图是:

$$\bullet \quad (n=2), \qquad \bullet\!\!-\!\!\!-\!\!\bullet\cdots\bullet\!\!-\!\!\!-\!\!\bullet \quad (n \geq 3).$$

它的自同构群在$n=2$时是一阶的, 在$n \geq 3$时是2阶的. 这就意味群$\mathrm{Aut}(SL_n)$在$n=2$时是连通的, 在$n \geq 3$时有两个连通分支. 将这两种情形分开讨论更方便:

1) $n=2$的情形

我们有$\mathrm{Aut}(SL_2) = SL_2/\mu_2 = \mathrm{PGL}_2$. 但这个群也是矩阵代数$M_2$的自同构群. 因此(参见§3.1.3中的注记1)$M_2$与$SL_2$的$k$-形式双射对应. 然而, M_2的k-形式是k上秩为4的中心单代数, 即四元数代数. 这样我们得到对应

$$SL_2 \text{ 的}k\text{-形式} \Longleftrightarrow k\text{上的四元数代数}.$$

说得更清楚些:

a) 若D是k上的四元数代数, 我们将它与群SL_D(参见§3.3.2)对应, 后者是SL_2的k-形式; 这个群的有理点可以与D中约化范为1的元素等同.

b) 若L是SL_2的k-形式, 我们可以证明(例如利用Tits的一般结果[187])L有4维k-线性表示

$$\varrho_2 : L \longrightarrow \mathrm{GL}_V,$$

它同构于两个SL_2的标准表示的直和; 此外, 这个表示在同构意义下是唯一的. ϱ_2的中心化子$D = \mathrm{End}^G(V)$是与L对应的四元数代数. (当k的特征为0时, 我们能在[29]中§8.1 的习题16, 17找到对D基于L的Lie代数的刻画.)

2) $n \geq 3$的情形

群$\mathrm{Aut}(SL_n)$是由它的单位元分支PGL_n和外自同构$x \mapsto {}^t x^{-1}$(回顾: ${}^t x$表示矩阵x的转置)生成.

现在考虑代数$M_n^2 = M_n \times M_n$, 在其上赋以对合

$$(x, y) \longmapsto (x, y)^* = ({}^t y, {}^t x).$$

我们通过$x \mapsto (x, {}^t x^{-1})$将$\mathrm{GL}_n$嵌入$M_n^2$的乘群中, 并且得到$M_n^2$中满足$u \cdot u^* = 1$的元素构成的群. 当然这也给出了$SL_n$的一个嵌入. 此外, 这些嵌入给出等同

$$\mathrm{Aut}(\mathrm{GL}_n) = \mathrm{Aut}(SL_n) = \mathrm{Aut}(M_n^2, *),$$

其中$\mathrm{Aut}(M_n^2, *)$表示带有对合的代数$(M_n^2, *)$的自同构群.

如同在$n=2$时的推理, 我们可知SL_n(以及GL_n)的k-形式对应带对合$(D, *)$的代数, 对合满足以下性质:

(i) D半单且$[D : k] = 2n^2$.

(ii) D的中心K是秩为2的平展(étale)k-代数, 即$k \times k$, 或k的可分二次扩张.

(iii) 对合$*$是 "第二类" 的, 即它在K上诱导K的唯一非平凡自同构.

更准确地说, 与$(D, *)$对应的GL_n的k-形式是酉群U_D, 其k-点是D中满足$u \cdot u^* = 1$的元素u. 至于SL_n的k-形式, 它是特殊酉群SU_D, 其k-点是D中满足$u \cdot u^* = 1$以及$\mathrm{Nrd}(u) = 1$的元素u, 其中$\mathrm{Nrd} : D \to K$表示约化范.

我们有正合列

$$1 \longrightarrow \mathrm{SU}_D \longrightarrow \mathrm{U}_D \xrightarrow{\text{Nrd}} \varGamma \mathrm{G_m}^\varepsilon \longrightarrow 1,$$

其中$\mathrm{G_m}^\varepsilon$表示群$\mathrm{G_m}$被与二次代数K/k相关的特征$\varepsilon : G_k \rightarrow \{\pm 1\}$缠绕. ($\varepsilon$的另一个定义为: 它给出Galois群$G_k$在Dynkin图上的作用.)

两种值得明确提出的情形:

a) 内形式. 这里$K = k \times k$, 即$\varepsilon = 1$. 对和代数$(D, *)$分解为$D = \Delta \times \Delta^\circ$, 其中$\Delta$是秩为$n^2$的中心单代数, Δ°是反代数, 对合为$(x, y) \mapsto (y, x)$. 对应的群SU_D就是SL_Δ, 参见§3.3.2. 注意Δ, Δ°给出得到的群.

b) Hermite情形. 当K是域, D是矩阵代数$M_n(K)$时就是这种情形. 我们容易验证对合$*$形如

$$x \longmapsto q \cdot {}^t\bar{x} \cdot q^{-1},$$

其中$\bar{x}$是x在K的对合下的共轭, q是$M_n(K)$中可逆Hermite元, 不计k^*中元的因子有定义. 与$(D, *)$对应的SL_n的k-形式就是q(视为K上的Hermite型)定义的特殊酉群SU_q, 其k-有理点为$\mathrm{GL}_n(K)$中满足

$$q = u \cdot q \cdot {}^t\bar{u}, \quad \det(u) = 1$$

的元.

注记:

关于典型群有类似的结果, 参见Weil的[192]和Kneser的[95](若特征不为2), 以及Tits的[186](若特征为2).

习题3.1.3 证明: SL_2的自同构$x \mapsto {}^t x^{-1}$与$\begin{pmatrix} 0 & -1 \\ 1 & 0 \end{pmatrix}$定义的内自同构一致.

习题3.1.4 证明: $\mathrm{Aut}(\mathrm{GL}_2) = \{\pm 1\} \times \mathrm{Aut}(\mathrm{SL}_2)$. 推出$\mathrm{GL}_2$的$k$-形式的分类.

习题3.1.5 射影直线$\mathbb{P}_1$的自同构群是PGL_2. 由此推出$\mathbb{P}_1$(即亏格为0的不可约光滑射影曲线)的k-形式对应SL_2的k-形式和k上的四元数代数.

若k的特征不为2, 这个对应将四元数代数: $i^2 = a, j^2 = b, ij = -ji$对应到$\mathbb{P}_2$中满足齐次方程$Z^2 = aX^2 + bY^2$的二次曲线.

若k的特征为2, 由$i^2 + i = a, j^2 = b, jij^{-1} = i + 1$定义的四元数点数对应满足方程

$$X^2 + XY + aY^2 + bZ^2 = 0, \quad a \in k, b \in k^*, \text{(参见§2.2.2)}$$

的二次曲线.

§3.2 维数$\leqslant 1$的域

除非明确指出相异, 我们假定基域k是完全的.

我们用"代数群"表示k上有限型光滑群概型(本质上这就是Weil所说的"代数群", 除了我们不假定它是连通的.)

如果A是这样的群, 我们将$H^1(\bar{k}/k, A)$记为$H^1(k, A)$, 其中$\bar{k}$表示k的代数闭包, 参见§3.1.1.

§3.2.1 线性群：已知结果的总结

(参考文献: Borel的[16], Borel-Tits的[20], Chevally的[42], Demazure-Gabriel的[49], Demazure-Groth-endieck的[50], Platonov-Rapinchuk的[133], Rosenlicht的[137], Steinberg的[174], Tits的[185].)

代数群L称为线性的, 如果它同构于某个GL_n的子群, 这相当于说L的基础代数簇是仿射的.

线性群U称为幂幺的, 如果将它嵌入GL_n时, 它的所有元是幂幺的(不依赖嵌入的选取). 为此, 需要且只需U有相邻两项的商都同构于加群G_a 或群$\mathbb{Z}/p\mathbb{Z}$(特征为p时)的合成列. 这些群从上同调的观点看并不有趣. 事实上有:

命题 3.2.1 若U是连通的幂幺线性群, 我们有

$$H^1(k, U) = 0.$$

(这个结果不能推广到基域非完全的情形, 参见习题3.2.3.)

证明: 由$H^1(k, \Gamma G_a) = 0$(命题2.1.)的事实得到. $\qquad\square$

线性群T称为环面, 如果它(在$\bar{k}$上)同构于乘群的乘积. 这样的群在同构意义下由它的特征群$X(T) = \operatorname{Hom}(T, G_m)$决定, 后者是$\operatorname{Gal}(\bar{k}/k)$在其上连续作用的有限秩自由$\mathbb{Z}$-模.

每个可解连通线性群R有最大幂幺子群U, 它在G中正规. 商群$T = G/U$是环面, R是T和U 的半直积.

每个线性群L有最大连通可解正规子群R, 称之为L的根. 若$R = 1$, L连通, 我们称L是半单的; 每个线性群有相邻两项的商为以下四种类型: G_a, 环面, 有限群, 半单群之一的合成列.

L的子群称为抛物的, 如果L/P是完备簇; 若P还是可解连通的, 我们称P是L的Borel子群. 每个抛物子群包含L的根R.

假设k是代数闭的, L连通. L的Borel子群能用下面两种方式之一刻画:

a) L的极大连通可解子群.

b) L的极小抛物子群.

此外, Borel子群彼此共轭, 并且等于其正规化子. (注意: 若k不是代数闭的, L可能没有在k上定义的Borel子群, 参见§3.2.2.)

线性群L的子群C称为Cartan子群, 如果它是幂零的且等于它的正规化子的单位元分支. 至少存在一个定义在k上的Cartan子群, 这些子群(在$\bar{k}$上, 但在k上一般不会)共轭. 当L半单时, Cartan子群即为极大环面.

习题3.2.1 令L为连通约化群, P为L的抛物子群. 证明: 映射$H^1(k, P) \to H^1(k, L)$是单射.

(熟知(参见Borel-Tits的[20]的定理4.13)$L(k)$传递地作用于齐次空间的k-点. 这就意味着$H^1(k, p) \to H^1(k, L)$的核为0(命题1.5.6). 用缠绕的推理得到结论.)

习题3.2.2 (根据J.Tits的结果) 令B, C为线性群D的子代数群, $A = B \bigcap C$. 假设A, B, C, D的Lie代数满足条件:

$$\operatorname{Lie} A = \operatorname{Lie} B \bigcap \operatorname{Lie} C, \quad \operatorname{Lie} B + \operatorname{Lie} C = \operatorname{Lie} D.$$

由此得到$B/A \to D/C$是开浸入.

我们假定$D(k)$在Zariski拓扑中稠密(若D连通且k无限完全时是如此).

(a) 证明: $H^1(k, B) \to H^1(k, D)$ 的核包含于 $H^1(k, A) \to H^1(k, B)$ 的像中.

(若 $b \in Z^1(k, B)$ 是 D 中的上边缘, 用 b 缠绕包含映射 $B/A \to D/C$, 我们发现 $_b(B/A) \to {}_b(D/C) = D/C$. 因为 D/C 的有理点稠密, $_b(D/C)$ 的开子集 $_b(B/A)$ 包含有理点. 利用命题 1.5.6 推出结论.)

(b) 将 C 替代 B 有同样的结论.

(c) 由此推出: 若 $H^1(k, A) = 0$, $H^1(k, B) \to H^1(k, D)$ 的核为 0. 特别地, 若 $H^1(k, A)$, $H^1(k, D)$ 都为 0, 则 $H^1(k, B)$, $H^1(k, C)$ 也为 0.

习题 3.2.3 令 k_0 为特征为 p 的域, $k = k_0((t))$ 为 k_0 上单变量形式幂级数域. k 不是完全域. 若 k_0 是代数闭的, k 是维数 $\leqslant 1$ 的域 (它甚至是 (C_1) 域, 参见 §2.3.2).

令 U 为 $G_a \times G_a$ 中满足等式 $y^p - y = tz^p$ 的元素 (y, z) 组成的子群. 证明: U 是维数为 1 的连通幂幺群, 它在 k 上光滑. 确定 $H^1(k, U)$, 并证明这个群在 $p \neq 2$ 时不会退化为 0. 在特征为 2 时利用等式 $y^2 + y = tz^4$ 证明类似的结果.

§3.2.2 连通线性群的 H^1 为 0

定理 3.2.2 令 k 为域, 下面旳四条性质等价:

(i) 对任何连通线性代数群 L 有 $H^1(k, L) = 0$.

(i') 对任何半单代数群 L 有 $H^1(k, L) = 0$.

(ii) 每个线性代数群 L 包含一个定义在 k 上的 Borel 子群.

(ii') 每个半单线性代数群 L 包含一个定义在 k 上的 Borel 子群.

此外, 这些性质意味 $\dim(k) \leqslant 1$ (参见 §2.3).

(回顾: 我们假定 k 为完全的.)

证明: 我们分阶段进行:

(1) (ii) $\Leftrightarrow$ (ii'). 这是显然的.

(2) (ii') $\Rightarrow \dim(k) \leqslant 1$. 令 D 为除环且中心 k' 是 k 的有限扩张, 满足 $[D : k'] = n^2, n \geqslant 2$. 令 SL_D 为对应的代数 k'-群 (参见 §3.1.4, §3.3.2), 这是个其有理 k'-点可以与 D 中约化范为 1 的元等同的半单群. 令 $L = R_{k'/k}(SL_D)$ 为通过对 SL_D 限制数乘导出的代数 k-群, 就像 Weil 那样做 (参见 [127, 193]). 这个群是半单的且不为 1. 若 (ii') 成立, L 包含不为 1 的幂幺元, 这不可能. 因此的确有 $\dim(k) \leqslant 1$.

(3) (i') $\Rightarrow \dim(k) \leqslant 1$. 令 K 为 k 的有限扩张, L 为代数 K-群. 定义群 $R_{K/k}(L)$ 如上. 这个群的 $\bar{k}$-点构成我们在 §1.5.8 中所说的 $L(\bar{k})$ 的诱导群. 因此我们有

$$H^1(K, L) = H^1(k, R_{K/k}(L)), \quad \text{文献同上.}$$

若 L 半单, 则 $R_{K/k}(L)$ 也如此, 故由假设 (i') 可知 $H^1(K, L) = 0$. 将此考虑应用于群 PGL_n (n 任意), 我们可知 K 的 Brauer 群为 0, 从而 $\dim(k) \leqslant 1$.

(4) 若 R 可解, $\dim(k) \leqslant 1 \Rightarrow H^1(k, R) = 0$. 群 R 是环面通过幂幺群的扩张. 因为后者的上同调群为 0, 我们能简化为 R 是环面的情形, 这种情形在 [153] 的 p.170 中讨论过了.

(5) (i) $\Leftrightarrow$ (i'). 蕴含 (i) $\Rightarrow$ (i') 是显然的. 假设 (i') 正确. 由 (3) 和 (4), 当 R 可解时我们有 $H^1(k, R) = 0$, 从而利用关于 H^1 的正合列得到 (i).

(6) (i') $\Leftrightarrow$ (ii'). 我们要利用下面一般的引理:

引理 3.2.3 令A为代数群, H为A的子群, N为H在A中的正规化子. 令c为$\mathrm{Gal}(K/k)$在$A(\bar{k})$中取值的1-上循环, $x \in H^1(k, A)$为相应的上同调类, $_cA$为用c缠绕A得到的代数群(A通过内自同构作用于自身). 下面的两个条件等价:

(a) x在$H^1(k, N) \to H^1(k, A)$的像中.

(b) 群$_cA$包含定义于k上且(在k的代数闭包$\bar{k}$上)与H共轭的子群H'.

证明: 这是将命题1.5.10应用于N到A的单射的简单结果, 我们只需注意到A/N的点双射地对应于A的与H共轭的子群, 对$_c(A/N)$有类似看法. $\square$

现在回到(i')$\Leftrightarrow$(ii)的证明. 如果(ii)正确, 将引理3.2.3应用于半单群L的一个Borel子群, 我们可见$H^1(k, B) \to H^1(k, L)$是满射. 因为从(2)和(4)有$H^1(k, B) = 0$, 由此得到$H^1(k, L) = 0$. 反过来, 假设(i')正确, 令L为半单的. 我们可以假设L的中心平凡(中心定义为子群概型, 但未必是光滑的), 此时我们称L为伴随群. 由[40], 也可参见[43], 存在L的分裂的形式L_d, 且L可以利用类$x \in H^1(k, \mathrm{Aut}(L_d))$通过取挠(torsion) 从$L_d$ 中导出. 但是群$\mathrm{Aut}(L_d)$的结构已经由Chevalley确定, 它是半直积$E \cdot L_d$, 其中E是同构于相应的Dynkin图的自同构群的有限群. 考虑到假设(i'), 我们可知$H^1(k, \mathrm{Aut}(L_d))$可以与$H^1(k, E)$等同. 然而, E(与$\mathrm{Aut}(L_d)$的子群等同)中元素使L_d 的一个Borel子群不变, 故若用N表示B在$\mathrm{Aut}(L_d)$的正规化子, 我们可见

$$H^1(k, N) \longrightarrow H^1(k, \mathrm{Aut}(L_d))$$

是满射. 应用引理3.2.3, 我们推出L包含一个在k上定义的Borel子群. $\square$

注记:

在k上定义有Borel子群的半单群称为拟分裂的.

定理 3.2.4 若k的特征为0, 定理3.2.2中的四条性质与下面两个结论等价:

(iii) 每个不能退化为单位元群的半单代数群包含不为1的幂幺元.

(iv) 每个非零的半单Lie代数包含非零的幂零元.

证明: (iii)和(iv)的等价性由Lie理论得到. 蕴含(ii')$\Rightarrow$(iii)是显然的; 要证明反向的蕴含, 我们对半单群L的维数进行归纳. 我们可以假设$L \neq 0$. 让我们选取L的在k上定义的极小抛物子群P(参见Godement[63]), 令R为其根. 商群P/R是半单的且没有不等于1的幂幺元; 它的维数比L的小, 因为L至少有一个不为1的幂幺元(Godement[63], 定理9). 由归纳假设, 从而我们有$P = R$, 这就意味P是L的Borel子群. $\square$

§3.2.3 Steinberg定理

这是定理3.2.2的逆:

定理 3.2.5 ([154]的"猜想I") 若k是完全的且$\dim(k) \leqslant 1$, 定理3.2.2的性质(i), ..., (ii')成立. 特别地, 对任何连通线性群L, 我们有$H^1(k, L) = 0$.

这个定理归功于Steinberg[173]. 该结果首先在下面几种特殊情形得到证明:

a) 当k是有限域时(Lang的[104]).

Lang证明了一个更一般的结果: 对任何连通代数(不一定线性)群L有$H^1(k, L) = 0$. 证明依赖于映射$x \mapsto x^{-1} \cdot F(x)$, 其中$F$是$L$的Frobenius自同态, 参见Lang的[104].

b) 当L可解时, 或是经典类型的半单群(D_4型的"平凡性"除外), 参见[154]. 证明用到下面的习题3.2.5.

c) 当k是特征为0的(C_1)-域时(Springer的[170]).

由定理3.2.4, 我们可知只需证明不存在非零的半单Lie代数$\mathfrak{g}$使得其所有元素是半单的, 我们可以假设$\mathfrak{g}$的维数n最小. 令r为$\mathfrak{g}$的秩. 若$x \in \mathfrak{g}$, 其特征多项式$\det(T - \mathrm{ad}(x))$被T^r整除. 令$f_r(x)$为T^r在这个多项式中的系数, 显然f_r是$\mathfrak{g}$上$n - r$次多项式函数. 因为k是(C_1)的, 故存在$\mathfrak{g}$中元$x \neq 0$使得$f_r(x) = 0$. 令$\mathfrak{c}$为x在$\mathfrak{g}$中的中心化子. 由于x半单, $f_r(x) = 0$的事实意味$\dim(\mathfrak{c}) > r$. 因为$x \neq 0$, 我们有$\dim(\mathfrak{c}) < n$. 熟知(参见Bourbaki的[27], §6.5)$\mathfrak{c}$是Abel代数与半单代数的直积. 由归纳假设, 这个群退化为0, 所以$\mathfrak{c}$是交换群, 从而不等式$\dim(\mathfrak{c}) \leq r$, 矛盾.

证明: 定理3.2.5的证明依赖于下个结果, 该结果是通过清楚地构造得到(参见Steinberg的[173], 我们复制了放在附录1):

定理 3.2.6 假设L是拟分裂的单连通半单群(参见§3.2.2), 令C为$L(k_s)$中由正则半单元构成的共轭类. 若C在k上有理(即在G_k的作用下不变), 它包含在k上有理的点.

(这个结论在任何域k上都对: 我们既不需要假设$\dim(k) \leq 1$, 也不需要假设k完全, 参见Borel-Springer的[19], §2.8.6.)

推论 3.2.7 令L为拟分裂的单连通半单群. 对于$H^1(k, L)$中的每个元x, 存在L的极大环面使得x在$H^1(K/k, T) \to H^1(K/k, L)$的像中.

证明: 让我们给出如何从定理3.2.6推出这个推论的梗概:

由Lang的[104], 我们可以假设k是无限域. 令$a = (a_s)$为G_k在$L(k_s)$中表示x的上循环. 群L通过内自同构作用于自身, 因此也作用于它的泛覆盖$\tilde{L}$. 我们能够用a缠绕$L, \tilde{L}$, 我们得到群$_aL, \, _a\tilde{L}$. 令z为$_a\tilde{L}$的k-有理强正则半单元(由于k无限, 这样的元存在). 令C为z在$_a\tilde{L}(k_s) = \tilde{L}(k_s)$中的共轭类, 显然$C$在$G_k$下不变. 由定理3.2.6, 存在$z_0 \in C \bigcap \tilde{L}(k)$. 令$\tilde{T}$为$\tilde{L}$中包含$z_0$的唯一极大环面, T为它在L中的像(这是L的极大环面). z_0的中心化子是$\tilde{T}$. 这说明$\tilde{L}/\tilde{T} = L/T$可以与共轭类$C$等同. 由构造, 用$a$缠绕$\tilde{L}/\tilde{T}$包含一个有理点(即$z$). 所以$_a(L/T)$有有理点. 命题1.5.10说明$a$的类在$H^1(k, T) \to H^1(k, L)$的像中. □

现在我们回到定理3.2.5的证明中. 假设k是完全的且$\dim(k) \leq 1$, 则对所有线性连通交换群A, 我们有$H^1(k, A) = 0$, 参见定理3.2.2的证明. 利用上面的推论3.2.7, 对所有拟分裂的半单群L, 我们有$H^1(k, L) = 0$. 但是, 若M是任意的半单群, 我们将它写成$M = {}_aL$, 其中L是拟分裂的, a是L的伴随群L^{adj}中的上循环. 因为上面已经证明$H^1(k, L^{\mathrm{adj}}) = 0$, 我们有$M \simeq L$, 这说明$m$拟分裂. 从而我们证明了定理3.2.2的(ii′). □

注记:

1) 若假定k为完全的, 定理3.2.5仍然成立, 只要我们限于考虑L是单连通且约化的情形. (Borel-Springer的[19]). 当L为幂么时有反例, 参见习题3.2.3.

2) 当L为(B_n), (C_n), (C_2)型单群(或几乎单的群), 我们在更弱的假设$\dim(k) \leq 1$下能够证明$H^1(k, L)$为0, 为此只需:

94

若char$(k) \neq 2$, cd$_2(G_k) \leqslant 1$;

若char$(k) = 2$, k是完全的.

对于其他型$(A_n), \ldots, (E_8)$有类似的结果, 参见[164]的§4.4.

习题3.2.4 给出完全域k上的椭圆曲线E使得$H^1(k, E) \neq 0$, dim$(k) \leqslant 1$的例子.

习题3.2.5 令K/k为可分二次扩张, L为k上的连通约化群.

(a) 令$x \in H^1(K/k, L)$. 证明: L中存在极大环面使得x在$H^1(K/k, T) \to H^1(K/k, L)$的像中.

(我们可以假定k是无限域. 令σ为Gal(K/k)的非平凡元. 将x表示成上循环(a_s)使得a_σ是$L(K)$的正则半单元, 参见[154]的§3.2. 从而我们有$a_\sigma \cdot \sigma(a_\sigma) = 1$, 这说明包含$a_\sigma$的极大环面在$k$上定义. 这个环面$T$符合要求.)

(b) 假设k是完全的且特征为2. 证明: $H^1(K/k, L) = 0$. (利用(a)简化为L是环面的情形. 注意映射$z \mapsto z^2$这时是$L(K)$到自身的双射.)

(c) 利用(a)和(b)说明正文中的注记2)的正确性.

习题3.2.6 令$\mathfrak{g}$为特征为0的域k上的单Lie代数, n, r分别为$\mathfrak{g}$的维数和秩. 熟知(参见Kostant[97])$\mathfrak{g}$中幂零元的集合$\mathfrak{g}_u$是r个次数分别为$m_1, \ldots, m_r$且满足

$$m_1 + \cdots + m_r = \frac{n+r}{2}$$

的齐次多项式$I_1, \ldots, I_r$的公共零点. 利用这个结果重新得到事实: 若域k是(C_1)的, $\mathfrak{g}_u \neq 0$.

§3.2.4 齐次空间的有理点

前面几节的结果是关于第一个上同调集合H^1的, 即主齐次空间的. 下面归功于Springer的定理使我们从这里过渡到任意的齐次空间.

定理 3.2.8 假设k是完全域且维数$\leqslant 1$. 令A为代数群, X为A上(右)齐次空间, 则存在A上的主齐次空间P和A-同态$\pi : P \to X$. (当然, 假定A, X, P, π在k上定义.)

在给出证明之前, 我们列出从这个定理得到的一些结果(总是假定k完全且维数$\leqslant 1$):

推论 3.2.9 若$H^1(k, A) = 0$, 则A上的每个齐次空间有有理点.

证明: 事实上, 主齐次空间P是平凡的, 因此由一个有理点p, p在π下的像是X的有理点. □

这个结果可应用于A线性且连通的情形, 参见定理3.2.5.

推论 3.2.10 令$f : A \to A'$为代数群的满同态, 对应的映射

$$H^1(k, A) \longrightarrow H^1(k, A')$$

是满射.

证明: 令$x' \in H^1(k, A')$, P'为A'上对应x'的主齐次空间. 让A通过f作用于P', 我们给出P'一个齐次A-空间的结构. 由定理3.2.8可知存在A上的主齐次空间和A-同态$\pi : P \to P'$. 令$x \in H^1(k, A)$为P的类, 显然x在$H^1(k, A')$中的像等于x'. □

推论 3.2.11 令L为k上的线性代数群, L_0为它的单位元分支, 则典型映射

$$H^1(k, L) \longrightarrow H^1(k, L/L_0)$$

是双射.

证明: 推论3.2.10说明这个映射是满射. 另一方面, 令c为$\mathrm{Gal}(\bar{k}/k)$的在$L(\bar{k})$中取值的1-上循环, $_cL_0$为由c缠绕L_0得到的群(这是有意义的, 因为L通过内自同构作用于L_0). 因为群$_cL_0$连通线性, 由定理3.2.5得到$H^1(k, {}_cL_0) = 0$. 应用非Abel上同调的正合列(参见推论1.5.14), 我们推出$H^1(k, L) \to H^1(k, L/L_0)$是单射. $\qquad\square$

(因此线性群的上同调可以简化为有限群的上同调, 当然要假设$\dim(k) \leqslant 1$.)

定理3.2.8的证明: 让我们选取点$x \in X(\bar{k})$. 对任何$s \in \mathrm{Gal}(\bar{k}/k)$, 我们有${}^sx \in X(\bar{k})$, 从而存在$a_s \in A(\bar{k})$使得${}^sx = x \cdot a_s$. 我们可以假设$(a_s)$连续地依赖于$s$, 即它是群$\mathrm{Gal}(\bar{k}/k)$的在$A(\bar{k})$中取值的1-上链. 要是$(a_s)$为上循环, 我们就能找到$A$上的主齐次空间$P$和点$p \in P(\bar{k})$使得${}^sp = p \cdot a_s$. 如果令$\pi(p \cdot a) = x \cdot a$, 则我们就能定义满足所需条件的$A$-同态$\pi : P \to X$. 所以, 我们被引向证明下面的命题:

命题 3.2.12 在上面的假设下, 我们可以选取1-上链(a_s)使得它是上循环.

让我们考虑由A(在$\bar{k}$上定义)的子代数群H和$\mathrm{Gal}(\bar{k}/k)$的在$A(\bar{k})$中取值的连续1-上链(a_s)组成的系统$\{H, (a_s)\}$, 这两种数据满足下面的公理:

(1) $x \cdot H = x$(H包含于x的稳定化子中);

(2) ${}^sx = x \cdot a_s, \forall s \in \mathrm{Gal}(\bar{k}/k)$;

(3) 对任何一组$s, t \in \mathrm{Gal}(\bar{k}/k)$, 存在$h_{s,t} \in H(\bar{k})$使得

$$a_s \cdot {}^sa_t = h_{s,t} \cdot a_{st};$$

(4) $a_s \cdot {}^sH \cdot a_s^{-1} = H, \forall s \in \mathrm{Gal}(\bar{k}/k)$.

引理 3.2.13 至少存在一个这样的系统$\{H, (a_s)\}$.

证明: 我们取H为x的稳定化子, 取某个满足(2)的上链作为(a_s). 因为$x \cdot a_s{}^sa_t = {}^{st}x = x \cdot a_{st}$, 我们推出存在$h_{s,t} \in H(\bar{k})$使得$a_s{}^sa_t = h_{s,t}a_{st}$, 由此得到(3). 性质(4)显然成立. $\qquad\square$

我们现在选取系统$\{H, (a_s)\}$使得H极小. 由于(3)说明(a_s)是上循环, 所有事情归结于证明H约化为单位元.

引理 3.2.14 若H极小, H的单位元分支是可解群.

证明: 令L为H_0的最大连通线性子群. 由Chevalley的一个定理, L在H_0中正规, H_0/L是Abel簇. 令B为L的Borel子群, N为它在H中的正规化子. 我们将证明$N = H$. 这就意味B在L中正规, 故等于L, 且H_0为可解群(它是Abel簇通过B的扩张).

取$s \in \mathrm{Gal}(\bar{k}/k)$. 显然${}^sB$是${}^sL$的Borel子群, 后者是${}^sH_0$的最大连通线性子群. 我们推出$a_s{}^sBa_s^{-1}$是$a_s{}^sLa_s^{-1}$的Borel子群, 后者等于$L$(因为它是$a_s{}^sH_0a_s^{-1} = H_0$的最大连通线性子群). 因为Borel子群互为共轭, 存在$h_s \in L$使得$h_sa_s{}^sBa_s^{-1}h_s^{-1} = B$. 显然我们可以妥善安排让$h_s$连续地依赖于$s$. 让我们现在令$a_s' = h_sa_s$. 可验证系统$\{N, (a_s')\}$满足公理(1), (2), (3)和(4): 关于(1)和(2)是显然的; 对于(3), 由公式

96

$$a_s'{}^s a_t' = h_{s,t}' a_{st}'$$

定义$h_{s,t}'$. 通过简短计算得到

$$h_s \cdot a_s{}^s h_t a_s^{-1} \cdot h_{s,t} = h_{s,t}' \cdot h_{st}.$$

因为$a_s{}^s h_t a_s^{-1} \in a_s{}^s H a_s^{-1} = H$, 这个公式说明$h_{s,t}' \in H$. 此外, 我们有$a_s'{}^s B a_s'^{-1} = B$. 由此得到由$a_{st}', a_s'{}^s a_t'$ 定义的内自同构都将${}^{st}B$变为B, 所以它们的商$h_{s,t}'$定义的内自同构将B变为自身, 这说明$h_{s,t}'$是N的一个元, 从而证明了(3). 最后, 因为a_s'定义的内自同构将${}^s B$变为B, 它也将${}^s N$变为N, (4)得证.

因为H极小, 我们有$N = H$, 这就证明了本引理. $\qquad\square$

引理 3.2.15 若H极小, 则H可解.

证明: 利用引理3.2.14, 只需证明H/H_0可解. 令P为H/H_0的Sylow子群, B为它在H中的原像, N为它的正规化子. 上个引理的证明方法可以应用于N(用Sylow子群的共轭替代Borel子群的共轭), 我们得到$N = H$. 从而H/H_0的每个Sylow子群正规, 所以H/H_0是其Sylow子群的直积, 故为幂零群, 更是可解群. $\qquad\square$

引理 3.2.16 若$\dim(k) \leqslant 1$且H极小, 则H等于其换位子群.

证明: 令H'为H的换位子群. 我们首先让$\mathrm{Gal}(\bar{k}/k)$作用于H/H'. 为此, 若$h \in H$, $s \in \mathrm{Gal}(\bar{k}/k)$, 设

$$^s h = a_s{}^s h a_s^{-1}.$$

公理(4)说明${}^s h \in H$, 且若$h \in H'$, ${}^s h \in H'$. 过渡到商群, 我们用这种方式得到H/H'的自同构$y \mapsto {}^s y$. 利用公式(3), 我们可知${}^{st} y = {}^s({}^{t'} y)$, 这就意味$H/H'$是$\mathrm{Gal}(\bar{k}/k)$-群.

令$\bar{h}_{s,t}$为$h_{s,t}$在H/H'中的像, 它是2-上循环. 这一点可以由等式

$$a_{st}{}^s a_t^{-1} a_s^{-1} \cdot a_s{}^s a_t{}^{st} a_u a_{tu}^{-1} a_s^{-1} \cdot a_s{}^s a_{tu} a_{stu}^{-1} \cdot a_{stu}{}^{st} a_u^{-1} a_{st}^{-1} = 1$$

得到; 将该等式过渡到H/H'上给出

$$\bar{h}_{s,t}^{-1} \cdot {}^s \bar{h}_{t,u} \cdot \bar{h}_{s,tu} \cdot \bar{h}_{st,u}^{-1} = 1.$$

但是, 交换代数群的结构说明$H/H'(\bar{k})$有商群是挠的或可除的合成列. 因为$\dim(k) \leqslant 1$, 我们有$H^2(\mathrm{Gal}(\bar{k}/k, H/H'(\bar{k})) = 0$, 参见§1.3.1. 所以上循环$(\bar{h}_{s,t})$是上边缘, 故存在取值于$H(\bar{k})$的1-上链$(h_s)$使得

$$h_{s,t} = h_s^{-1} \cdot {}^s h_t^{-1} \cdot h_{s,t}' \cdot h_{st}, \quad h_{s,t}' \in H'(\bar{k}).$$

我们有

$$^s h_t^{-1} = a_s{}^s h_t^{-1} a_s^{-1} \equiv h_s a_s{}^s h_t^{-1} a_s^{-1} h_s^{-1} \bmod H'(\bar{k}).$$

如有必要, 修改$h_{s,t}'$, 我们可以写成

$$h_{s,t} = h_s^{-1} \cdot h_s a_s{}^s h_t^{-1} a_s^{-1} h_s^{-1} \cdot h_{s,t}' \cdot h_{st}.$$

令$a_s' = h_s a_s$, 上述公式变为

$$a_s'{}^s a_t' = h_{s,t}' a_{st}'.$$

这样, 系统$\{H', (a'_s)\}$满足公理(1), (2), (3). 公理(4)容易验证. 因为H极小, 我们推出$H = H'$. □

完成证明:

若$\{H, (a_s)\}$是极小系统, 引理3.2.15和3.2.16说明$H = \{1\}$, 因此(a_s)是上循环, 这就证明了命题3.2.12, 从而也随即证明了定理3.2.8. □

习题3.2.7 利用引理3.2.16证明中的记号, 证明: H/H'上存在代数k-群结构使得$H/H'(\bar{k})$上相应的$\mathrm{Gal}(\bar{k}/k)$-模结构是文中定义的那样.

习题3.2.8 证明: 如果我们将假设

$$\dim(k) \leqslant 1$$

替换成如下假设: X中一点的稳定化子是幂幺线性群, 定理3.2.8仍然正确. (利用事实: 对任何幂幺交换群H有$H^2(k, H) = 0$.)

习题3.2.9 假设$\dim(k) \leqslant 1$且$\mathrm{char}(k) = p \neq 2$. 令$f$为$n \geqslant 2$个变量的非退化二次型. 利用定理3.2.8证明: 对任何常数$c \neq 0$, 方程$f(x) = c$在k中有解. (注意这个方程的解系是群$\mathrm{SO}(f)$的齐次空间, 它是连通的.) 只利用假设$\mathrm{cd}_2(G_k) \leqslant 1$直接证明重新得到这个结果.

§3.3 维数$\leqslant 2$的域

§3.3.1 猜想II

令L为半单群, T是L的极大环面. T的特征群$X(T)$是对应的根系的权群的有限指标子群. 若这两个群相等, L称为单连通的(参见, 例如[133]的2.1.13).

猜想II 令k为完全域使得$\mathrm{cd}(G_k) \leqslant 2$, L为单连通半单群, 则$H^1(k, L) = 0$.

这个猜想已经在许多特殊情形得到证明:

a) k是p-进域时, 参见Kneser的[94].

b) 更一般地, k是关于一个离散赋值完备, 其剩余类域完全且维数$\leqslant 1$的域时, 参见Bruhat-Tits的[30]和[31]的III.

c) 设k是全虚的数域, L为经典型时见于Kneser的[95], L为D_4, G_2, F_4, E_6, E_7型时见于Harder的[75], L为E_8型时见于Chernousov的[39].

d) 若L是内在型A_n时, 见于Merkurjev-Suslin, 参见§3.3.2.

e) 更一般地, L为经典型时(除了平凡的D_4型), 见于Bayer-Parimala的[10].

f) L是G_2或F_4型时, 可例如参见[164].

注记:

1) 在猜想II的结论中, 对于特征$p > 0$的域k, 应该能够将假设"k完全"改为"$[k : k^p] \leqslant p$(更弱的假设实际上也应该够用, 参见[164]).

例如, 该猜想应该使用于所有维数$\leqslant 1$的完全域k_0的1次超越扩张上(由Harder的[76]的III, 这个结论至少在k_0有限时成立.)

2) 任何半单群L_0能唯一地写成$L_0 = L/C$, 其中L是单连通的, C为L的中心的有限子群. 若假设C光滑, 我们可以将它与一个Galois G_k-模等同, 并且得到边缘映射(参见§1.5.7)

$$\Delta : H^1(k, L_0) \longrightarrow H^2(k, C).$$

若猜想II适用于k, 这个映射是单射(推论1.5.24), 这就使$H^1(k, L_0)$等同于群$H^2(k, C)$的一个子集(注意: 这个子集并非总是子群, 参见习题3.3.1).

§3.3.2 例子

a) 群SL_D

令D为k上有限秩的中心单代数, 则$[D : k] = n^2$, 其中$n \geqslant 1$为整数(有时候称之为D的次数). 令$\mathrm{G}_{\mathrm{m}/D}$为代数$k$-群使得对$k$的每个扩张$k'$有$\mathrm{G}_{\mathrm{m}/D}(k') = (k' \otimes_k D)^*$. 约化范Nrd定义满态射

$$\mathrm{Nrd} : \mathrm{G}_{\mathrm{m}/D} \longrightarrow \mathrm{G}_{\mathrm{m}}.$$

令SL_D为Nrd的核, 它是群SL_n的k-形式(称为"内"形式), 参见§3.1.4, 因此这是个单连通的半单群. 其上同调可以通过正合列

$$H^0(k, \mathrm{G}_{\mathrm{m}/D}) \longrightarrow H^0(k, \mathrm{G}_{\mathrm{m}}) \longrightarrow H^1(k, \mathrm{SL}_D) \longrightarrow H^1(k, \mathrm{G}_{\mathrm{m}/D})$$

得到.

左边的两个群分别等于D^*, k^*. 容易证明(用关于GL_n同样的推理)$H^1(k, \mathrm{G}_{\mathrm{m}/D}) = 0$. 我们由此推得双射

$$k^* / \mathrm{Nrd}(D^*) \simeq H^1(k, \mathrm{SL}_D).$$

特别地, $H^1(k, \mathrm{SL}_D) = 0$当且仅当$\mathrm{Nrd} : D^* \to k^*$是满射.

由Merkurjev-Suslin的结果(参见定理2.4.9), 这个结果在k完全且$\mathrm{cd}(G_k) \leqslant 2$时正确(定理2.4.9的结论中假设$D$是除环, 但一般的情形容易归结于这种情形). 因此猜想II对于SL_D成立.

注记:

定理2.4.9也给出了猜想II的逆: 若k是对所有单连通半单群L有$H^1(k, L)$的域, 则$\mathrm{cd}(G_k) \leqslant 2$.

b) 群Spin_n

我们假设k的特征不等于2.

令q为秩为n的非退化二次型, SO_q为相应的特殊正交群. 它是连通的半单群(若$n \geqslant 3$, 下面我们对此假设成立), 其泛覆盖是旋量群Spin_q. 我们有正合列

$$1 \longrightarrow \mu_2 \longrightarrow \mathrm{Spin}_q \longrightarrow \mathrm{SO}_q \longrightarrow 1, \quad \mu_2 = \{\pm 1\}.$$

由§1.5.7中结果, 这就给出上同调正合列

$$\mathrm{Spin}_q(k) \longrightarrow \mathrm{SO}_q(k) \xrightarrow{\delta} k^*/k^{*2} \longrightarrow H^1(k, \mathrm{Spin}_q) \longrightarrow H^1(k, \mathrm{SO}_q) \xrightarrow{\Delta} \mathrm{Br}_2(k),$$

因为$H^1(k, \mu_2) = k^*/k^{*2}, H^2(k, \mu_2) = \mathrm{Br}_2(k)$, 参见§2.1.2. 同态

$$\delta : \mathrm{SO}_q(k) \longrightarrow k^*/k^{*2}$$

是旋量范([26], §9.9). 映射

$$\Delta : H^1(k, \mathrm{SO}_q) \longrightarrow \mathrm{Br}_2(k)$$

与Hasse-Witt不变量w_2的关系由下面的公式给出:

若$x \in H^2(k, \mathrm{SO}_q)$, q_x表示用x缠绕q得到的二次型, 则$\Delta(x) = w_2(q_x) - w_2(q)$, 参见Springer的[168], 也可见附录5的2.2.

注意$H^1(k, \mathrm{SO}_q)$可以与秩为n且与q有相同的判别式(在k^*/k^{*2}中)的二次型的类的集合等同. 考虑到上面的上同调正合列, 我们得到:

$H^1(k, \mathrm{Spin}_q) = 0$的充要条件是下面两个条件满足:

(i) 旋量范$\delta : \mathrm{SO}_q(k) \to k^*/k^{*2}$是满射.

(ii) 每个秩为n且与q有相同的判别式和Hasse-Witt不变量的二次型与q同构.

由Merkurjev-Suslin定理, 若$\mathrm{cd}_2(G_k) \leqslant 2$, 这些条件满足(参见Bayer-Parimala的[10], 也可见习题2.4.4). 因此猜想II对Spin_q正确.

习题3.3.1 取$n = 3$, 选取q为标准二次型$X^2 - YZ$.

(a) 证明: $\Delta : H^1(k, \mathrm{SO}_q) \to \mathrm{Br}_2(k)$的像由$\mathrm{Br}_2(k) = H^2(k, \mathbb{Z}/2\mathbb{Z})$的可分解元, 即那些形如$H^1(k, \mathbb{Z}/2\mathbb{Z})$中两个元的上积组成.

(b) 由此以及Merkurjev的[118]推出: 存在特征为0且满足$\mathrm{cd}(G_k) = 2$的域k使得Δ的像不是$\mathrm{Br}_2(k)$的子群.

§3.4 有限性定理

§3.4.1 条件(F)

命题 3.4.1 令G为射有限群, 则下面的三个条件等价:

(a) 对于每个整数n, 群G只有有限个指标为n的开子群.

(a$'$) 结论如(a), 但限制到了开正规子群.

(b) 对每个有限G-群A(参见§1.5.1), $H^1(G, A)$是有限集.

证明: 若H是G的指标为n的开子群, H的共轭的交H'是G的指标$\leqslant n!$的正规开子群(事实上, 商群G/H'同构于G/H的置换群的子群). 这说明(a)和(a')等价.

让我们说明(a)$\Rightarrow$(b). 令n为有限群A的阶, H为G的在A上作用平凡的开正规子群. 由(a), H的指标$\leqslant n$的开子群只有有限个, 它们的交集H'是G的开正规子群. 每个连续同态$f : H \to A$在H'上平凡. 这说明合成映射

$$H^1(G, A) \longrightarrow H^1(H, A) \longrightarrow H^1(H', A)$$

是平凡的. 这意味(参见§1.5.8中的正合列)$H^1(G, A)$可以与$H^1(G/H', A)$等同, 后者显然是有限的.

让我们说明(b)$\Rightarrow$(a). 我们需要证明: 对每个整数n, 群G只有有限个到n个字母上的对称群S_n的同态. 由此即得$H^1(G, S_n)$的有限性, 其中G平凡作用于S_n. □

满足命题3.4.1中条件的射有限群称为"(F)型"的.

命题 3.4.2 每个能被有限个元拓扑生成的射有限群G是(F)型的.

证明: 事实上, G到给定的有限群的同态的个数显然是有限的(因为这些同态由G的拓扑生成元上的取值确定). □

推论 3.4.3 射p-群是(F)型的充要条件是它的秩有限.

证明: 这个结论由上面的两个命题以及命题1.4.14得到. □

习题3.4.1 令G为(F)型的射有限群, $f: G \to G$为G到自身的满同态. 证明f是同构. (令X_n为G的有给定指标n的开子群的集合. 若$H \in X_n$, 我们有$f^{-1}(H) \in X_n$, 如此f定义了单射$f_n : X_n \to X_n$. 因为X_n有限, f_n是双射. 从而f的核N包含在G的每个子群中, 故退化为{1}.)

习题3.4.2 令Γ为离散群, $\hat{\Gamma}$为相关的射有限群(§1.1.1). 假设:

(a) 典型映射$\Gamma \to \hat{\Gamma}$是单射.

(b) $\hat{\Gamma}$是(F)型的.

证明: (1) Γ是Hopf的, 即Γ的每个满的自同态是同构(将上个习题应用于$\hat{\Gamma}$).

(2) $\mathrm{GL}_n(\mathbb{C})$的有限生成子群满足(a)和(b). (特别地, 该结论适用于算术群.)

习题3.4.3 令$(N_p), p = 2, 3, 5, \ldots$为以素数作指标的无界非负整数族. 令$G_p$为群$\mathbb{Z}_p$的$N_p$次幂, G为这些G_p的直积. 证明: G是(F)型的, 尽管它不能由有限个元素拓扑生成.

§3.4.2 (F)型的域

令k为域. 我们说k是(F)型的, 若F完全且Galois群$\mathrm{Gal}(\bar{k}/k)$是上面定义的(F)型的. 最后的条件相当于说: 对所有整数n, $\bar{k}$只有有限个k上的n次子扩张(或Galois子扩张).

(F)型域的例子:

a) 实数域$\mathbb{R}$.

b) 有限域. (事实上, 这样的域对于给定次数的扩张是唯一的, 而且其Galois群是$\hat{\mathbb{Z}}$, 从而能由一个元拓扑生成.)

c) 特征为0的代数闭域C上的单变量形式幂级数域$C((T))$. (推理与上例相同, 用到事实: $C((T))$的有限扩张只有域$C((T^{1/n}))$(Puiseux定理, 参见[153], p.76.)

d) p-进域(即$\mathbb{Q}_p$的有限扩张). 这是熟知的结果. 例如, 我们能够证明如下: k的每个有限扩张可以先作非分歧扩张, 然后作全分歧扩张得到. 因为只有一个给定次数的非分歧扩张, 我们回到全分歧的情形. 但是这一扩张由Eisenstein方程$T^n + a_1 T^{n-1} + \cdots + a_n = 0$给出, 其中$a_i$在$k$的整数环的极大理想中, a_n是单值化元. 这些方程的全体关于点态收敛拓扑是紧空间. 而且, 熟知两个距离足够近的方程定义同构的扩张(这是Krasner引理的结果, 例如参见[153]的p.40, 习题1, 2). 所以有限性成立.

事实上我们有精确得多的结果:

i) Krasner[99]确切地计算出了p-进域的n次扩张的个数.

如果我们对每个扩张赋以某个权来计数, 这一结果可以更简单地陈述(并证明)[160]. 说得更准确些, 若k'是k的n次全分歧扩张, k'/k的判别式的指数可以写成$n - 1 + c(k')$的形式, 其中$c(k') \geqslant 0$(对应"野"分支)是整数. 如果我们通过公式

$$w(k') = q^{-c(k')}$$

定义k'的权$w(k')$, 其中q为k的剩余类域的元的个数, 我们有下面的质量公式(参见[160]的定理1):

$$\sum_{k'} w(k') = n,$$

其中k'过k的所有含于$\bar{k}$的n次全分歧扩张.

ii) Iwasawa[84]已经证明群$\mathrm{Gal}(\bar{k}/k)$能够被有限个元生成(该结果没有清楚地陈述出来, 但由[84]中p.468的定理3容易得出).

习题3.4.4 令k为完全域. 假设对于每个整数$n \geqslant 1$和k的每个有限扩张K, 商群K^*/K^{*n}有限. 证明: k只有有限个给定次数与k的特征互素的可解Galois 扩张. 将该结果应用于p-进情形.

§3.4.3 线性群的上同调的有限性

定理 3.4.4 令k为(F)型的域, L为k上的线性代数群, 则$H^1(k, L)$为有限集.

证明: 我们分阶段进行证明:

(i) 群L有限(即维数为0).

这时L的在$\bar{k}$上的有理点集$L(\bar{k})$是有限$\mathrm{Gal}(\bar{k}/k)$-群, 从而可以应用命题3.4.1. 因此得到

$$H^1(k, L) = H^1(\mathrm{Gal}(\bar{k}/k), L(\bar{k}))$$

的有限性.

(ii) 群L是连通可解的.

应用推论1.5.15, 我们可以简化为L幂零或环面的情形. 在第一种情形, 我们有$H^1(k, L) = 0$, 参见命题3.2.1. 现在假设L是环面. 存在有限个Galois扩张k'/k使得L与若干乘群$\mathbf{G}_m$的直积是k'-同构的. 因为$H^1(k', \mathbf{G}_m) = 0$, 我们有$H^1(k', L) = 0$, 从而$H^1(k, L)$可以等同于$H^1(k'/k, L)$. 特别地, 若$n = [k' : k]$, 我们有$nx = 0, \forall x \in H^1(k, L)$. 现在考虑正合列

$$0 \longrightarrow L_n \longrightarrow L \overset{n}{\longrightarrow} L \longrightarrow 0$$

以及与之相关的上同调正合列. 我们可知$H^1(k, L_n)$映到$H^1(k, L) \overset{n}{\to} H^1(k, L)$的核之上, 后者为$H^1(k, L)$. 因为$L_n$有限, 情形(i)说明$H^1(k, L_n)$有限, 故$H^1(k, L)$同样有限.

(iii) 一般情形.

我们要利用下面归功于Springer的结果:

引理 3.4.5 令C为线性群L的Cartan子群, N为C在L中的正规化子, 则典型映射$H^1(k, N) \to H^1(k, L)$是满射. (这个结果对所有完全域k成立.)

证明: 令$x \in H^1(k, L)$, c为表示x的上循环, $_cL$为用c缠绕L得到的群. 由Rosenlicht 定理([140], 也可见[16]的定理18.2), $_cL$有定义在k上的Cartan子群C'. 若我们将基域延拓到$\bar{k}$, 群C, C'就共轭了. 由引理3.2.3 可知x在$H^1(k, N) \to H^1(k, L)$的像中, 引理得证. □

让我们现在回到定理3.4.4的证明. 假设C是L的定义在k上的Cartan子群, N为它的正规化子. 由上个引理, 只需证明$H^1(k, N)$有限. 但是因商群N/C有限, 由(i), $H^1(k, N/C)$有限. 又因为对在N中取值的任何上循环c, 缠绕群$_cC$连通可解, 由(ii), $H^1(k, {}_cC)$有限. 故利用推论1.5.15可知$H^1(k, N)$有限. □

102

推论 3.4.6 令k为(F)型的域.

a) 在k上定义的半单群的k-形式的个数有限(同构意义下).

b) 对(V, x)的k-形式也成立, 其中V是向量空间, x为张量, 参见§3.1.1.

证明: 由两种情形中给定对象的自同构群是线性代数群的事实得到结论. $\square$

注记:

1) 若k是特征为0和(F)型的域, 我们能够证明任何线性代数群的k-形式只有有限个. 鉴于此, 有必要将定理3.4.4推广到某些非代数群上, 即那些由"算术"离散群经过线性群扩张到的群, 关于更多细节, 参见Borel-Serre的[18]的§6.

2) 令k_0为有限域, $k = k_0((T))$. 定理3.4.4不适用于k(就因为k不完全, 而且在p是k的特征时, 我们可以证明$H^1(k, \mathbb{Z}/p\mathbb{Z})$是无限的). 但是在$L$连通且简化时, 我们能够证明$H^1(k, L)$有限.

证明: 证明梗概(仿效J.Tits): 设$\tilde{k} = \bar{k}_0((t))$, 则$\dim(\tilde{k}) \leqslant 1$. 由Borel-Springer的结果([19], §8.6), 这意味$H^1(k, L) = 0$, 参见§2.3. 因此我们有$H^1(k, L) = H^1(\tilde{k}/k, L)$. 但是Bruhat-Tits理论([20], §3.3.12)证明了$H^1(\tilde{k}/k, L)$可以嵌入有限个形如$H^1(k_0, L_i)$的上同调集的并中, 其中L_i是剩余类域k_0上的线性代数群(不一定连通). 将定理3.4.4应用于k_0上, 每个$H^1(k_0, L_i)$有限, 从而$H^1(\tilde{k}/k, L)$同样有限. $\square$

§3.4.4 轨道的有限性

定理 3.4.7 令k为(F)型的域, G为在k上定义的代数群, V为齐次空间, 则$V(K)$模$G(K)$定义的等价类的商集有限.

证明: 空间V是G的单位元分支的轨道的有限并, 这就使我们简化为G是单连通的情形. 若$V(k) = \varnothing$, 则没什么可证的. 否则, 令$v \in V(k)$, H为v的稳定化子. 典型映射$G/H \to V$定义了$(G/H)(k)$到$V(k)$的双射. 由推论1.5.7, $(G/H)(k)$模$G(k)$的商群可以与典型映射$\alpha : H^1(k, H) \to H^1(k, G)$的核等同. 因此只需证明这个映射是本征的, 即$\alpha^{-1}$将有限集映为有限集.

令L为G的最大连通线性群, $M = L \bigcap H, A = G/L, B = H/M$. 由Chevalley定理, A是Abel簇, B可以嵌入A. 我们有交换图

$$
\begin{array}{ccc}
H^1(k, H) & \xrightarrow{\alpha} & H^1(k, G) \\
\downarrow{\gamma} & & \downarrow{\beta} \\
H^1(k, B) & \xrightarrow{\delta} & H^1(k, A).
\end{array}
$$

因为M是线性群, 定理3.4.4连同命题1.5.12说明γ是本征的. 由Abel簇的"完全可约性", 存在与B同维数的Abel簇B'和同态$A \to B'$使得合成映射$B \to A \to B'$是满射. 此外, B'和$A \to B'$能在k上定义. 因为$B \to B'$的核有限, 上面的推理说明映射$H^1(k, B) \to H^1(k, A) \to H^1(k, B')$是本征的. 由此得到$\delta$是本征的, 从而$\delta \circ \gamma = \beta \circ \alpha$也是本征的, 由此得到$\alpha$是本征的. $\square$

推论 3.4.8 令k为(F)型的域, G为定义在k上的线性代数群, G的定义在k上的极大环面(或Cartan子群)构成类(用$G(k)$中的元作共轭)的有限集.

证明: 令T是G的在k上定义的极大环面或Cartan子群(若不存在, 则没什么可证的), H为它在G中的正规化子. 因为所有的极大环面或Cartan子群在$\bar{k}$上共轭, 它们双射的对应于G/H的齐次空间的点, 那些在k上定义的点对应G/H的k-有理点. 由定理3.4.7, 可以将它们分为有限个$G(k)$-轨道, 从而我们要证的结果成立.   □

推论 3.4.9 令k为特征为0的(F)型的域, G为定义在k上的半单群, 则$G(k)$的幂幺元构成类的有限集.

证明: 证明与上个推论的相同, 用到(Kostant的[97]证明的)事实: $G(\bar{k})$的幂幺元构成共轭类的有限集.   □

下面的习题中k为(F)型的域.

习题3.4.5 令$f : G \to G'$为代数群的同态. 假设f的核是线性群. 证明: 相应的映射$H^1(k, G) \to H^1(k, G')$是本征的.

习题3.4.6 令G是代数群, K为k的有限扩张, 证明: 映射$H^1(k, G) \to H^1(K, G)$是本征的. (将上个习题应用于群$G' = R_{K/k}(G)$.)

§3.4.5 $k = \mathbb{R}$的情形

前几节的结果当然适用于域$\mathbb{R}$, 其中一些结果甚至用拓扑的方法可以更简单地推导出来. 例如定理3.4.7能从事实(由Whitney证明): 任何时代群簇只有有限个连通分支得到.

我们将看到, 对于有些群, 我们可以走得更远并确定H^1.

让我们从紧Lie群K开始. 令R为由K的(复)矩阵表示的系数的线性组合得到的K上连续函数的代数. 若R_0表示R的由实值函数组成的子代数, 则$R = R_0 \otimes_{\mathbb{R}} \mathbb{C}$. 熟知(例如参见Chevalley的[40], §6)R_0是代数$\mathbb{R}$-群L的仿射代数. L的实数点群$L(\mathbb{R})$可以与K等同, 群$L(\mathbb{C})$称为K的复化. Galois群$\mathfrak{g} = \mathrm{Gal}(\mathbb{C}/\mathbb{R})$作用于$L(\mathbb{C})$.

定理 3.4.10 典型映射$\varepsilon : H^1(\mathfrak{g}, K) \to H^1(\mathfrak{g}, L(\mathbb{C}))$是双射. (因为$\mathfrak{g}$在$K$上作用平凡, $H^1(\mathfrak{g}, K)$是满足$x^2 = 1$的元x在K中的共轭类的集合.)

证明: 群$\mathfrak{g}$在$L(\mathbb{C})$的Lie代数上作用, 不变元构成K的Lie代数$\mathfrak{k}$, 反变元构成$\mathfrak{k}$的补集$\mathfrak{p}$. 指数函数定义$\mathfrak{p}$到$L(\mathbb{C})$的闭子簇P的实解析同构. 显然对所有$x \in K$有$xpx^{-1} = \mathfrak{p}$. 而且(见Chevalley, 文献同上)任何元$x \in L(\mathbb{C})$ 能唯一地写成$x = xp, x \in K, p \in P$的形式.

回顾了这些结果, 让我们证明ε是满射. $\mathfrak{g}$在$L(\mathbb{C})$中的1-上循环可以与满足$z\bar{z} = 1$ 的元素$z \in L(\mathbb{C})$等同. 如果将z写成$xp, x \in K, p \in P$的形式, 我们发现$xpxp^{-1} = 1$(因为$\bar{p} = p^{-1}$), 由此得到$p = x^2 \cdot x^{-1}px$. 但是$x^{-1}px \in P$, $L(\mathbb{C}) = K \cdot P$的分解唯一性说明$x^2 = 1, x^{-1}px = p$. 若$P_x$为$P$中与$x$交换的元素的集合, 容易验证$P_x$是$\mathfrak{p}$的某个向量子空间指数. 因此我们可以将$p$写成$p = q^2, q \in P_x$. 我们得到$z = qxq$, 又因为$\bar{q} = q^{-1}$, 可知上循环$z$与在$K$中取值的上循环$x$是上同调的.

现在我们证明$H^1(\mathfrak{g}, K) \to H^1(\mathfrak{g}, L(\mathbb{C}))$是单射. 令$x, x' \in K$是满足$x^2 = x'^2 = 1$的两个元, 并且假设它们在$L(\mathbb{C})$中是上同调的, 即存在$z \in L(\mathbb{C})$ 使得$x' = z^{-1}x\bar{z}$. 将z写成$z = yp, y \in K, p \in P$. 我们有

$$x' = p^{-1}y^{-1}xyp^{-1}, \text{从而} x' \cdot x'^{-1}px' = y^{-1}xy \cdot p^{-1}.$$

104

再次利用$L(\mathbb{C}) = K \cdot P$的分解唯一性，我们可知$x' = y^{-1}xy$，这就意味$x, x'$在$K$中共轭，证毕。 □

例子：

(a) 假设K是连通的，T是其极大环面之一。令T_2为满足$t^2 = 1$的元$t \in T$的集合。我们知道每个满足$x^2 = 1$的元$x \in K$与某个元$t \in T_2$共轭，而且T_2中的两个元t, t'在K中共轭当且仅当它们在K的Weyl群的同一轨道。因此由定理3.4.10得到$H^1(\mathbb{R}, L) = H^1(\mathfrak{g}, L(\mathbb{C}))$可以与商集$T_2/W$等同。

(b) 取K为紧半单连通群S的自同构群。令A, L分别为与K, S相关的代数群。熟知A是L的自同构群。这样，$H^1(\mathbb{R}, A)$中的元对应群L的实形式，定理3.4.10用S的"对合"的共轭类的语言给出这些形式的分类(Elie Cartan的一个结果)。

§3.4.6 代数数域(Borel定理)

令k为代数数域，显然k不是(F)型的。但是我们有下面的有限性定理：

定理 3.4.11 令L为在k上定义的线性代数群，S为k的位的有限集，典型映射

$$\omega_S : H^1(k, L) \longrightarrow \prod_{v \notin S} H^1(k_v, L)$$

是本征的。

因为$H^1(k_v, L)$有限(参见定理3.4.4)。我们可以随意修改S，特别地，可以假设$S = \varnothing$(此时我们将ω_S记为ω)。此外，不计L的缠绕，只需证明ω的核有限，换言之：

定理 3.4.12 $H^1(k, L)$中局部为0的元的个数有限。

这种形式的定理由Borel在L连通可约时证明了(见[14], p.25)。连通线性群的情形可以简化为前一情形。要去掉连通性的假设不太容易，对此请参见Borel-Serre的[18], §7。

§3.4.7 Hasse原理的一个反例

保留§3.4.6中的记号。许多重要的例子中映射

$$\omega : H^1(k, L) \longrightarrow \prod_v H^1(k_v, L)$$

是单射，突出的有L为射影群或正交群的情形。我们会问这种"Hasse原理"是否能推广到所有半单群。我们将会看到并非如此。

引理 3.4.13 存在有限$\mathrm{Gal}(\bar{k}/k)$-模A使得典型映射$H^1(k, A) \to \prod_v H^1(k_v, A)$不是单射。

证明： 我们首先选取有限Galois扩张K/k使得其Galois群G满足下面的性质：

k的各个位处的分解群的阶的最小公倍数小于G的阶n。

(例如$k = \mathbb{Q}, K = \mathbb{Q}(\sqrt{13}, \sqrt{17})$。群$G$是$(2, 2)$型且其分解子群是1阶，2阶循环群。对所有数域，类似的例子存在。)

令$E = \mathbb{Z}/n\mathbb{Z}[G]$是群$[G]$在环$\mathbb{Z}/n\mathbb{Z}$上的群代数，$A$为增广同态$E \to \mathbb{Z}/n\mathbb{Z}$的核。因为$E$的上同调为0，上同调正合列说明$H^1(G, A) = \mathbb{Z}/n\mathbb{Z}$。令$x$为$H^1(G, A)$的生成元，$q$为这些分解群$G_v$的阶最小公倍数，再设$y = qx$。显然$y \neq 0$，而且由于$H^1(G, A)$中每个元被$q$零化，$y$在$H^1(G_v, A)$中的像为0。因为$H^1(G, A)$可以与$H^1(k, A)$的子群等同，我们事实上构造了一个非零元$y \in H^1(k, A)$，而它的局部像为0。 □

引理 3.4.14 存在有限 $\mathrm{Gal}(\bar{k}/k)$-模 B 使得典型映射 $H^2(k,B) \to \prod_v H^2(k_v,B)$ 不是单射.

证明: 这个结果明显地不太平凡. 有两种方法来做:

(1) 先构造满足引理3.4.13中条件的有限 $\mathrm{Gal}(\bar{k}/k)$-模 A, 然后设

$$B = A' = \mathrm{Hom}(A, \bar{k}^*).$$

由Tate对偶定理(定理2.6.4), 映射

$$H^1(k,A) \longrightarrow \prod_v H^1(k_v,A), \quad H^2(k,B) \longrightarrow \prod_v H^2(k_v,B)$$

的核互为对偶. 因为前者非零, 后者也是如此.

(2) 清楚构造: 取 B 为扩张

$$0 \longrightarrow \mu_n \longrightarrow B \longrightarrow \mathbb{Z}/n\mathbb{Z} \longrightarrow 0,$$

其中 μ_n 表示 n 次单位根群. 选取 B 使得它作为Abel群是直和 $\mathbb{Z}/n\mathbb{Z} \oplus \mu_n$, 因此它的 $\mathrm{Gal}(\bar{k}/k)$-模结构由群

$$H^1(k, \mathrm{Hom}(\mathbb{Z}/n\mathbb{Z}, \mu_n)) = H^1(k, \mu_n) = k^*/k^{*n}$$

中元素 y 确定. 我们选取元素 $x \in H^2(k, \mu_n)$ 的典型像 $\bar{x}$ 作为 $H^2(k,B)$ 的元, 这个元可以与Brauer群 $\mathrm{Br}(k)$ 中阶整除 n 的元等同; 就其本身而言又相当于给出局部不变量 $x_v \in (\frac{1}{n}\mathbb{Z})/\mathbb{Z}$ 满足通常的条件(若 v 是实位时 $\sum x_v = 0, 2x_v = 0$, 若 v 是复位时 $x_v = 0$). 我们需要 $\bar{x}$ 非零, 但是局部为零. 第一个条件等于说 x 不属于 $d: H^1(k, \mathbb{Z}/n\mathbb{Z}) \to H^2(k, \mu_n)$ 的像. 这个映射不难弄清楚: 首先群 $H^1(k, \mathbb{Z}/n\mathbb{Z})$ 就是同态 $\chi: \mathrm{Gal}(\bar{k}/k) \to (\frac{1}{n}\mathbb{Z})/\mathbb{Z}$ 的群, 由类域论, χ 是 k 的理想元类群到 $(\frac{1}{n}\mathbb{Z})/\mathbb{Z}$ 的同态, 记 χ 的局部分支 (χ_v). 我们可验证 χ 的上边缘 $d\chi$ 是 $H^2(k, \mu_n)$ 中的元, 其局部分支 $(d\chi)_v$ 等于 $\chi_v(y)$. 因此关于 x 的第一个条件如下:

(a) 不存在特征 $\chi \in H^1(k, \mathbb{Z}/n\mathbb{Z})$ 使得 $x_v = \chi_v(y), \forall v$.

将 $\bar{x}$ 局部表示, 我们同样得到:

(b) 对每个位 v, 存在 $\varphi_v \in H^1(k_v, \mathbb{Z}/n\mathbb{Z})$ 使得 $x_v = \varphi_v(y)$.

数例: $k = \mathbb{Q}, y = 14, n = 8, v \neq 2, 17$ 时 $x_v = 0, x_2 = -x_{17} = \frac{1}{8}$. 我们要验证(a)和(b).

验证(a): 假设我们有整体特征 χ 满足 $\chi_v(14) = x_v$. 让我们看看和式 $\sum \chi_v(16)$ (因为 χ 在主理想元上为0, 这个和本应该是0). 熟知在 $\mathbb{Q}_p, p \neq 2$ 中是8次幂(参见Artin-Tate[6], p.96), 因此对于 $v \neq 2$ 有 $\chi_v(16) = 0$.

此外, 我们有 $14^4 \equiv 16 \bmod \mathbb{Q}_2^{*8}$ (这相当于说 $7^4 \in \mathbb{Q}_2^{*8}$, 由于7是2-进平方, 故结论是对的). 我们推出 $\chi_2(16) = 4\chi_2(14) = \frac{1}{2}$, 故这些 $\chi_v(16)$ 的和不为0. 这就是我们要找的矛盾.

验证(b): 对于 $v \neq 2, 17$, 我们取 $\varphi_v = 0$. 对于 $v = 2$, 我们取 $\mathbb{Q}_2^*$ 的由公式 $\varphi_2(\alpha) = w(\alpha)/8$ 定义的特征, 其中 $w(\alpha)$ 表示 α 的赋值, 我们有 $\varphi_2(y) = \varphi_2(14) = \frac{1}{8}$. 对于 $v = 17$, 注意乘群 $(\mathbb{Z}/17\mathbb{Z})^*$ 是16阶循环群, $y = 14$ 是其生成元(只需验证 $14^8 \equiv -1 \bmod 17$, 但 $2^8 \equiv 1 \bmod 17, 7^8 \equiv (-2)^4 \equiv -1 \bmod 17$). 因此存在17-进单位群的特征 φ_{17}, 它是8阶元且在 y 上取值 $-\frac{1}{8}$; 我们将它延拓为 $\mathbb{Q}_{17}^*$ 上的8阶特征, 从而完成(b)的验证.

(这个例子是Tate给我指出的, 我原来用的例子复杂得多.) $\qquad\square$

引理 3.4.15 令B为有限$\mathrm{Gal}(\bar{k}/k)$-模, $x \in H^2(k, B)$. 存在在k上定义的连通半单群S, 其中心Z包含B, 且满足下面两个性质:

(a) 给定的元素x在$d : H^1(k, Z/B) \to H^2(k, B)$的像中.

(b) 对k的每个位, 我们有$H^1(k_v, S) = 0$.

证明: 令$n \geqslant 1$为满足$nB = 0$的整数. 我们能找到足够大的有限Galois扩张使得下面三个条件满足:

i) B是$\mathrm{Gal}(K/k)$-模.

ii) 给定的元素x来自$x' \in H^2(\mathrm{Gal}(K/k), B)$.

iii) 域K包含所有n次单位根.

令$B' = \mathrm{Hom}(B, \mathbb{Q}/\mathbb{Z})$为$B$的对偶, 显然可以将$B'$写成$\mathbb{Z}/n\mathbb{Z}[\mathrm{Gal}(K/k)]$上自由模$Z$的商模. 由对偶, 我们可以将$B$嵌入$\mathbb{Z}/n\mathbb{Z}[\mathrm{Gal}(K/k)]$上某个有限秩$q$的自由模$Z$中. 由$Z$是自由模的事实, 我们有$H^2(\mathrm{Gal}(K/k), Z) = 0$, 且存在元素$y \in H^1(\mathrm{Gal}(K/k), Z/B)$使得$dy' = x'$, 其中$y'$定义元素$y \in H^1(k, Z/B)$, 我们有$dy = x$. 所以事情归结于找到中心为$Z$的半单群$S$并验证引理中的条件(b).

为此, 我们从群$L = \mathrm{SL}_n \times \cdots \times \mathrm{SL}_n(q$个因子$)$开始. 如果我们将$L$视为$K$上的代数群, 其中心同构于$\mathbb{Z}/n\mathbb{Z} \times \cdots \times \mathbb{Z}/n\mathbb{Z}$(中心的所有元素在基域上有理, 因为我们已经预防性地假设K包含所有n次单位根). 令S为从L将基域从K限制到k得到的群$R_{K/k}(L)$. S的中心(作为$\mathrm{Gal}(\bar{k}/k)$-模)同构于q个$R_{K/k}(\mathbb{Z}/n\mathbb{Z}) = \mathbb{Z}/n\mathbb{Z}[\mathrm{Gal}(K/k)]$的直和. 因此我们将它与上面引入的模$Z$等同. 剩下验证条件(b). 但是易见$S$ 在k_v上同构于群$R_{K_w/k_v}(L)$的直积, 其中w过K的延拓v的为的集合(参见Weil[193], p.8). 由于SL_n的上同调平凡, 我们有$H^1(k_v, S) = \prod\limits_{w|v} H^1(K_w, L) = 0$. $\square$

我们现在能构造反例了:

定理 3.4.16 存在定义于k上的连通半单代数群G和元素$t \in H^1(k, G)$使得:

(a) 我们有$t \neq 0$.

(b) 对k的每个位v, t在$H^1(k_v, G)$中的像t_v为0.

证明: 由引理3.4.14, 存在有限$\mathrm{Gal}(\bar{k}/k)$-模B和$x \in H^2(k, B)$使得$x \neq 0$, 并且x 的局部像x_v都是0. 令S为关于(B, x)满足引理3.4.15中条件的半单群. 由这些条件, S的中心Z包含B, 且存在元素$y \in H^1(k, Z/B)$使得$dy = x$. 令G为群S/B, t为y在$H^1(k, G)$中的像. 我们将看到(G, t)满足定理的条件.

(a) 令$\Delta : H^1(k, G) \to H^2(k, B)$为正合列$1 \to B \to S \to G \to 1$定义的上边缘算子. 交换图

$$
\begin{array}{ccc}
H^1(k, Z/B) & \xrightarrow{\;d\;} & H^2(k, B) \\
\downarrow & & \downarrow{\scriptstyle \mathrm{id}} \\
H^1(k, G) & \xrightarrow{\;\Delta\;} & H^2(k, B)
\end{array}
$$

满足$\Delta(t) = dy = x$. 因为$x \neq 0$, 我们有$t \neq 0$.

(b) 利用正合列

$$H^1(k_v, S) \longrightarrow H^1(k_v, G) \longrightarrow H^2(k_v, B),$$

同上的推理可证$\Delta(t_v) = x_v = 0$. 因为$H^1(k_v, S) = 0$(参见引理3.4.15), 我们有$t_v = 0$. $\square$

注记:

1) 上面的构造给出"严格位于"单连通群和伴随群之间的群G. 这就使得我们会问:"Hasse原理"在这两种极端情形是否正确? 事实的确如此, 它在以Chernousov[39] 关于E_8 为顶峰的系列论文中得到证明(综述见于Platonov-Rapinchuk的[133], §6). 当G为单连通时, 我们甚至有如下结果, 它由M.Kneser[93]猜想(并且典型群的情形由他本人证明了, 参见[93, 95]):

$$\text{典型映射}\, H^1(k, G) \longrightarrow \prod H^1(k_v, G) \text{是双射}.$$

(直积过满足$k_v \simeq \mathbb{R}$的位v, 对于其他位有$H^1(k_v, G) = 0$, 参见[94].)

因此, 例如当G是G_2型时, $H^1(k, G)$有2^r个元, 其中r是k的实位的个数.

2) T.Ono利用类似引理3.4.15中的方法构造了Tamagawa数不是整数的半单群, 参见[129]. 这就促使Borel(参见[15])提出下面的问题: Tamagawa数与Hasse原理的成立有关吗? 答案是肯定的, 对此, 参见Sansuc的[145], 以及Kottwitz 的[98], 后者利用Hasse原理证明Weil猜想: 单连通群的Tamagawa数等于1. (反过来, 在许多情形, 我们能够通过计算Tamagawa 数推出Hasse原理.)

第3章的文献评论

§3.1中的内容是"熟知"的, 但是没有哪个地方给出令人满意的的阐述, 故本课程把它包含进来了.

我于1962年在Brussels讨论会上讲过猜想I和II. 定理3.2.2, 3.2.4, 3.2.8归功于Springer, 前两个定理出现在他于Brussels的讲义[170]中, 第三个定理的证明是他直接通信告诉我的. 根据Grothendieck的结果(未发表), 我们可以证明一个稍强的结果, 即在任何维数≤1的域上"非Abel的H^2"为0.

§3.4是从Borel-Serre的[18]几乎没有改动摘录下来的, 我仅仅添加了关于"Hasse原理"的一个反例的构造.

最后, 我这里给出一份关于(或明或暗地)包含Galois上同调结果的各种半单群的文本:

一般的半单群:

Grothendieck的[68], Kneser的[93, 94], Tits的[183, 185–188], Springer的[170], Borel-Serre的[18], Borel-Tits的[20], Steinberg的[173], Harder的[75, 76], Bruhat-Tits的[20]的§3, Sansuc的[145], Platonov-Rapinchuk的[133], Rost的[140].

典型群和带有对合的代数:

Weil的[192], Grothendieck的[71], Tits的[186], Kneser的[95], Merkurjev-Suslin的[117], Bayer-Lenstra的[9], Bayer-Parimala 的[10].

正交群和二次型:

Witt的[195], Springer的[167, 168], Delzant的[48], Pfister的[132], Milnor的[125], Lam的[108], Arason的[2], Merkurjev的[115, 116], Scharlau的[177], Jacob-Rost的[86].

群G_2和八元数代数:

Jacobson的[87], van der Blij-Springer的[19], Springer的[171].

群F_4和例外Jordan代数:

Albert-Jacobson的[2], Springer的[169, 171], Jacobson的[88], McCrimmon的[113], Peterson的[130], Rost的[139], Peterson-Racine的[131].

群E_8:

Chernousov的[39].

附录4 半单群的正则元[†]

4.1 结论的介绍与陈述

我们假定给定代数闭域K, 它将充当下面要考虑的每个代数群的定义域和万有域, 每个这样的群与它在K上(有理)元的群等同. 基本定义如下: 秩为r的半单群(代数群, 或更一般地, 连通约化群)G中的元x称为正则的, 如果x在G中的中心化子的维数为r. 应该说明的是没有假定x为半单的, 所以我们的定义与[8]中p.7-03[‡]的不同. 还要说的是, 因为易证正则元存在(例如参见下面的2.11), 又因为G中每个元包含于一个模其换位子群的商群的维数为r的(Borel)子群, 正则元是使得其中心化子维数最小的元, 或者等价的, 它是使得其共轭类维数最大的元.

我们在本文的第一部分得到各种正则性的判别法, 研究正则和非正则元的簇, 并且在单连通的情形构造G的正则共轭类的集合的闭不可约截影N. 然后在G定义于完全域k上且包含k上的Borel 子群的假设下, 我们证明N(或在一些例外的情形下, N 的适当模拟)能在k上构造, 这就促使我们去解决有理性的许多其他问题. 我们的主要结果更详细地列在下面. 直到定理4.1.9, 都假定群G为半单的.

定理4.1.1 G中元正则当且仅当包含它的Borel子群个数有限.

定理4.1.2 从x到它的半单部分的映射$x \mapsto x_s$诱导G的正则类的集合到半单类几何的双射. 换言之:

a) 每个半单元是某个正则元的半单部分.

b) 两个正则元共轭当且仅当它们的半单部分共轭.

作者对与T.A.Springer就这些结果(参见下面的4.3.13, 4.4.7 d))通信的收获表示感谢. a)的特殊情形断言正则幂幺元存在(由b), 它们共轭), 其证明放在4.4中. 定理4.1.2的其他部分、定理4.1.1以及定理4.1.1中个数如果有限, 总是整除G的Weyl群的事实在4.3中证明; 在这里, 可以找到正则性的其他刻画(参见4.3.2, 4.3.7, 4.3.11, 4.3.12 和4.3.14). 这部分材料放在预备小节4.2之后, 在4.2 中, 我们回顾关于半单群的一些基本事实和对正则半单元的一些已知刻画(参见4.2.11).

定理4.1.3 a) G的非正则元构成闭集Q.

b) Q的不可约分支在G中的余维数为3.

c) Q是连通的, 除非G的秩为1, 特征不是2且是单连通的, 这时Q由2个元组成.

这个结果在4.5中证明, 在那里还证明了Q的分支个数与Weyl群下根的共轭类的个数紧密相关. 定理4.1.3的一个直接结果是正则元构成G的稠密开子集.

[†]取自R.Steinberg, Publ. Math. I.H.E.S. 25(1965), 281-312.

[‡]译者注: p.7-03 表示第7篇文章的第3页.

这里要提一下的是定理4.1.1到4.1.3以及随后的定理4.1.4, 4.1.5的适当版本对连通约化群和半单群成立, 这些推广的证明本质上是显然的.

在4.6中确定类函数(在共轭类上取常值)的代数结构(见定理4.6.1和4.6.9). 在定理4.6.11, 4.6.16, 4.6.17中, 这个结论用于研究正则类的闭包和确定正则类集合的簇的自然结构以及G为单连通情形时仿射r-空间的结构.

定理4.1.4 令T为G的极大环面, $\{\alpha_i | 1 \leq i \leq r\}$为关于$T$的一组单根. 对于每个$i$, X_i为根据根α_i通过T正规化的单参数幂幺子群, σ_i为T的正规化子中对应α_i的反射的元. 我们令$N = \prod_{i=1}^{r}(X_i\sigma_i) = X_1\sigma_1 X_2\sigma_2 \cdots X_r\sigma_r$. 若$G$是单连通群, 则$N$是$G$的正则类的集合的截影.

4.7.4给出了N的一个例子: 在G为$\mathrm{SL}(r+1)$型的情形, 我们得到共轭下经典标准形之一. 这一特殊情形暗示将正则元的标准形N推广到任意元上. 定理4.7.1证明了N是G的闭不可约子集, 作为簇同构于仿射r-空间V, 定理4.7.9(这是关于N的主要引理)证明了G单连通时, $\chi_i(1 \leq i \leq r)$表示G的基本特征, 则映射$x \rightarrow (\chi_1(x), \chi_2(x), \ldots, \chi_r(x))$诱导$N$到$V$的同构. 4.8给出定理4.1.4的证明, 同时得到下面关于正则性的重要判别法.

定理4.1.5 若G是单连通的, 元素x是正则的当且仅当这些微分$\mathrm{d}\chi_i$在x处无关.

现在要对B.Kostant的近期工作依次做出说明. 在[3], [4]中, 除了其他一些结果, 他还证明了与我们上面讨论类似的结果, 他是用复数域(特征为0的任何代数闭域也行)上半单Lie代数代替半单群G, 用L的基本多项式不变量u_i代替G的特征χ_i. 这些χ事实上比u_i要难处理得多. 因此在特征没有限制时对G证明要比特征为0时对L证明简单. 假设G和L都在特征为0的情形, 定理4.1.1, 4.1.2, 4.1.3的大部分都能从关于L的结果推出, 但是对于定理4.1.4, 4.1.5, 4.1.6在L中找到类似结果似乎不简单.

我们现在引入K的完全子域k, 尽管由A.Grothendieck近期关于任意域上半单群的结果, 以下大部分结论中完全性的假设不必要.

定理4.1.6 令G在k上, 假设G在k上分裂, 或者G包含k上的Borel子群, 但不包含(A_n)型$(n$为偶数)分支, 则定理4.1.4中的集合N能够在k上构造(适当选取T, σ_i等).

这个结果连同定理4.1.4意味: 若G在定理4.1.6中为单连通时, 从k上正则元集到k上正则类集合的自然映射是满射. 对于(A_n)型的群$(n$为偶数), 我们对于定理4.1.6有替代结果(见定理4.9.7), 这就使我们得以证明:

定理4.1.7 假设G单连通, 在k上, 并且包含k上的Borel子群, 则从k上的半单元集合到k上半单类的集合的映射是满射. 换言之, k上的每个半单类包含k上的元.

定理4.1.6和4.1.7在4.9中证明, 在那里还证明了(见定理4.9.1和4.9.10)G包含k上Borel子群的假设是必要的.

定理4.1.8 在定理4.1.7中的假设下, 上同调集$H^1(k, G)$中每个元能用在k上环面取值的上循环表示.

4.10暗示了定理4.1.8如何用于随后的结果定理4.1.9最后一步的证明, 前几步的证明归功于J.-P.Serre和T.A.Springer(参见[12], [13], [15]). 注意G不再假定为半单的, 回顾[12]的p.56-57(上同调)$\dim k \leq 1$意味k上每个有限维除环代数交换.

定理4.1.9 令k为完全域. 若a) $\dim k \leq 1$, 则有b) 对k上的每个连通线性群G有$H^1(k, G) = 0$, c) k上每个连通线性群G的每个k上的齐次空间S包含k上的点.

定理4.1.9的两部分是Serre的猜想I和猜想I′(见[12]). 反过来, 由[12]的p.58, b)意味a), 这是c) 的特殊情形, 在那里只考虑了主齐次空间. 因此a), b), c)等价. 它们也等价于: k上的连通线性群包含k上的Borel子群(参见[15], p.129).定理4.1.9之后的一些结果中, 我们只列出了下面的一个(见4.1.7), 然后本文就结束了.

定理4.1.10 令k为满足$\dim k \leqslant 1$的完全域, G为k上的连通线性群, 则K上的每个共轭类包含k上的元.

作为引言的结尾, 我们提一下Kneser最近利用定理4.1.8的推广证明的结果: 若k是p-进域, G是k上单连通的半单群, 则$H^1(k, G) = 0$.

4.2 一些回顾

我们在本节回顾一些熟知的事实, 包括正则半单元的一些刻画4.2.11, 设置本文中要经常用到的符号. 若k是域, k^*是其乘群. 通常将"代数群"简称为"群". 若G是群, G_0 表示其单位元分支. 若x是G中元, 则G_x表示x在G中的中心化子, 若G是线性群, x_s, x_u表示x的半单, 幂幺部分. 现在假设G是半单群, 即G是连通线性群且没有非平凡的连通可解正规子群. 我们记r为G的秩. 进一步假设T是G的极大环面, 并为T的(离散)特征群选定一个排序. 我们将关于T的根系记为Σ, 将对应根α的子群记为X_α.

定理4.2.1 X_α是幂幺的且(作为代数群)同构于K的加群. 若x_α是K到X_α的同构, 则对所有α, c有$tx_\alpha(c)t^{-1} = x_\alpha(\alpha(t)c)$.

关于4.2.1到4.2.6的证明以及关于线性群的其他标准事实, 请读者参看[8].

我们将X_α, α为正根(负根)生成的群记为$U(U^-)$, 将T, U生成的群记为B.

定理4.2.2 a) U是G的极大幂幺子群, B是Borel(极大连通可解)子群.

b) 直积$\prod\limits_{\alpha>0} X_\alpha$(因子的序固定但任意)到$U$, $T \times U$到B 的自然映射是簇的同构.

在b)中, U中元的X_α分支可能随序改变, 但是若x是单根时不变.

定理4.2.3 $U^- \times T \times U$到G的自然映射是到G的开子簇的同构.

我们记W为G的Weyl群, 即T在其正规化子中的商群. W通过共轭作用于T, 因此也作用于T的特征群和Σ上. 对W中的每个w, 我们记σ_w为T的正规化子中表示w的元.

定理4.2.4 a) 这些元素$\sigma_w(w \in W)$构成G关于B的双陪集的代表元.

b) $B\sigma_w B$中的每个元可以唯一地写成$u\sigma_w b, u \in U \bigcap \sigma_w U^- \sigma^{-1}, b \in B$.

用$\alpha_i(1 \leqslant i \leqslant r)$表示单根. 若$\alpha = \alpha_i$, 我们将$X_\alpha, x_\alpha$记为$X_i, x_i$, 将$X_\alpha, X_{-\alpha}$生成的群(秩为1的半单群)记为$G_i$. W中对应α_i的反射记为w_i. 若$w = w_i$, 我们用σ_i替代σ_w.

定理4.2.5 元素α_i可以在G_i中选取. 如果选好了, 且$B_i = B \bigcap G_i = (T \bigcap G_i)X_i$, 则$G_i$是$B_i$和$X_i\sigma_i B_i$的无交并.

下面的结果可以当作"单连通"的定义.

定理4.2.6 半单群G是单连通的当且仅当存在T的对偶(即特征群)的一组基$\{\omega_j\}$满足$w_i\omega_j = \omega_j - \delta_{ij}\alpha_i$, 其中$\delta_{ij}, 1 \leqslant i, j \leqslant r$为Kronecker符号.

任意连通线性群是单连通的, 如果它在其根上的商群满足4.2.6中的条件. 若G满足该条件, 我们记G的第i个基本特征, 即在T上最高权是ω_i的不可约表示的迹为χ_i.

定理4.2.7 令G是秩为r的半单群, x为G的半单元.

a) G_{x0}是秩为r的连通约化群. 换言之, $G_{x0} = G'T'$, 其中G'是半单群, T'是G_{x0}中的中心环面, 它们的交集$G' \bigcap T'$有限, 且$\mathrm{rk}(G') + \mathrm{rk}(T') = r$. 此外, G', T'被唯一确定为G_{x0}的换位子群和中心的单位元分支.

b) G_x的幂幺元都在G'中.

b)由a)得到, 因为由[8], p.6-15的推论2可知G_{x0}包含G_x的幂幺元. 对于a)的证明, 我们可以将x嵌入到一个极大环面T并利用上面的记号. 若$y \in G_x$像4.2.4中那样写成$y = ua_wb$, 则由唯一性可知$u, \sigma_w, b \in G_x$. 由4.2.1和4.2.2, 我们得到:

定理4.2.8 G_x由T, 满足$\alpha(x) = 1$的那些X_α以及满足$wx = x$的那些σ_w生成.

这样G_{x0}只由T和那些X_α生成, 因为如此生成的群是连通的且在G_x中的指标有限(参见[8], p.3-01的定理1). 令G'为这些X_α生成的群, T'为那些满足$\alpha(x) = 1$的根α的核的交集的单位元分支. 由[8], p.17-02的定理1, G'半单. a)中其他结论可以很快验证.

定理4.2.9 在4.2.7中, 每个包含x的极大环面也包含T'.

因为在上述证明中, T选取的是包含x的任意环面.

注记4.2.10 4.2.7中的G_x即使x正则时也不一定连通, 这一点可以由例子证明: $G = \mathrm{PSL}(2), x = \mathrm{diag}(i, -i), i^2 = -1$. 但是若$G$是单连通的, G_x一定是连通的, 且在4.2.8中, 元素σ_w可以略去. 更一般地, 半单群的半单自同构的固定点群是约化的, 若自同构不固定G的基本群的非平凡点, 则它是连通的. (这些结论的证明放在后面.)

定理4.2.11 令G, x如同4.2.7中假设, 下面的结论等价:

a) x正则.

b) G_{x0}是G中的极大环面.

c) x包含在G中唯一的极大环面中.

d) G_x由半单元组成.

e) 若T是包含x的极大环面, 则对关于T的每个根$\alpha, \alpha(x) \neq 1$.

G_{x0}包含每个含x的环面. 所以a)和b)等价, b)意味c). 若c)成立, G_x将T正规化, 从而G_x/T有限, $G_{x0} = T$, 这就是b). 由4.2.7的b), b)意味d), 所以转而由4.2.1意味e). 最后由4.2.8, e)意味G_x/T有限, 故有b).

引理4.2.12 令$B' = T'U'$, 其中B'为连通可解群, T'为极大环面, U'为极大幂幺子群. 若t, u是T', U'中的元, 则存在$u' \in U'$使得tu通过U'中的元与tu'共轭, 且u'与t可交换.

由[8], p.6-07, tu的半单部分在U'下与T'中的一个元共轭, 这个元一定是t本身, 因为U'在B'中共轭.

推论4.2.13 在半单群G中, 假设t是T中正则元, u为U中任意元, 则tu是正则元, 事实上它与t共轭.

由4.2.12, 我们可以假设u与t可交换, 这时由4.2.1和4.2.2的b), $u = 1$.

定理4.2.14 正则半单元构成G中的稠密开集S.

由4.2.12, 4.2.13和4.2.11(见a)和e)), $S \bigcap B$在B中是稠密开集. 因为由[8], p.6-13的定理5, B的共轭覆盖G, S在G中稠密. 令A为$S \bigcap B$在B中的补集, C为$G/B \times G$中满足$x^{-1}yx \in A$的元$(\bar{x}, y)$(这里$\bar{x}$表示陪集xB)组成的闭子集. 由[8], p.6-09的定理4, 第一个因子G/B是完备的. 由完备性的特征性质, 在第二个因子上的射影是闭集. 从而补集S是开集.

定理4.2.15 强正则元构成G中的稠密开集.

强正则元构成T中的稠密开集, 它可以由$\{t|\alpha(t) \neq 1, \forall \alpha, wt \neq 1, \forall 1 \neq w \in W\}$刻画, 所以可以应用4.2.14的证明.

4.3 正则元的一些刻画

本节和下节中, G表示半单群. 我们的目的是证明定理4.1.1和4.1.2. 首先考虑幂幺元的情形. 下面的关键结果在4.4中证明.

定理4.3.1 G中存在正则幂幺元.

引理4.3.2 G中存在只含于有限个Borel子群的幂幺元. 事实上, 令x为幂幺元, n为包含它的Borel子群的个数, 则以下结论等价;

a) n有限.

b) $n = 1$.

c) 若将x嵌入到极大幂幺子群U中并利用4.2中的记号, 则对于$1 \leqslant i \leqslant r$, x的X_i分支不同于1.

令T为将U正规化的极大环面, $B = TU$, B'为任意Borel子群. 由关于Borel子群的共轭定理和4.2.4, 我们有$B' = u\sigma_w B \sigma_w^{-1} u^{-1}$, 其中$u, \sigma_w$如4.2.4 中b)所指. 若c)成立且$B'$包含$x$, 则$B$包含$\sigma_w^{-1} u^{-1} x u \sigma_w$, 且$u^{-1}xu$的每个$X_i$分支不同于1. 因此对每个单根$\alpha_i$, $w\alpha_i$是正的, 故$w = 1$, 从而$B' = B$, b)成立. 若c)不对, 则对某个i, Borel子群$u\sigma_i B \sigma_i^{-1} u^{-1}$, $u \in X_i$都包含x, 故a)不对. 所以a), b), c)等价. 因为满足c)的元素很多, 引理4.3.2的第一个结论成立.

在推理的过程中, 下面的结果已经被证明了.

定理4.3.3 对G中的幂幺元, 下面的结果等价:

a) x正则.

b) 包含x的Borel子群的个数有限.

此外, 满足a)和b)的幂幺元构成一个共轭类.

证明: 令y, z为任意分别满足a), b)的幂幺元. 由定理4.3.1和引理4.3.2, 这样的元素存在. 我们通过证明y与z共轭将定理4.3.3的所有结论同时证明. 用y, z的共轭替代, 我们可以假设它们都在4.2的群U中, 并利用那里的记号, 用y_i, z_i表示y, z的X_i分支. 由引理4.3.2, 每个z_i 不同于1. 我们断言每个y_i也不同于1. 反设不是如此, 对某个i有$y_i = 1$. 令U_i为U中使得其X_i分支为1的元素构成的群, 则$y \in U_i$, 所以在U_i的正规化子$P_i = G_i T U_i$中, 从而$\dim(P_i)_y = \dim P_i - \dim([y]) \geqslant \dim P_i - \dim U_i = r + 2$, 其中$[y]$表示$y$的类. 这就与$y$的正则性矛盾, 断言成立. 用$T$中元作$y$的共轭, 我们可以得到条件: $y_i = z_i, \forall i$, 换言之zy^{-1}在所有U_i的交集U'中. 现在集合$\{uyu^{-1}y^{-1}|u \in U\}$是闭集(由[7], U的每个共轭类是闭的), 它在U中的余维数最多为r, 因为y正则, 从而它在U' 中的余维数最多为$r - (\dim U - \dim U') = 0$. 所以这个集合与$U'$相同. 因此对某个$u \in U$, 我们有$uyu^{-1}y^{-1} = zy^{-1}$, 从而$uyu^{-1} = z$, 本定理得证. □

推论4.3.4 若x是幂幺的和非正则的, 则$\dim G_x \geqslant r + 2$.

如果在上面的推理中用B替代P_i, 则结论为;

推论4.3.5 若x为幂幺的和非正则的, B为包含x的Borel子群, 则$\dim B_x \geqslant r + 1$.

引理4.3.6 令x为G中元, y, z为它的半单和幂幺部分. 令$G_{y0} = G'T'$, 其中G', T'的意义如4.2.7所指, r'为G'的秩. 令S, S'分别为G中包含x, G'中包含z的Borel子群的集合, 则:

a) $\dim G_x = \dim G'_z + r - r'$.

b) 若S中的B包含S'中的B', 则$\dim B_x = \dim B'_z + r - r'$.

c) S中的每个B包含S'中唯一的元, 即$B \bigcap G'$.

d) S'中的每个元包含在S中至少一个且最多有限个元素中.

证明: 由[8], p.4-08, 我们有$G_x = (G_y)_z$. 所以$\dim G_x = \dim G'_z + \dim T'$, 从而a)成立. 一旦注意到$B_y = B'T'$, 我们可以用同样的方式证明b). 因为由[8], p.6-09, B_y可解, 连通且包含G_y的Borel子群$B'T'$. 令B在S中, T为B中包含y的极大环面, 将关于T的根排序使得B对应正根集. 群G'由那些满足$\alpha(y) = 1$的X_α生成的, 由[8], p.17-02的定理1 可知对应的α构成G'的根系Σ'. 由4.2.2的a), 群$T \bigcap G', X_\alpha(\alpha > 0, \alpha \in \Sigma')$生成$G'$的一个Borel子群, 易知它就是$B \bigcap G'$(由4.2.1和4.2.2的b)), 从而c) 成立. 令B'在S'中, 则G的Borel子群B包含B', 且它在S中当且仅当它包含$B'T'$. 这是因为如果B包含x, 它也包含y, 故由[8], p.6-13, 它包含有y在其中的极大环面, 从而由4.2.9包含T'; 如果B包含G_{y0}的Borel子群$B'T'$, 则由[8], p.6-15, 它包含中心元y, 所以也包含x. 因为$B'T'$是连通可解群, 上述可能出现的B的个数至少是1, 但是它最多是Weyl群的阶, 因为$B'T'$包含G的一个极大环面(最后一步在[8], p.9-05的推论3中证明了, 也可由4.2.4得到). $\square$

推论4.3.7 在引理4.3.6中, 元素x在G中正则当且仅当z在G'中正则, 集合S有限当且仅当S'有限.

证明: 第一个结论从引理4.3.6的a)得到, 第二个从c)和d)得到. $\square$

推论4.3.8 在引理4.3.6中, 元素x在G中正则当且仅当S有限.

证明: 注意这就是定理4.1.1, 它可由推论4.3.7和4.3.8得到(应用于z). $\square$

推论4.3.9 不假设x是幂幺元, 推论4.3.4和4.3.5也对.

证明: 对于推论4.3.4, 我们利用定理4.3.6的a), 对于推论4.3.5, 我们利用b)和c). $\square$

猜想4.3.10 对于任何$x \in G$, $\dim G_x - r$是偶数.

只需对x幂幺的情形证明. 对于复数域上Lie代数, 相应的结果是斜对称矩阵的秩总是偶数这一事实的简单推论(参见[4], p.364的命题15).

推论4.3.11 若x是G中的元, 下面的结果等价:

a) $\dim G_x = r$, 即x正则.

b) 对于每个包含x的Borel子群B有$\dim B_x = r$.

c) 对于某个包含x的Borel子群B有$\dim B_x = r$.

证明: 正如我们在4.1的第一段中提到有$\dim B_x \geqslant r$, 因此a)意味b). 由推论4.3.5在4.3.9中的推广, 我们可知c)意味a). $\square$

推论4.3.12 在引理4.3.6中, 令x为正则元, n为包含x的Borel子群的个数.

a) $n = |W|/|W'|$, 即n等于G与G'的Weyl群的阶之比.

b) $n = 1$当且仅当z是G的正则幂幺元, y是中心的元.

c) $n = |W|$当且仅当x是G的正则半单元.

证明: 由推论4.3.7, 引理4.3.2, 定理4.3.3, 元素z正则且包含在G'的唯一Borel子群B'. 令T为$B'T'$中的极大环面, 则n是G的包含B', T的Borel子群的个数. 现在, $|W'|$个G'的被T正规化的Borel子群(它们就是B'在W'下的共轭)中的每一个包含在G的包含T的同样数量的Borel子群中, 由引理4.3.6的c), $|W|$ 个后一类型的群包含唯一前一类型的群, 故a)成立. 因此$n = 1$当且仅当$|W'| = |W|$, 即$G' = G$, 这就得到b); 而$n = |W|$当且仅当$|W'| = 1$, 即$G' = 1, G_{y0} = T'$, 由4.2.11(见a), b), d)), 这又等价于y正则, $x = y$, 因此c)成立. $\qquad\square$

注记4.3.13 Springer证明了: 若x在G中正则, 则G_{x0}是交换群. 很可能这个结果的逆也是成立的(对A_r型). 若成立, 就能得到以G为基础的抽象群G_{ab}中正则元的刻画: $x \in G_{ab}$在G中正则当且仅当G_x包含有限指标的交换子群. 我们有如下有些笨拙的刻画.

推论4.3.14 $x \in G_{ab}$正则的充分必要条件是它只包含于有限个本身极大可解且没有有限指标子群的子群中.

因为每个这样的子群是闭的且连通, 因此是Borel子群. 我们注意G_{ab}也确定半单元和幂幺元的集合(从而也决定分解$x = x_s x_u$), 以及半单性, 秩, 维数和基域(同构意义下), 若G非半单, 这些结论都不对. 若G是单群, 则G_{ab}完全确定G中的拓扑(全体闭集), 这在G半单时不一定对.

现在我们证明定理4.1.2来结束本节. 令y在G中半单, 且如引理4.3.6中有$G_{y0} = G'T'$. 由定理4.3.1, G'中存在正则幂幺元z. 令$x = yz$, 则由推论4.3.7, x 在G 中正则且$x_s = y$, 故a)成立. 令x, x'为G中的正则元. 若x与x'共轭, 则显然x_s与x'_s共轭. 若x_s与x'_s共轭, 我们可以假设$x_s = x'_s = y$. 这样由推论4.3.7, x_s, x'_s在G'(如上)中正则, 从而由定理4.3.3可知它们共轭, 故x, x'共轭.

4.4 正则幂零元的存在性

本节的目的是证明定理4.3.1. 在整节中G为半单群, T为G的极大环面, 并用到§4.2中的记号. 此外, V表示秩为r的实全序向量空间, 它是T的对偶及其给定序的推广.

引理4.4.1 将单根α_i标记使得前q个, 后$r - q$个分别互相正交. 令$w = w_1 w_2 \cdots w_r$, 则

a) 这些根被w置换为r个轮换.

空间V能重新排序使得:

b) 原来为正根的保持为正根.

c) w下的每个轮换只包含一个相对极大根和相对极小根.

我们注意到因为Dynkin图没有回路(见[9], p.13-02), 如上单根的标记总是可能的. 在c)中, 例如α是w下轮换中的极大根, 如果对于V上的序有$\alpha > w\alpha, \alpha > w^{-1}\alpha$. 引理4.4.1的证明依赖下面在[16]中证明的结果. (这些结果在[16]中没有明确陈述出来, 但是可参见引理4.3.2, 引理4.3.6, 以及引理4.4.2和引理4.6.3的证明.)

引理4.4.2 在引理4.4.1中假设Σ不可分解, V上有在W下不变的正定内积, n表示w的阶, 则

a) Σ中的根被w置换成r个长为n的轮换.

若$\dim\Sigma > 1$, 存在V中的平面P使得:

b) P包含向量v使得对每个正根α有$(v,\alpha) > 0$.

c) w固定P且在P上诱导一个角为$\frac{2\pi}{n}$的旋转.

为证明引理4.4.1, 我们可以假设Σ不可分解, 并且在忽略一个显然的情形下假设$\dim\Sigma > 1$. 我们像引理4.4.2那样选取P,v. 令α'表示根α在P上的正交投影. 由4.4.2的b), 它是非零的. 因为由4.4.2的c), 这些向量$w^{-i}v, (1 \leqslant i \leqslant n)$构成正多边形的顶点, 对$v$稍加改变可以做到: 对每个$\alpha$, 这些向量与$\alpha'$都成不同的角. 所以对数$(w^{-i}v,\alpha')$的轮换, 存在一个相对极大元和一个相对极小元. 因为$(w^{-i}v,\alpha') = (w^{-i}v,\alpha) = (v,w^i\alpha)$, 我们对$V$重新排序使得满足$(v,v') > 0$的向量$v'$变为正的, 从而得到c). 由引理4.4.2的a), b), 引理4.4.1中的a), b)也成立.

引理4.4.3 令G是单连通的, 否则如上. 令$\mathfrak{g}$为G的Lie代数, $\mathfrak{t}$为对应T的子代数, $\mathfrak{z}$为$\mathfrak{t}$中在T的根上为0的元素的子代数. 令w如4.4.1所指, x为双陪集$B\sigma_w B$中的元, $\mathfrak{g}_x$表示x通过伴随表示作用于$\mathfrak{g}$的固定点的代数, 则$\dim\mathfrak{g}_x \leqslant \dim\mathfrak{z} + r$.

证明: 我们将$\mathfrak{g}$等同于G在1处的切空间, 则由4.2.3, 我们有直和分解$\mathfrak{g} = \mathfrak{t} + \sum_\alpha K\mathfrak{x}_\alpha$, 其中$K\mathfrak{x}_\alpha$可以与$X_\alpha$的切空间等同. 我们像引理4.4.1那样将伴随表示的权, 即0和根排序. 将x用其共轭替代, 我们可以假设$x = b\sigma_w, b \in B$.

1) 若$\mathfrak{v} \in \mathfrak{g}$是权向量, 则$(1-x)\mathfrak{v} = \mathfrak{v} - c\sigma_w\mathfrak{v}+$对应权高于$\sigma_w\mathfrak{v}$的权的项$c \in K^*$. 这个结论可以由后面对$G$的任何有理表示成立的引理7.15的d)得到.

2) 若根α在w的轮换中不是极大的, 则$(1-x)\mathfrak{g}$包含形如$c\mathfrak{x}_\alpha+$高此项$(c \in K^*)$的向量. 若$w\alpha > \alpha$, 我们对$\mathfrak{v} =\mathfrak{x}_\alpha$应用1), 而若$w\alpha < \alpha$, 则我们用$\mathfrak{v} = \sigma_w^{-1}\mathfrak{x}_\alpha$替代.

3) $\mathfrak{t}$中存在$r - \dim\mathfrak{z}$个无关的$\mathfrak{t}_i$使得对每个i, $(1-x)\mathfrak{g}$包含形如$\mathfrak{t}_i+$高此项. 因为1), 其中$\mathfrak{v} \in \mathfrak{t}$时$c = 1$, 它可由以下结论得到:

4) $1 - \sigma_w$在$\mathfrak{t}$中的核是$\mathfrak{z}$. 因为σ_w在$\mathfrak{t}$上的伴随表示来自w通过共轭在T上的作用, 我们在$\mathfrak{t}$上可以用w取代σ_w. 假设$(1-w)\mathfrak{t}_0 = 0, \mathfrak{t}_0 \in \mathfrak{t}$, 则$(1-w_1)\mathfrak{t}_0 = (1-w_2\cdots w_r)\mathfrak{t}_0$. 如果我们在左边对2.6的函数$\omega_2,\ldots,\omega_r$求值, 或在右边对$\omega_1$求值, 则由2.6, 我们总是得到0, 因此两边都为0. 由显然的归纳法, 对所有i, 我们得到$(1-w_i)\mathfrak{t}_0 = 0$, 在$\omega_i$处求值得到$\mathfrak{t}_0(\alpha_i) = \mathfrak{t}_0((1-w_i)\omega_i) = 0$. 因此$\mathfrak{t}_0 \in \mathfrak{z}$. 将上述步骤回转, 我们可以证明$\mathfrak{z}$包含于$1 - \sigma_w$的核中, 从而4)成立.

引理4.4.3是2), 3)的结果. $\square$

注记4.4.4 我们能证明引理4.4.3中的$\mathfrak{z}$在$\mathfrak{g}$的中心里.

引理4.4.5 沿用引理4.4.1中的记号. 令w_0为W中将每个正根映为负根的元, π为$-w_0\alpha_i = \alpha_{\pi i}(1 \leqslant i \leqslant r)$定义的置换, σ_0为T的正规化子中表示w_0的元. 对每个i, 令u_i为$X_{\pi i}$中不同于1的元, $x = u_1u_2\cdots u_r$, 则$\sigma_0 x\sigma_0^{-1} \in B\sigma_w B$.

证明: 我们有$\sigma_0 u_i\sigma_0^{-1} \in G_i - B$, 因此由4.2.5, 它在$B\sigma_i B$中. 因为

$$B\sigma_1\cdots\sigma_{i-1}B\sigma_i B = B\sigma_1\cdots\sigma_{i-1}X\sigma_i B = B\sigma_1\cdots\sigma_i B,$$

因为由[8], p.14-04的推论3, w_i置换除了α_i之外的正根, 而每个根$w_1w_2\cdots w_{i-1}\alpha_i$是正根(参见引理7.2的a)), 我们得到本引理. $\square$

117

定理4.4.6 引理4.4.5中的元素x正则.

证明: 通过过渡到单连通覆盖群, 我们可以假设G是单连通的. 对于$\mathfrak{g}$的任何子代数$\mathfrak{a}$, 我们将它被x固定的元素的子代数记为$\mathfrak{a}_x$. 令$\mathfrak{b}, \mathfrak{u}$为对应$B, U$ 的子代数. 由引理4.4.3和4.4.5, 我们有$\dim \mathfrak{b}_x \leq \dim \mathfrak{g}_x \leq \dim \mathfrak{z} + r$. 对4.2.1作细微的类比得到$x_\alpha(c)\mathfrak{t}_0 = \mathfrak{t}_0 + c'c\mathfrak{t}_0(\alpha)\mathfrak{x}_\alpha, \forall \mathfrak{t}_0 \in \mathfrak{t}$, 其中$c' \in K$. 因此$\mathfrak{t}_x$包含$\mathfrak{z}$, 从而$\dim \mathfrak{b}_x \geq \dim \mathfrak{z} + \dim \mathfrak{u}_x$. 它与前面的不等式一起得到$\dim \mathfrak{u}_x \leq r$, 所以$\dim U_x \leq r$. 从$x$的形式可知$B$是包含$x$的唯一Borel子群. G_x中的每个元将B正规化, 因此由[8], p.9-03的定理1或者4.2.4, 它属于B. 现在若$ut(t \in T, u \in U)$在B_x中, 则在B模U的换位子群中考虑并利用x的每个X_i分支不同于1的事实, 我们得到对所有i有$\alpha_i(t) = 1$, 因此t在G 的中心里, 这是个有限群. 因此$\dim G_x = \dim U_x \leq r$, 证毕. □

注记4.4.7 a) x在U中满足条件$\dim U_x = r$不足以保证x正则, 这一点可以由A_2型群的例子看出来. 加上所有X_i分支不同于1 的条件是必要的.

b) 若K的特征为0, 或者更一般地, 在引理4.4.3中$\dim \mathfrak{z} \leq 1$, 我们可以从引理4.4.3和推论4.3.4及其4.3.9中的推广得到$B\sigma_w B$中的所有元正则, 从而(参见引理4.7.3)定理4.1.4 中N的所有元正则. 但是, 有一个例外: 若G为D_r型, r 为偶数时, 且特征为2时, $\dim \mathfrak{z} = 2$. 然而, $B\sigma_w B$中的所有元正则仍然正确(参见注记4.8.8). 由引理4.4.5, 这意味若x是定理4.4.6中的正则元, t是T中任意元, 则tx正则. 但是, 若u是U中任意正则元, tu未必是正则元: 考虑SL(3)中的超对角矩阵, 对角线上元为$-1, 1, -1$, 超对角元都是2. 对比由推论4.2.13得到的结论: 若t正则, u任意, tu正则.

c) 特征为0时, 在单连通的情形, 我们可以将定理4.4.6的x嵌入到同构于SL(2)的子群, 然后利用后一个群的表示理论证明x正则; 但是在一般的情形, 正则幂幺元不能嵌入到群SL(2), 甚至至群$\{ax + b\}$中: 在特征为$p \neq 0$时, 这些群的幂幺元的阶最多为p, 而在A 型群G(以此为例)中, 正则幂幺元的阶至少为$r + 1$, 所以若$r + 1 > p$, 嵌入不可能.

d) Springer通过依赖于知道U的Lie代数的结构常数这一方法研究了U_x(x如定理4.4.6所指), 由此他给出了x的正则性, 只要

(∗) p不整除G的任何分支的最高根的任何系数,

    但是, 这也得到U_α连通当且仅当(∗)成立, 这一结果很可能有上同调上的应用, 因为对于与G 同型的单连通紧Lie群中p-挠元的存在性(见[1])来说, (∗)是必要的, 并且非常接近为充分的.

e) B_2型的群G和特征为2给出U_x非连通的最简单例子(它有2个连通分支). 在这个群中, U的中心中每个非常一般的元是中心化子幂幺的非正则幂幺元. 因此并非每个幂幺元是正则元的幂幺部分(参见定理4.1.2的a)).

4.5 非正则元

    我们的目的是证明定理4.1.3. 继续像4.4中那样假设. 我们记α_i在T中的核为T_i, 记U_i 为所有$X_\alpha, \alpha > 0, \alpha \neq \alpha_i$生成的群, 记$B_i$为$T_i U_i (1 \leq i \leq r)$. 最后一个群不再是4.2.5的记号了.

引理4.5.1 G中元非正则当且仅当它与某个B_i中的元共轭.

证明: 要证明此结论, 由4.2.12, 我们可以限于考虑形如$x = yz, y \in T, z \in U \bigcap G_y$的元素. 令$G'$如引理4.3.6中所指. 关于$G'$的根系$\Sigma'$由所有满足$\alpha(y) = 1$的根组成, 它继承了$\Sigma$中的序. 首先假设$x \in B_i$,

118

故$\alpha_i \in \Sigma'$, z的X_i分支是1. 因此由引理4.3.2和定理4.3.3, z非正则, 从而由推论4.3.7, x在G中非正则. 现在假设x在G中非正则使得z在G'中非正则. 如果我们写成$z = \prod_\alpha u_\alpha, u_\alpha \in X_\alpha, \alpha > 0, \alpha \in \Sigma'$, 由引理4.3.2和定理4.3.3, 我们有$u_\alpha = 1$, 其中$\alpha$是$\Sigma'$的某个单根. 我们对$\alpha$的高(若$\alpha = \sum_i n_i\alpha_i$, 则$\alpha$的高为$\sum_i n_i$)作归纳可以证明$x$可以由它的一个共轭替代使得上面的$\alpha$是$\Sigma$中的单根. 这个共轭将在某个$B_i$中, 从而得到引理4.5.1. 我们假设高大于1. 对某个i有$(\alpha, \alpha_i) > 0$, 故α_i不在Σ'中, 否则$\alpha - \alpha_i$在Σ'中, 这就与α在Σ'中为单根矛盾. 因此$\sigma_i z \sigma_i^{-1}$在U中. 因为$w_i\alpha = \alpha - 2\alpha_i(\alpha, \alpha_i)/(\alpha_i, \alpha_i)$比$\alpha$的高小, 将归纳假设应用到$\sigma_i x \sigma_i^{-1}$上就完成了对前面的断言, 从而完成对本引理的证明. $\square$

引理4.5.2 若B_i'是B_i的不可约分支, B_i'的共轭的并集是G中的不可约闭集且余维数是3.

证明: B_i的正规化子形如$P_i = G_iB_i$, 它是G的抛物子群, 因为它包含Borel子群B. T_i的分支个数, 从而B_i的分支个数是1或2: 若$\alpha_i = n\alpha_i'$, α_i'是T上的本原特征, 则$(2\alpha_i', \alpha_i)/(\alpha_i, \alpha_i)$是整数(见[8], p.16-09的推论1), 故$n = 1$或2. 所以P_i也将B_i'正规化, 容易得到P_i是B_i'的正规化子. 因为由[8], p.6-09的定理4, G/P_i完备(因为P_i是抛物子群), 由标准的推理(参见[8], p.6-12或上面的2.14)可知B_i'的共轭的并集是G中的不可约闭集, 且余维数至少是$\dim(P_i/B_i') = 3$, 等式成立当且仅当存在只包含于有限个(非零)B_i'的共轭中的元. 因此4.5.2由下面的引理得到. $\square$

引理4.5.3 a) 在$B_i' \bigcap T_i$中存在元素t使得对每个根$\alpha \neq \alpha_i$有$\alpha(t) \neq 1$.
b) 若t如a)中所指, 则它只包含于B_i'或B_i的有限个共轭中.

证明: 对于a), 我们选取记号使得$i = 1$. 则对某个数$c_1 = \pm 1$, 集合$B_1' \bigcap T_1$由所有满足$\alpha_1'(t) = c_1$的t组成. 可以令$c_j = \alpha_j(t), 2 \leq j \leq r$使得a)成立是由归纳法得到的: 选取$c_2, \ldots, c_j$使得若$\alpha$是$\alpha_1, \alpha_2, \ldots, \alpha_j$的组合且$\alpha \neq \alpha_1$时$\alpha(t) \neq 1$, 我们在选取$c_{j+1}$时只需避开有限个. 因为$B$将$C$正规化, 我们可以取$y$形如5.2.4中的$u\sigma_w$. 写成$u^{-1}tu = tu'$, 包含关系$y^{-1}ty \in C$给出

$$(*) \qquad \sigma_w^{-1}t\sigma_w \cdot \sigma_w^{-1}u'\sigma_w \in C$$

因为$\sigma_w^{-1}u\sigma_w \in U^-$, $\sigma_w^{-1}u'\sigma_w$也是如此, 故$u' = 1$. 因此u与t交换, 从而由t的选择, u在X_i中. 由$(*)$, 我们有$\sigma_w^{-1}t\sigma_w \in C$, 因此$(w\alpha_i)(t) = 1, w\alpha_i = \pm\alpha_i$. 所以$\sigma_w^{-1}u\sigma_w \in G_i$且将$C$正规化, 因此利用$y = \sigma_w \cdot \sigma_w^{-1}u\sigma_w$, 我们得到$yCy^{-1} = \sigma_w C\sigma_w^{-1}$. 所以b)中的数有限, 事实上等于Weyl群中固定α_i的元素的个数. $\square$

我们现在转向定理4.1.3的证明. a)和b)由引理4.5.1和4.5.2得到. 若$i \neq j$, α_i, α_j的无关性意味B_i的每个分支与B_j的每个分支相交. 所以由引理4.5.2, 当$r > 1$时Q连通. 若$r = 1$, 非正则元构成G的中心, 从而c)成立.

推论4.5.4 正则元的集合是G中的稠密开集.

证明: 这是显然的. $\square$

推论4.5.5 非正则元集合中的半单元稠密.

证明: 由引理4.5.3的a), B_i中形如tu的元的集合, 其中t如引理4.5.3的a)所指, $u \in U_i$, 在B_i中为开集, 且由半单元组成: 由4.2.12, 最后一个结论只需在u与t交换时证明, 由4.2.1 和4.2.2的b), 这时$u = 1$. 由引理4.5.1得到本推论. $\square$

引理4.5.1和推论4.5.5一起, 并考虑到引理4.5.2, 我们可以确定Q的分支的个数. 我们在最简单的情形陈述这个结果, 证明很容易, 故略去了. 我们回顾一下: 称G是伴随群, 如果根生成T的特征群.

推论4.5.6 若G是单伴随群, Q的不可约分支的个数就是根在Weyl群下的共轭类的个数, 除了G是$C_r(r \geq 2)$型的群且特征不为2时, 此时分支的个数是3, 而不是2.

由引理4.5.2第一部分的证明方法可以得到下面的结果, 我们在定理4.6.11中要用到.

引理4.5.7 U_i的共轭的并集在G中的余维数至少为$r + 2$.

4.6 类函数与正则类簇

G, T等如前. G(或K上的任何簇)上的函数是指在K中取值的有理函数. 假定每个函数在最大的定义域中给出. 处处定义的函数称为正则的. G上对f有定义的任何共轭的点x, y满足条件$f(x) = f(y)$的函数称为类函数. 易见, 类函数的定义域由整个共轭类组成.

定理4.6.1 令$C[G]$表示G上正则类函数的(在K上)代数, 则:

a) $C[G]$是作为K上的向量空间由G上的不可约特征自由生成.

b) 若G是单连通的, $C[G]$作为K上的交换代数由G的基本特征χ, $1 \leq i \leq r$自由生成.

令$C[T/W]$表示T上在W作用下不变的正则函数的代数. 因为T的两个元在G中共轭当且仅当它们在W下共轭(由4.2.4容易得到), 故存在$C[G]$到$C[T/W]$的自然映射β.

引理4.6.2 映射β是单射.

证明: 因为若$f \in C[G]$使得$\beta f = 0$, 则f在半单元的集合上为0, 由4.2.14可知该集合为G的稠密集, 故$f = 0$. □

引理4.6.3 若在定理4.6.1中用$C[T/W]$替代$C[G]$, 将不可约特征限制到T上, 则得到的结论正确.

证明: 令X为T的特征群, 赋予在W下不变的正定内积, D由X中满足$(\delta, \alpha_i), \forall i \geq 0$的元组成. 我们希望能够将特征添加为$T$上的函数. 因此我们将群$X$转换为乘法记号. 对每个$\delta \in D$, 我们用$\text{sym}\,\delta$表示$\delta$在$W$下不同的像的和. 若$\delta_1^{-1}\delta_2$是正根的乘积, 我们记为$\delta_1 < \delta_2$. 现在$X$中的元自由生成$T$上正则函数的向量空间([8], p.4-05的定理2), X中的每个元在W下共轭于D中唯一的元([8], p14-11的命题6). 所以函数$\text{sym}\,\delta, \delta \in D$自由生成$C[T/W]$. 现在在$D$的元和$G$的不可约特征之间存在一一对应, 例如$\delta \leftrightarrow \chi_\delta$使得$\chi_\delta|_T = \text{sym}\,\delta + \sum_{\delta'} c(\delta')\,\text{sym}\,\delta', \delta' < \delta, c(\delta') \in K$(参见引理4.7.15). 因此a)成立. 现在若G是单连通的, 4.2.6中的特征ω_i构成作为自由交换半群D的一族基, G上相应的不可约特征是χ_i. 若$\delta = \prod_i \omega_i^{n(i)}$是$D$中任意元, 则在$T$上我们有$\chi_\delta = \prod_i \chi_i^{n(i)} + \sum_{\delta'} c(\delta')\chi_{\delta'}, \delta' < \delta$, 所以由归纳法, $\chi_i|_T$生成代数$C[T/W]$. 利用上面的序, 我们可知在$\chi_i|_T$中为0的唯一的多项式是0, 故b)成立. □

推论4.6.4 映射β是满射, 因此它是同构.

证明: 第一个结论由引理4.6.3的a)得到, 第二个结论由引理4.6.2得到. □

推论4.6.5 对所有$f \in C[G]$和$x \in G$, 我们有$f(x) = f(x_s)$.

证明: 因为f为G上的特征时, 这个等式成立. □

推论4.6.6 假设G中元x, y都是半单元或者都是正则元, 则下面的结论等价:

a) x, y共轭.

b) 对每个$f \in C[G]$, $f(x) = f(y)$.

c) 对G的每个特征χ, $\chi(x) = \chi(y)$.

d) 对G的每个表示ϱ, $\varrho(x) = \varrho(y)$.

若G是单连通的, c), d)只需对G的特征和表示成立.

证明: 由定理4.6.1的a), a)$\Rightarrow$d)$\Rightarrow$c)$\Rightarrow$b). 由定理4.6.1的b), 当G单连通时, 修改的蕴含关系也成立. 要证明b)$\Rightarrow$a), 由定理4.1.2和推论4.6.5, 我们可以假设x, y半单, 从而它们在T中, 并且由推论4.6.4, 对$C[T/W]$中的每个f有$f(x) = f(y)$. 因为W是簇T的自同构有限群, [10], p.57.的命题18在证明其他结果的同时得到$C[T/W]$ 将T在W下的轨道分离. 所以x, y在W下共轭, 故a)成立. 这就证明了推论4.6.6. □

推论4.6.7 若$x \in G$, 下面的结论等价:

a) x幂为幺元.

b) 推论4.6.6中的b), c)或者修改成G单连通的时候, 取$y = 1$结论都成立.

证明: 因为x是幂幺元当且仅当$x_s = 1$, 由推论4.6.5和推论4.6.6中a), b), c)的等价性得到本推论. □

推论4.6.8 正则半单元的集合S在G中的余维数为1.

证明: 由推论4.6.4, T上的函数$\prod_{\alpha}(\alpha - 1)$($\alpha$为根)可以延拓为$C[G]$中的元素, 所以由4.2.11的a), e), 4.2.12, 推论4.6.5以及4.2.13可知S由$f \neq 0$ 定义, 即得本推论. □

定理4.6.9 G上类函数的代数$C(G)$是$C[G]$中元的比值.

证明: 由4.2.14, $C[G]$中的每个元在G的半单元处有定义, 从而是T中的稠密开集, 所以由推论4.6.4证明中的推理, $C[G]$到$C(T/W)$的自然映射是同构. 现在若$f \in C(T/W)$, 则$f = g/h$, g, h在T上正则, 又因为W有限, 可以做到让$h \in C[T/W]$, 从而g也是如此, 此定理成立. □

类函数引出G上的商结构, 我们现在来研究它. 我们称G中的元素x, y在同一纤维中, 若对每个正则类函数f有$f(x) = f(y)$. 我们注意到若G单连通, 纤维是由如下式子

(4.6.10) $$p(x) = (\chi_1(x), \chi_2(x), \ldots, \chi_r(x))$$

定义的G到仿射r-空间V的映射p下点的逆像. 这是因为定理4.6.1的b)和p的满性(参见命题4.6.16)的结果. 由下个结果可知纤维与正则类的闭包等同.

定理4.6.11 令F是纤维.

a) F是G中余维数为r的不可约闭子集.

b) F是G的类的并集.

c) F的正则元构成一个类, 它是F的开子集且有余维数至少为2的补集.

d) F的半单元构成一个类, 它是F中唯一的闭集类, F中唯一有极小维数的类, 且在F中每个类的闭包中.

证明： 因为F在G中闭且为类的并集，由定理4.1.2，推论4.6.5和4.6.6，纤维F包含唯一的正则元的类R和唯一的半单元的类S. 在S中固定y，像引理4.3.6那样记$G_{y0} = G'T'$. 由引理4.3.2和定理4.3.3，正则幂幺元在U中稠密，因此也在幂幺元的集合中稠密. 将此应用于G'并利用推论4.3.7，我们可知在F中满足$x_s = y$的元中，正则元，即R中的元稠密. 所以R在F中稠密，而F是闭的，故为R的闭包. 因为R不可约且在G中的余维数为r，同样的结论对F也成立. 由推论4.5.4，类R在F中是开集. 将引理4.3.2，定理4.3.3和引理4.5.7应用于上面的群G'，我们知道$F - R$中满足$x_s = y$的部分在G_{y0}中的余维数至少是$r + 2$. 所以$F - R$本身在G中的余维数至少为$r + 2$，在F中至少为2. 剩下证明S在F的每个类的闭包中，因为d)的其他结论由此可得. 过渡到群G'，只需在$S = \{1\}$，即F是幂幺元的集合时证明结论. 因此d) 可由下面的引理得到. □

引理4.6.12 U的被T正规化的非空闭子集包含元素1.

证明： 将$u \in A$像4.2.2的b)那样写成$\prod x_\alpha(c_\alpha)$. 令$n(\alpha)$为α的高，对每个$c \in K$，令$u_c = \prod_\alpha x_\alpha(c^{n(\alpha)}c_\alpha)$. 若$c \neq 0$，则$u_c$通过$T$中元与$u$共轭，从而它在$A$中. 若$f$在$U$上正则且在$A$上为0，则$f(u_c)$是$c$的多项式(由4.2.2的b))且在$c \neq 0$时为0，因此在$c = 0$时也为0. 所以$u_0$在$A$中，引理得证. □

推论4.6.13 在半单群中，类是闭的当且仅当它是半单的.

更一般地，我们有：

命题4.6.14 在连通线性群G'中，每个与Cartan子群相交的类是闭集.

证明： 令B'是G'的Borel子群. 因为G'/B'完备(见[8]，p.6-09的定理4)，只需用B'替代G'证明本命题. 令x为B'的Cartan子群中的元，则x将B'中的某个极大环面T'中心化(见[8]，p.7-01的定理1). 因此若如前写成$B' = T'U'$，则x在B'中的类是U'通过共轭作用于B'下的一个轨道. 因为U'幂幺，由[7]得到这个类是闭的. □

注记4.6.15 a) 定理4.6.11中几乎所有的纤维由一个正则半单且同构于G/T的类构成，它可由4.2.15得到.

b) 几乎所有剩余的纤维恰好由类R，S构成，其中$\dim R = \dim S + 2$.

c) 我们自然会想象每个纤维是有限个类的并集，或者等价地说，幂幺类的个数有限. 在特征为0时，有限性可由关于Lie代数的相应结果得到(见[4]，p.359的定理1). 在特征为$p \neq 0$时，我们可以假设G在p元域并有更强的猜想：每个幂幺类有k上点，或者等价地，由4.1.10，每个幂幺类在k上. 最后的结果应该能从下面显然的结果得到：若γ是K的自同构，U的元素$\prod_{\alpha > 0} x_\alpha(c_\alpha)$共轭于$\prod_\alpha x_\alpha(\gamma c_\alpha)$.

d) 应该注意的是对于给定型的群，幂幺类的个数可以随特征改变. 所以对B_2型的群，在特征2时这个数是5，否则这个数是4.

e) 命题4.6.14的逆是错误的.

定理4.6.16 假设G是单连通的，p是4.6.10中G到仿射r-空间V的映射，则G/p作为簇存在且同构于V.

证明： 待证的要点是下面的1)，2)，3).

1) p正则且是满射：显然p正则. T上正则函数的代数在被W固定的子代数上是整的，因此任何从前者到K上的同态可以延拓到前者中的一个(见[2]，p.420的定理5.5). 将它应用于同态$\chi_i|_T \to c_i, c_i \in K, 1 \leq i \leq r$(见定理4.6.1和推论4.6.4)，我们得到存在$t \in T$使得对所有i有$\chi_i(t) = c_i$，从而p是满射.

2) 令f为V上的函数, x是G中元, 则f在$p(x)$处由定义当且仅当$f \circ p$在x处定义. 将f写成V上自然坐标的互素多项式的比值$f = g/h$, 则$g \circ p, h \circ p$作为T上特征的线性组合在T上的限制也是互素的, 否则这些函数的适当幂次有在W下不变的非平凡公因子, 由定理4.6.1和推论4.6.4, 这就与g和h互素的事实矛盾. 若$h(p(x)) \neq 0$, 则显然f在$p(x)$处有定义, 故$f \circ p$在x处有定义. 假设$h(p(x)) = 0$. 因为g, h互素, f在$p(x)$处没定义. 我们可以取$x \in B$, 将它写成$x = tu, t \in T, u \in U$. 令A是G中包含x的开集, 则$Au^{-1} \bigcap T$是T的包含t的开集, 又因为$g \circ p, h \circ p$在T上互素, 且由定理4.2.12和推论4.6.5有$h(p(t)) = h(p(x)) = 0$, 它也包含点t'使得在该点处$h \circ p$为0, 而$g \circ p$不为0. 这样A包含点$t'u$使得在该点处同样的等式成立, 而$f \circ p$在该点处没有定义. 因为A是任意的, $f \circ p$在x处有有定义, 从而2)成立. 由此讨论, 我们可知

(*) G上类函数的定义域由关于p的完全纤维组成.

3) 在映射$f \to f \circ p$下, V上函数域同构地映到G上在p的纤维取常值的函数域: 后一个域由类函数构成, 所以由定理4.6.1的b)和定理4.6.9得到3).   □

我们回顾一下: 正则元构成G的开子簇G'.

推论4.6.17 若G是单连通的, 则G的正则类的集合有p限制到G^r上给出的簇V的结构.

这就意味p限制到G^r有G的正则类作为纤维, 且用G^r替代G, 上面的1), 2), 3)成立. 所有这些结论是显然的.

要结束本节, 我们描述一下G非单连通的情形. 这些证明由于与上面的类似, 故略去. 令$\pi : G' \to G$为G的单连通覆盖, F为π的核. F的元f以数乘$\omega_i(f)$作用于G的第i个基本表示. 所以我们定义F在V上的作用为: $f \cdot (c_i) = (\omega_i(f)c_i)$.

定理4.6.18 假设G半单但不一定单连通, 则G的正则类的集合有同构于商簇V/F的簇结构.

4.7 N的结构

本节中G, N等如§4.1.4所指. 我们的目的是证明: 当G为单连通时, 在4.6.10中的映射p下, N同构于仿射r-空间.

定理4.7.1 定理4.1.4中的集合是G的不可约闭集, 它作为簇在映射$(c_i) \to \prod_i (x_i(c_i)\sigma_i)$下同构于仿射$r$-空间. 特别地, N中的元唯一决定它在定义N的直积中的分量.

引理4.7.2 令$\beta_i = w_1 w_2 \cdots w_{i-1} \alpha_i, 1 \leqslant i \leqslant r, w = w_1 w_2 \cdots w_r$.

a) 这些β_i是正的不同且无关的根.

b) 它们构成在w^{-1}下变成负根的正根的集合.

c) 两个根β的和不会是根.

证明: 因为β_i是α_i加上这些根$\alpha_j, j < i$的线性组合, 我们有a). 在a)中用$\alpha_r, \ldots, \alpha_1$替代$\alpha_1, \ldots, \alpha_r$, 可知$w^{-1}\beta_i = -w_r w_{r-1} \cdots w_{i+1} \alpha_i$都是负的. 因为$w^{-1}$是对应单根的$r$个反射的乘积, 在$w^{-1}$下改变符号的正根不超过$r$个(见[8], p.14-04的推论3), 从而b)成立. 要是两个根β的和是根, 由b)这个根是某个β, 由a)这是不可能的.   □

引理4.7.3 若β_i和w如引理4.7.2所指, $\prod_i X_{\beta_i}$是U中的直积, 若X_w表示这个直积, $\sigma_w = \sigma_1\sigma_2\cdots\sigma_r$, 则$N = X_w\sigma_w$.

证明: 第一部分由引理4.7.2的a)和c)得到, 第二部分由等式$X_{\beta_i} = \sigma_1\cdots\sigma_{i-1}X_i\sigma_{i-1}^{-1}\cdots\sigma_1^{-1}$得到. $\square$

现在考虑定理4.7.1. 由4.2.2的b), 集合$X_w\sigma_w$是不可约闭集, 且通过映射$(c_i) \to \prod_i x_{\beta_i}(c_i)\sigma_w = \prod_i (x_i(a_ic_i)\sigma_i)$同构于$V$, 其中$a_i$是$K^*$中的固定元, 从而定理4.7.1成立.

例子4.7.4 a) 假设$r = 1, G = \mathrm{SL}(2,K)$. 这里我们可以选取$X_1$为超对角幂幺矩阵群, σ_1为矩阵$\begin{pmatrix} 0 & -1 \\ 1 & 0 \end{pmatrix}$, 则$N$由所有形如$y(c) = \begin{pmatrix} c & -1 \\ 1 & 0 \end{pmatrix}$的矩阵组成.

b) 假设$r > 1, G = \mathrm{SL}(r+1,K)$. 这里我们可以选取$x_i(c)\sigma_i$为矩阵$I_{i-1} + y(c) + I_{r-i}$, 其中$y(c)$如a)中所指, I_j为秩是j的单位矩阵, 则N中的元$\prod_i(x_i(c_i)\sigma_i)$在第一行的元素为$c_1, -c_2, \ldots, (-1)^{r-1}c_r, (-1)^r$, 在主对角线正下方的位置上的元素都是1, 其他地方都是0. 这样, 我们得到矩阵的典型标准形, 它是正则的, 意思是它的极小多项式和特征多项式相等. 我们注意到该标准形中的这些参数c就是特征χ_i在考虑的元素处的值. 一般的时候会出现类似的情况. 引理4.7.3中的群X_w在当前的情形由所有在第一行下面的所有行中与单位矩阵一致的幂幺矩阵组成.

下面我们证明(下面的引理4.7.5和命题4.7.8)N本质上不依赖于这些σ_i的选取和单根的标记, 或者等价地, 不依赖于N的乘积中因子的次序. 其他对N的定义必要的选择, 即极大环面T和单根相应的根系是不重要的, 由于有熟知的共轭定理.

引理4.7.5 将每个σ_i替换成在mod T下等价的元σ_i', $N' = \prod_i(X_i\sigma_i')$, 则存在$t, t'$使得$N' = t'N = tNt^{-1}$.

证明: 因为T将每个X_i正规化且自身被每个σ_i正规化, 第一个等式成立. 我们可以写成$tNt^{-1} = tw(t^{-1})N$, 其中w如引理4.7.3所指. 第二个等式由下面的引理得到. $\square$

引理4.7.6 若w如引理4.7.2所指, T的自同态$1 - w : t \to tw(t^{-1})$是满射, 或者等价地, 它在T的对偶X上的转置$1 - w'$是单射.

证明: 假设$(1-w')x = 0, x \in X$, 则$(1-w_1)x = (1-w_2\cdots w_r)x$. 左边是$\alpha_1$的倍数, 右边是$\alpha_2, \ldots, \alpha_r$的线性组合, 故两边为0. 因为$x$被$w_1$固定, 它与$\alpha_1$正交. 类似地, 它与$\alpha_2, \ldots, \alpha_r$正交, 从而是0, 因此$1 - w'$是单射. $\square$

注记4.7.7 a) 上面的推理证明引理4.7.6的结论成立, 如果w是对应r个无关根的反射的乘积.

b) 若G是单连通的, 我们能够用引理4.4.3的4)中的推理证明$1 - w$在T上的核就是G的中心.

命题4.7.8 对每个i, 令y_i为$X_i\sigma_i$的元, 则用这些y_i按$r!$个可能的次序相乘得到的积共轭.

证明: 这个结果以后不会用到. 考虑Dynkin图, 其结点是单根, 关系是非正交性. 因为这个图没有回路(见[9], p.13-02), 一个纯组合的事实是: 单根的循环排列通过一系列只是由在排列中相邻但是在图中不相关的两个根互换组成的移动得到另一个这样的循环排列(见[16]的引理2.3). 现在若α_i与α_j在图中不相关, 即它们正交, 则G_i, G_j的元素间可交换(因为$\alpha_i \pm \alpha_j$不是根), 因此在对每个i有$y_i \in G_i$时,我们的结果成立. 在一般的情形, 如果在上述条件下交换 y_i, y_j, 来自 T 的因子出现, 但是这种现象可以通过 T 中适当的元作共轭消除, 从而命题成立. □

定理4.7.9 令 G 为单连通群, p 如4.6.10中所指的 G 到仿射 r-空间的映射, 则 p 将作为簇的 N 同构地映为 V.

像4.6那样, D 表示 T 上形如 $\omega = \sum_j n_j \omega_j, n_j \geq 0, \omega_j$ 如4.2.6所指的特征的集合. 我们在这种情形记 $n_j = n_j(\omega)$.

定义4.7.10 $\omega_j < \omega_i$ 的意思是: a) $i \neq j$; b) 存在 $\omega \in D$ 使得 $\omega_i - \omega$ 是正根的和, 且 $n_j(\omega) > 0$.

引理4.7.11 4.7.10中的关系 $<$ 是严格偏序.

证明: 若 $\omega_k < \omega_j, \omega_j < \omega_i$, 则 $k \neq i$, 因为正根与 D 中非零元的和不可能是0, 除非它是空集, 从而本引理成立. □

注记4.7.12 对 A_r, B_2, D_4 型的单群, 关系 $<$ 是空集, 对于其他型的单群, 此关系非空.

引理4.7.13 假设 $\sigma_i \in G_i, T_i = G_i \bigcap T$, 则存在 T_i 到 $X_i - \{1\}$ 的双射 β 使得 $x = \beta t$ 当且仅当 $(xt\sigma_i)^3 = 1$.

证明: 由[8], p.23-02的命题2, 群 G_i 同构于 $SL(2)$. 将 T_i, X_i 分别与 $SL(2)$ 的对角群和超对角幂幺元矩阵等同, 经过简单计算, 我们得到此引理. □

引理4.7.14 假设 G 是单连通的, 对每个 i, 在 G_i 中选取作为定义 N 的 σ_i. 令同构 $x_i : K \to X_i$ 正规化使得 $x_i(-1) = \beta(1)$, 其中 β 如引理4.7.13所指. 令 ψ_i 为 N 上由 $\prod_j (x_j(c_j)\sigma_j) \to c_i$ 定义的函数, 则存在函数 $f_i, g_i, 1 \leq i \leq r$ 使得:

a) f_i, g_i 分别是整系数在满足 $\omega_j < \omega_i$ (见定理4.7.10)的那些 ψ_j, χ_j 中的多项式.
b) 在 N 上, 我们有 $\chi_i = \psi_i + f_i, \psi_i = \chi_i + g_i$.

令 i 固定, V_i 为 G 的第 i 个基本表示空间. 对每个权(T 上的特征)ω, 令 V_ω 为根据 ω 变化的向量的子空间. 为了证明我们的结论, 我们用以下引理的形式回顾不可约表示的性质.

引理4.7.15 a) $\sum\limits_\omega V_\omega = V_i, V_i$ 为全空间.
b) 若 $\omega = \omega_i$ 为最高权, 则 $\dim V_\omega = 1$.
c) 若 $\omega_i - \omega$ 不是正根的核, 则 $V_\omega = 0$.
d) 若 v 在 V_ω 中, $1 \leq j \leq r$, 对 $n \geq 1$, 我们设 $\omega(n) = \omega + n\alpha_j$, 则存在 $V_{\omega(n)}$ 中的向量 v_n 使得 $x_j(c)v = v + \sum\limits_n c^n v_n, \forall c \in K$.

这些性质的证明可以在[8], Exp.15和p.21-01的引理1找到.

现在令 x 为 N 中的元. 我们写成 $x = \prod\limits_j y_j, y_j = x_j(c_j)\sigma_j$, 分若干步计算 $\chi_i(x)$:

1) 若 $v \in V_\omega, \omega(n) = \omega + (n - n_j(\omega))\alpha_j, n \geq 1$, 存在 $V_{\omega(n)}$ 中的元 v_n 使得 $y_i v = \sigma_j v + \sum\limits_n \psi_j(x)^n v_n$. 该结论可由4.7.15 的d)得到, 因为 $\sigma_j v$ 对应权 $w_j \omega = \omega - n_j(\omega)\alpha_j$.

2) 令 π_ω 为引理4.7.15的a)确定的在 V_ω 上的射影, 则 $\pi_\omega x \pi_\omega = \prod\limits_j (\pi_\omega y_j \pi_\omega)$. 该结论可由1)以及这些根 α_j 的无关性得到.

3) $\chi_i(x) = \sum\limits_\omega \operatorname{tr} \pi_\omega x \pi_\omega$. 该结论可由正交分解 $1 = \sum\limits_\omega \pi_\omega$ 得到, 由引理4.7.15的a)分解成立.

4) 若$\omega = \omega_i$为最高权, 则$\operatorname{tr}\pi_\omega x\pi_\omega = \psi_i(x)$. 令$v$为$V_w$的一组基(见引理4.7.15的b)), $v' = -\sigma_i v$, 则由引理4.7.15的c), d), $y_i = x_i(c_i)\sigma_i$固定v, v'生成的空间V', 且将这些向量分别映为$-v' + ac_i v, bv, a, b \in K$. 由简单计算可知在$V'$上有$y_i^3 = 1$当且仅当$b = 1, ac_i = -1$. 由于我们对$x_i$的所作的正规化, 只有$c_i = -1$成立, 故$a = 1$. 所以$\pi_\omega y_i \pi_\omega v = c_i v$. 若$j \neq i$, 则由4.2.6有$w_j\omega = \omega$, 所以$X_j, \sigma_j$, 从而它们生成的群$G_j$固定$v$的直线, 所以固定$v$本身, 因为$G_j$等于它的换位子群. 由2), 我们推出$\pi_\omega x\pi_\omega v = c_i v$, 因此4)成立.

5) 若ω在D中且$\omega \neq \omega_i$, 则$\operatorname{tr}\pi_\omega x\pi_\omega$只依赖于满足$\omega_j < \omega_i$的那些$\psi_j(x)$. 我们可以假定$V_\omega \neq 0$. 由1), 2)可知$\pi_\omega x\pi_\omega$只依赖于满足$n_j(\omega) > 0$的那些$\psi_j(x)$. 因为由引理4.7.15的c), $\omega_i - \omega$ 是正根的和, 这就得到5).

6) 若$\omega \notin D$, 则$\pi_\omega x\pi_\omega = 0$. 如果$j$满足$n_j(\omega) < 0$, 则由1), $\pi_\omega y_j\pi_\omega = 0$, 故由2)得到6).

7) 函数χ_i是关于ψ_j的整系数多项式. 由1)我们有多项式. 整性由下述事实得到: 存在V_i的一组基, 在这组基下每个σ_j整性地作用, 每个$x_j(c_j)$是整系数的多项式, 该事实在特征不为0时在[17]中证明了, 在特征为0时在[14] 中证明了.

现在证明引理4.7.14. 我们只需综合上面的3), 4), 5), 6), 7)得到关于f_i的结论, 然后解方程$\chi_i = \psi_i + f_i$递归地得到ψ_i, 从而得到关于g_i的结果.

现在我们能够证明定理4.7.9. 由引理4.7.5, 我们可以假设对每个i, $\sigma_i \in G_i$. 这样由定理4.7.1, 引理4.7.14中的函数ψ_i是N的仿射坐标, 故定理4.7.9由引理4.7.14得到.

推论4.7.16 a) N是定理4.7.9中p的纤维的截影.

b) 若利用引理4.7.14中的正规化, G到N相应的收缩映射$q : x \rightarrow \prod_i x_i(\chi_i(x) + g_i(x))\sigma_i$给出$G$上的商结构, 它同构于$p$给出的结构.

c) 由N中元素的半单部分组成的集合$s(N)$是G的半单类的截影.

证明: 关于q的公式由引理4.7.14得到, a), b)的其他部分由定理4.7.9得到; c)由定理4.6.11的d)得到. 我们注意到$s(N)$不可能是闭的或连通的, 只是可建造的. $\qquad\square$

4.8 定理4.1.4与4.1.5的证明

由定理4.7.9可知若G是单连通的, N中不同的元在不同的共轭类中. 所以定理4.1.4和4.1.5是如下结果的推论.

定理4.8.1 令G为单连通的(且半单), $x \in G$, N如定理4.1.4中所指, 则下面的结果等价:

a) x正则.

b) x与N中的一个元共轭.

c) 这些微分$\mathrm{d}\chi_i$在x处无关.

引理4.8.2 在定理4.8.1的假设下, 令ψ_i表示χ_i在T上的限制, ω_0表示基本权的乘积$\prod_i \omega_i$, T上的函数定义为$\prod_i(\mathrm{d}\psi_i) = f\prod_i(\omega_i^{-1}\,\mathrm{d}\omega_i)$, 这里的乘积是微分形式的外积, 则$f = \sum_\omega (\det w)w\omega_0 = \omega_0\prod_\alpha(1-\alpha^{-1})$, 我们对$w \in W$求和, 对正根$\alpha$求积.

证明: 我们将从 $\psi_i = \operatorname{sym}\omega_i + \sum_\delta c_i(\delta)\operatorname{sym}\delta, \delta \in D, \delta < \omega_i, c_i(\delta) \in K$(见引理4.6.3中的记号)推出这个结果. 用未定元代替这些 c, 我们可以将待证的等式视为整系数在 T 的对偶的群代数中的形式等式, 因此只需在特征为0时证明等式. 首先, f 是斜的: $wf = (\det w)^{-1}f, \forall w \in W$. 我们有 $w\,\mathrm{d}\,\psi_i = \mathrm{d}\,\psi_i$, 且若 $w\omega_i = \prod_j \omega_j^{n(i,j)}$, 则 $w(\omega_i^{-1}\,\mathrm{d}\,\omega_i) = \sum_j n(i,j)\omega_j^{-1}\,\mathrm{d}\,\omega_j$, 从而得到 $f = \omega f \cdot \det(n(i,j)) = wf \cdot \det w$, 因为 $\prod_i \omega_i^{-1}\,\mathrm{d}\,\omega_i \neq 0$. 由于 f 是斜的且特征为0, 我们有

$$(*) \qquad\qquad f = \sum_\delta c(\delta)\sum_w (\det w)w\delta, \ \delta \in D, c(\delta) \in K,$$

内和在 W 上取, 外和在 D 上取. 由 ψ_i 的表达式, 我们有 $\mathrm{d}\,\psi_i = \omega_i(\omega_i^{-1}\,\mathrm{d}\,\omega_i)+$形如 $\omega(\omega_j^{-1}\,\mathrm{d}\,\omega_j)$ 的项的组合, 其中 ω 比 ω_i 低(相差正根的积), 因此 $f = \omega_0+$低次项. 所以在上面的 $(*)$, $c(\omega_0) = 1$, 当 δ 不低于 ω_0 时 $c(\delta) = 0$. 若 δ 低于但不同于 ω_0, 则 δ 与某个 α_i 正交(若 $\delta = \prod_i \omega_i^{n(i)}$, 则某个 $n(i)$ 小于 ω_0 相应的指数, 故为0), 从而 $\sum_w (\det w)w\delta = 0$. 因此 $(*)$ 变成 $f = \sum_w (\det w)w\omega_0$. 本引理最后一个等式是熟知的Weyl等式(见[18], p.386). □

注记4.8.3 若不计常数因子, 上面的 $\prod_i(\omega_i^{-1}\,\mathrm{d}\,\omega_i)$ 是 T 上在平移下不变的唯一微分 r-形式, 即 T 的"体积".

引理4.8.4 令 G' 表示 T 的邻域 $U^- TU$(见4.2.3), π 表示 G' 到 T 的自然射影. 对每个 α, y_α 为 G' 到 X_α 的射影和 X_α 到 K 的同构的合成, 则:

a) 若 f 是 G 上的正则函数, 它在 G' 上的限制是关于函数 $y_\alpha, \omega_i^{\pm 1}\circ\pi$ 的单项式的组合.

b) 若 f 还是类函数且该组合是不可简化的, 则每个单项式关于这些 y_α 的全次数是0 或者至少为2.

证明: 这里 $_{\mathbf{a}}$ 由4.2.3得到. 在b)中, 没有哪个单项式恰好含有 y_α(次数为1), 否则用 $t \in T$ 作共轭并利用4.2.1就得到 $\alpha(t) = 1, \forall t \in T$, 矛盾. □

引理4.8.5 令 ψ_i 如引理4.8.2所指, 则在 T 的所有点上有 $\mathrm{d}\,\chi_i = \mathrm{d}\,\psi_i\circ\mathrm{d}\,\pi$.

证明: 这里 t 处的切空间作为 G 中的元素与其切空间作为 G' 的元素等同. 由引理4.8.4的b), 我们有 G' 上的等式 $\chi_i = \psi_i\circ\pi+$关于 y_α 次数至少为2的项. 因为每个 y_α 在 T 上为0, 我们有 $\mathrm{d}\,\chi_i = \mathrm{d}\,\psi_i\circ\mathrm{d}\,\pi$. □

引理4.8.6 若 x 半单, 定理4.8.1的a), c)等价.

证明: 我们可以取 $x \in T$. 由引理4.8.5和 $\mathrm{d}\,\pi$ 的满性(从 x 在 G' 中的切空间到它在 T 中的切空间), 这些 $\mathrm{d}\,\chi_i$ 在 x 处无关当且仅当这些 $\mathrm{d}\,\psi_i$ 无关, 由引理4.8.2, 该结论成立当且仅当对每个根 α 有 $\alpha(x) \neq 1$, 即当且仅当 x 正则(由4.2.12). □

我们现在能证明定理4.8.1. 由定理4.7.9可知b)意味c), 由推论4.5.5和引理4.8.6可知c)意味a). 现在假设 x 正则. 由定理4.7.9, 存在唯一的元于 N 和 p 的包含 x 的纤维中. 于是 y 正则, 因为已经证明了b)意味a), 从而由定理4.6.11的c)可知 x 与 y 共轭. 所以a)意味b), 定理4.8.1得证.

利用上面的方法, 我们也能证明:

定理4.8.7 定理4.8.1在没有单连通的假设下, 条件a), b)等价且可由下面的结果推出:

c') 存在 G 上 r 个微分在 x 处无关的正则类函数.

我们也能证明N中与给定的元素$\prod_i x_i(c_i)\sigma_i$共轭的元素形如$\prod_i x_i(\omega_i(f)c_i)\sigma_i, f \in F$, 其中用到定理4.6.18前一段中的记号.

注记4.8.8 若$w = w_1 w_2 \cdots w_r$, 不仅N中的元素, 双陪集$B\sigma_w B$中的元素也正则. 这个结论依赖于引理4.7.3, 4.7.5以及下面略去证明的结果.

命题4.8.9 若w如上, 则从$\sigma_w U^- \sigma_w^{-1} \bigcap U$与$\sigma_w^{-1} U \sigma_w \bigcap U$的Descartes积到$U$的映射$(u_1, u_2) \to u_2^{-1} \cdot u_1 \cdot \sigma_w u_2 \sigma_w^{-1}$是双射.

4.9 N的有理性

以后k表示我们的万有域的完全子域, 为方便起见, 假设K是k的代数闭包, Γ表示K在k上的Galois群. 本节中, G是单连通半单群. 若G在k上(定义), 自然会问N或者适当的类似物是否能够在k上构造. 正如下面的结果表明的那样, 一般来说答案是否定的.

定理4.9.1 若G在k上, 则存在k上正则类的截影C的必要条件是存在k上的Borel群.

证明: 因为C中唯一的幂幺元显然在k上, 所以包含它的唯一Borel子群也在k上(参见引理4.3.2和定理4.3.3). □

我们现在要证明, 这个必要条件非常接近于充分条件. 我们首先考虑一个限制更多的情形: G在k上分裂, 即G在k上且包含其特征都在k上的极大环面.

定理4.9.2 若G在k上分裂, 则定理4.1.4中的N能(从而推论4.7.16, c)中的$s(N)$也能)在k上构造.

证明: 令G关于极大环面T分裂. 因为单根α_i在k上, X_i也如此, 剩下选取在k上的每个σ_i. 我们从任意选取的σ_i开始. 这时映射$\gamma \to \sigma_i^{-1}\gamma(\sigma_i) = x_\gamma$是$\Gamma$到同构于$K^*$的群, 即$G_i \bigcap T$的上循环. 换言之:

定理4.9.3 a) $x_{\gamma\delta} = x_\gamma\gamma(x_\delta), \forall \gamma, \delta \in \Gamma$.

b) 存在Γ的有限指标子群Γ_1使得$\gamma \in \Gamma_1$时$x_\gamma = 1$.

由著名的Hilbert定理(例如参见[11], p.159), 这个上循环是平凡的, 即存在$t_i \in T$使得$x_\gamma = t_i\gamma(t_i^{-1}), \forall\gamma \in \Gamma$. 于是$\sigma_i t_i$在$k$上, 证毕. □

定理4.9.4 假设G在k上, 并且包含k上的Borel子群. 进一步假设G不包含A_n型(n为偶数)单分支, 则定理4.1.4中的集合N能够在k上构造.

证明: 令B为k上的Borel子群, 它包含k上的极大环面. 若k是无限域, 由4.2.14和Rosenlicht 定理([6], p.44)可知G_k在G中稠密; 而k为含q个元的有限域时, 设β为q幂自同构. 任选极大环面T', 则有$x \in B$使得$x\beta(T')x^{-1} = T'$(共轭定理), 又有$y \in B$使得$x = y^{-1}\beta(y)$(Lang定理[5]), 故$T = yT'y^{-1}$. 我们将根排序使得B中元对应正根集. Γ置换这些轨道中的单根α_i. 我们将这些α_i排序使得同一轨道的那些放到一起. 如果我们对N的乘积中对应同一轨道的部分能在k上构造, 则我们能在k构造N. 所以我们可以假设只有一个轨道. 令Γ_1为α_1在G_a中的稳定化子, k_1为K中对应的子域, 则α_1在k_1上, 从而G_1(相应的秩为1的群)也在k_1上, 所以在定理4.9.2中用G_1替代G可得$X_1\sigma_1$能在k_1上构造. Γ在这个集合上的作用确切地得到集合$X_i\sigma_i, 1 \leqslant i \leqslant r$. 但是这些集合两两交换: 这些根(每个轨道中)正交, 因为排除了A_n型(n为偶数). 因此它们的乘积被Γ中所有元固定, 从而在k上, 证毕. □

推论4.9.5 在定理4.9.2和4.9.4的假设下, 从k上正则元的集合到k上正则类的集合的自然映射(包含映射)是满射. 换言之, k上每个正则类包含k上的元素.

证明: 令c为k上的正则类, 则由定理4.9.2或4.9.4, $C \bigcap N$在k上, 且由定理4.1.4, 它由一个元组成, 故推论成立. □

注记4.9.6 对于A_n型(n为偶数)的群, 我们不知道对于G的正则类, 甚至4.6.10中映射p的纤维(若V在k上适当定义, 它能在k上取到)是否在k上存在整体不可约闭截影, 尽管对A_2型群的研究让人对这些可能性产生怀疑. 我们所能证明的是存在具备上述性质的局部截影(覆盖V中的稠密开集), 见下面的定理4.9.7, c).

定理4.9.7 假设G在k上且包含k上的Borel子群, 假设G的每个单分支是A_n型(n是偶数), 则存在G中的子集N'满足下面的性质:

a) N'是有限个G的不可约闭子集的无交并.

b) N'是4.6.10中的p的纤维的截影.

c) p将N'的每个分支同构地映到V的子簇上, 且将由正则元组成的分支同构地映到V的稠密开子集上.

d) $s(N')$是G的半单类的截影.

e) N'的每个分支在k上.

为了继续我们的主体论述, 我们将N'的构造放到本节的末尾.

定理4.9.8 若G在k上(不管它有没有A_n型(n是偶数)的分支), 且包含k上的Borel子群, 从k上半单元的集合到k上半单类的集合是满射.

证明: 注意这是引言中的定理4.1.7. 容易看到, 我们可以假设G的任何分支都不是或者都是A_n型(n为偶数). 在第一种情形, 我们在推论4.9.5的证明中用$s(N)$替代N, 用推论4.7.16, c)替代定理4.1.4, 而在第二种情形, 我们代之以$s(N')$和定理4.9.7, d). □

注记4.9.9 G无需半单, 定理4.9.8也正确. 因为令A为满足其他假设的连通线性群. 若R是幂幺根, 则A/R是连通约化群, 从而由A单连通, 它是环面和单连通半单群的直积. 故要征得结果对A/R成立. A在k上的半单类包含k上的一个元$x \bmod R$. 于是映射$\gamma \to x^{-1}\gamma(x)$定义到$R$的上循环, 因$R$幂幺, 这个上循环平凡(见[12], 命题3.1.1), 断言成立.

定理4.9.8有一个逆定理:

定理4.9.10 若G在k上且定理4.9.8中的映射是满射, 则G包含k上的Borel子群.

证明: 若k有限, 由Lang定理得到结论(见定理4.9.4的证明), 甚至不需要满性的假设. 以下假设k无限. 令F为G的中心, n为F的阶, h为最高根的高, c, c'为k^*中的元, 使得$c = c'^n$, 且c的阶大于$h+1$. 令T为k上的极大环面(关于存在性, 见定理4.9.4的证明), t'是T中元使得对于某组单根中的每个α_i有$\alpha_i(t') = c'$.

1) t正则: 若α是高为m的根, 则$\alpha(t) = c^m \neq 1$, 故1)成立. 因为$c^m = c$当且仅当$m = 1$, 我们也有:

2) 若α是满足$\alpha(t) = c$的根, 则α是单根.

3) t的类在k上. Galois群Γ的每个元γ作为自同构作用于根系上, 从而决定Weyl 群的唯一元w使得$w_\gamma \circ \gamma$置换单根. 因为$\alpha_i(t')$与i无关且在k中, 我们有$\alpha_i((w_\gamma \circ \gamma)(t')) = ((w_\gamma \circ \gamma)^{-1}(\alpha_i))(t') = \alpha_i(t')$, 因此对某个$f \in F$有$(w_\gamma \circ \gamma)(t') = ft'$. 因此$(w_\gamma \circ \gamma)(t) = f^n t = t$, 这就得到3).

129

4) 我们能将上面的T, t正规化使得1), 2)成立, 且t还在k上. 由定理中满性的假设, 存在与t共轭且在k上的t''. 任何将t变为t''的内自同构把T 映为一个极大环面T'', 它一定在k上, 因为由1)和4.2.11, 它是唯一包含t'' 的极大环面; 并且也把关于T的单根系映到关于T''的单根系使得等式$\alpha_i(t) = c$保持. 用T'', t''替代T, t, 我们得到4).

现在由4), 我们有$(\gamma\alpha_i)(t) = (\gamma\alpha_i)(\gamma t) = \gamma(\alpha_i(t)) = \gamma(c) = c$, 因此由2), $\gamma\alpha_i$是单根. 每个γ保持正根集, 故也保持相应的Borel子群, 所以在k 上, 证毕. □

还剩下定理4.9.7中N'的构造. 若G是A_n型(n为偶数), 在其中T等给定了, 并将使用下面的记号. 单根从Dynkin图的一端到另一端标记为$\alpha_1, \alpha_2, \ldots, \alpha_n$(见[8], p.19-03). 我们记$n = 2m$, 设$\alpha = \alpha_m + \alpha_{m+1}$ 为一个根, 令G_α表示由$X_\alpha, X_{-\alpha}$生成的秩为1的群, 记$T_\alpha = T \bigcap G_\alpha$, σ_α为根据关于α的反射将T正规化的元. 单根系的自同构群将α_i与α_{2m+1-i}配对, 后者与α_i正交, 除非$i = m$. 因此只有N的对应α_m, α_{m+1}的部分需要修改(见定理4.9.4的证明).

定理4.9.11 令G如定理4.9.7所指. 若G包含一个分支, 假设(用上面的记号)选取σ_i, σ_α在$G_i, G_\alpha, i \neq m, m+1$中是正规化的, u_m, u_{m+1}是X_m, X_{m+1}中不同于1的元, N'', N'''分别是$X_\alpha\sigma_\alpha, u_{m+1}u_m X_\alpha\sigma_\alpha T_\alpha$与$\prod_j X_j\sigma_j, j \neq m, m+1$的乘积, N'是N''与N'''的并集. 若G是几个分支的乘积, 假设构造N'为相应的乘积, 则我们有定理4.9.7中a)到c)的结果.

像在4.7中对N做的那样, 我们开始研究N'', N'''. 下面的结果很有用.

引理4.9.12 a) 根列$S = \{\alpha_1, \ldots, \alpha_{m-1}, \alpha, \alpha_{m+2}, \ldots, \alpha_{2m}\}$给出$A_{2m-1}$型的单根组.

b) 若G'是G中对应的半单子群, 则G'中构造的N''满足G中构造N的法则.

证明: 容易验证a), b)是显然的. □

引理4.9.13 N'', N'''是G的不可约闭子集. Descartes积$X_\alpha \times \prod_j X_j, X_\alpha \times T_\alpha \times \prod_j X_j$分别到$N'', N'''$的自然映射是簇的同构. 特别地, N''或N'''中的每个元唯一确定它的分支.

证明: 关于N''的结论由定理4.7.1和引理4.9.12得到, 关于N'''的结论类似可证. □

引理4.9.14 若u_m, u_{m+1}被另外的u'_m, u'_{m+1}替代, 则N''' 被T下的共轭替代.

证明: 我们能在T中找到t将u_m, u_{m+1}变为u'_m, u'_{m+1}, 因为只有$\alpha_m(t), \alpha_{m+1}(t)$相关(见4.2.1), 所以也有$\alpha_j(t) = 1, j \neq m, m+1$, 这里我们用到单根的无关性. 用$t$作$N'''$的共轭, 我们得到本引理. □

引理4.9.15 就像引理4.7.14在N上定义的函数ψ_i, 令函数$\psi_i, i \neq m, m+1, \psi_\alpha$在$N''$上定义. 进一步设$\chi_0 = \chi_{2m+1} = 1, \psi_0 = \psi_{2m+1} = 1$, 则在$N''$上有:

a) 若$1 \leqslant i \leqslant m - 1, \chi_i = \psi_i + \psi_{i-1}$.

b) 若$m + 2 \leqslant i \leqslant 2m, \chi_i = \psi_i + \psi_{i+1}$.

c) $\chi_m = \psi_\alpha + \psi_{m-1}$.

d) $\chi_{m+1} = \psi_\alpha + \psi_{m+2}$.

证明: 1) 令ρ_i为G的第i个基本表示, ρ'_i为G'的第i个基本表示(根据引理4.9.12 中的序列S), 则ρ_i在G'上的限制同构于ρ'_i与ρ'_{i-1}的直和, 其中ρ'_0是平凡表示: 我们可以将G与$SL(L)$等同, 将G'与子群$SL(L') \times$

$\mathrm{SL}(L'')$等同, 其中L', L''分别是秩为$2m, 1$的向量空间, L 是它们的直和, 于是ρ_i可以实现为G 在L上秩是r的斜张量空间$\wedge^i L$上的作用. 由此以及典型分解$\wedge^i L = \wedge^i L' \stackrel{\circ}{+} \wedge^{i-1} L' \otimes L''$, 我们得到1).

我们将使用引理4.7.14中的记号D, V_ω, π_ω等.

2) 若引理4.7.14中的G是A_r型, 则有:

a) D中唯一的权ω使得$V_\omega \neq 0$, 若$\omega = \omega_i$.

b) 函数f_i为0:

利用1)中ρ_i的实现, 我们可知V_{ω_i}在Weyl群W下的变换生成V_i. 因为D是关于W 的作用的基本域, 这就证明了a). 参考引理4.7.14的证明, 由a), 5) 中对$\chi_i(x)$有用的是0, 故b)成立.

3) 用特征改写1)有$\chi_i = \chi_i' + \chi_{i-1}'$, 然后对群$G'$利用引理4.9.12 和在上面2)的b)中细化的引理4.7.14即得本引理. $\qquad\square$

引理4.9.16 令ψ_i, ψ_α如引理4.9.15所指, 但不是在N''上, 而是在N'''上. 选定u_m, u_{m+1}使得(X_α到K的同构)ψ_α 最终将换位子(u_{m+1}, u_m)映为1. 令φ_α表示射影$N''' \to T_\alpha$ 与赋值$t \to \alpha_m(t)$(或$\alpha_{m+1}(t)$)的合成, 则在N'''上满足引理4.9.15中的a), b), 还有:

c) $\chi_m = \varphi_\alpha \psi_\alpha + \psi_{m-1}$.

d) $\chi_{m+1} = \varphi_\alpha + \varphi_\alpha \psi_\alpha + \psi_{m+2}$.

证明: 1) 假设$1 \leq i \leq m$, 则恰好存在两个权ω使得对引理4.9.12中序列S的所有元β有$(\omega, \beta) \geq 0$, 且$V_\omega \neq 0$. 对这两个ω有$\dim V_\omega = 1$. 其中一个是最高权ω_i, 另一个设为ω_i'与S中除了第$i-1$个之外的所有项正交. 由引理4.9.15中的2), a)和引理4.7.15中的b), 引理4.9.15中表示ρ_i, ρ_{i-1}'的最高权满足前两个结论. 最后因为ω_i与S中的第i项不正交, ω_i一定对应ρ_i', 而不是ρ_{i-1}'.

现在令$x = y_\alpha \prod_j y_j = y_\alpha y$为$N'''$中的元, 其中$y_\alpha \in u_{m+1} u_m X_\alpha \sigma_\alpha T_\alpha, y_j \in X_j \sigma_j, j \neq m, m+1$.

2) $\pi_\omega x \pi_\omega = \pi_\omega y_\alpha \pi_\omega \prod_j (\pi_\omega y_j \pi_\omega) = \pi_\omega y_\alpha \pi_\omega \cdot \pi_\omega y \pi_\omega$. 与引理4.7.14中2)的证明类似.

3) $\chi_i(x) = \sum_\omega \mathrm{tr}\, \pi_\omega x \pi_\omega, \omega = \omega_i, \omega_i'$. 利用引理4.7.14中6)类似的证明, 由上面的1)得到该结果.

4) a)的证明: 因为$1 \leq i \leq m-1$, 1)中的ω_i, ω_i'都与$\alpha_m, \alpha_{m+1}, \alpha$正交. 因此, 若$\omega = \omega_i$或$\omega_i'$, z为G_m, G_{m+1}生成的群中的元, 则在V_ω上$\pi_\omega z \pi_\omega = 1$, 从而$\pi_\omega x \pi_\omega = \pi_\omega \sigma_\alpha y \pi_\omega$, 对3) 稍加推广, 我们得到$\chi_i(x) = \chi_i(\sigma_\alpha y)$. 这里$\sigma_\alpha y \in N''$, 所以可以应用引理4.9.15中的a), 故结论得证.

5) c)的证明: 这里$i = m$. 若$\omega = \omega_m'$, 则ω与α正交, 故如同4), $\pi_\omega x \pi_\omega = \pi_\omega \sigma_\alpha y \pi_\omega$. 现在将在引理4.9.15证明中2)的b) 细化的引理4.7.14 应用到G'的表示ρ_{m-1}'(见引理4.9.15中的1)), 我们得到

$$(*) \qquad\qquad \mathrm{tr}\, \pi_\omega x \pi_\omega = \psi_{m-1}(x).$$

现在假设$\omega = \omega_n$. 我们像定理4.9.11那样写成$y_\alpha = u_{m+1} u_m u_\alpha \sigma_\alpha t_\alpha$并将选取的$\sigma_m, \sigma_{m+1}$正规化, 使得它们在$G_m, G_{m+1}$中, 并且$\sigma_\alpha = \sigma_{m+1} \sigma_m \sigma_m^{-1}$, 然后写成$y_\alpha = z_1 z_2 z_3 t_\alpha$, 其中$z_1 = u_{m+1} \sigma_{m+1}, z_2 = \sigma_{m+1}^{-1} u_\alpha \sigma_\alpha \sigma_{m+1}, z_3 = \sigma_{m+1}^{-1} \sigma_\alpha^{-1} u_m \sigma_\alpha$. 这里$z_1, z_3 \in G_{m+1}, z_2 \in G_m$. 因子$t_\alpha$作为数乘$\alpha_m(t_\alpha) = \varphi_\alpha(x)$作用于$V_\omega$. 由于$\omega$ 与α_{m+1}正交, 因子z_3可以消除. 由α_m, α_{m+1}的无关性(见引理4.7.15的d)), 我们也可以消除z_1. 所以由引理4.7.14中的4), 在V_ω上有$\pi_\omega x \pi_\omega = \varphi_\alpha(x) \pi_\omega z_2 \pi_\omega = \varphi_\alpha(x) \psi_\alpha(x)$. 由此以及上面的$(*)$, 我们得到c).

6) b), d)的证明: 将固定T且交换根α_i和$\alpha_{2n+1-i}, 1 \leq i \leq m$的自同构用于$G$上, 我们从a)得到b), 从c)得到d). 对于后一情形, 我们需要注意反向取u_m 和u_{m+1}的乘积, 这时上面5)中的u_α应该用$(u_{m+1}, u_m) u_\alpha$替代, 因为原来在这个换位子上的假设产生了额外的项φ_α. $\qquad\square$

注记4.9.17 注意这个额外的项φ_α正是我们需要的, 它的存在与X_m, X_{m+1}有直接关系. 这还算公平, 因为本文的发展中我们也做了这件事.

推论4.9.18 $\sum\limits_{i=0}^{n+1}(-1)^i\chi_i$在$N''$上为$0$, 在$N'''$上为$(-1)^{m+1}\varphi_\alpha$.

证明: 如果我们利用引理4.9.15和4.9.16, 则在第一种情形所有项消去了, 而在第二种情形, 只剩下一项. $\qquad\square$

因此我们也可以将推论4.9.18表达为: 若G表示成SL$(n=1)$, N''中的元有1作为特征值, 而N'''中的元没有.

推论4.9.19 令p, V如4.6.10所指. 令$f: (c_1, \ldots, c_n) \to \sum\limits_{i=0}^{n+1}(-1)^ic_i, c_0=c_{n+1}=1$为函数, V'', V'''分别为$f=0, f\neq 0$定义的V的子簇, 则:

a) p将N'', N'''同构地映为V'', V'''.

b) N'''中的所有元正则.

证明: 由引理4.9.12和定理4.7.1, 函数$\psi_i, i\neq m, m+1, \psi_\alpha$可以用作$N''$上的坐标. 所以函数$\chi_m, i\neq m$也可以用来做坐标, 第一个集合可以用关于它们在引理4.9.15中a), b), d)的递归解表示. 后一类函数是V的典型坐标, 除了第m个取成V''上的坐标在p下的像. 因此p将N''同构地映成V''. 关于N'''和V'''的证明类似: 首先我们如同引理4.9.16那样将u_m, u_{m+1}正规化, 由定理4.9.4这是可行的, 然后在引理4.9.16中依次解出φ_α(见推论4.9.18), $\psi_i, \varphi_\alpha\psi_\alpha$. a)中的第二个同构意味这些微分d$\chi_i$在$N'''$的所有点上无关, 所以定理4.1.5意味b). $\qquad\square$

注记4.9.20 我们能证明N''的正则元是那些满足$\sum\limits_{j=0}^{n+1}(-1)^jj\chi_j\neq 0$的元.

现在我们能证明定理4.9.7和4.9.11. 由引理4.9.13, 我们有a), 由推论4.9.19, 我们有b)和c), 故由b)也有d). 证明定理4.9.4中用k_1, Γ_1的论证方法可以用来将e)的证明简化为G由一个分支构成的情形. 按照定理4.9.4的证明进行, 我们归结于证明对应指标$m, m+1$以及α的部分N'', N'''能够在k上构造. 因为α在k上, T_α, X_α也如此, 由4.9.3, 我们能作k上的$X_\alpha\sigma_\alpha$. 最后, 由Hilbert定理([11], p.159)和上面提到的k_1, Γ_1的简化, 我们能在定理4.9.11中选取u_m, u_{m+1}使得u_mu_{m+1}在$X_mX_{m+1}X_\alpha/X_\alpha$的类$u_mu_{m+1}$在$k$上, 故c)成立.

4.10 上同调的一些应用

保留4.9中关于k, K的约定.

首先我们证明定理4.1.8. 我们回顾一下: $H^1(k, G)$是由Galois群Γ到群G的所有上循环组成, 即满足4.9.3的函数$\gamma\to x_\gamma$模等价类: $(x_\gamma)\sim(x'_\gamma)$, 如果有某个$a\in G$使得$x'_\gamma=a^{-1}x_\gamma\gamma(a), \forall\gamma\in\Gamma$. 关于这个概念的重要性以及基本性质, 请读者参考[11, 12, 13]. 我们从任意上循环(x_γ)开始, 希望构造在k上环面中取值的等价上循环. 先假设k有限. 令q为k的阶, β为q次幂同态. 由Lang定理([5]), 存在G中元a使得$a^{-1}x_\beta\beta(a)=1$. 因为β和任何有限指标子群生成Γ(换言之, k的任何有限扩张的Galois群由β的限制生成), 由4.9.3的b)得到对任意的γ有$a^{-1}x_\gamma\gamma(a)=1$, 因此$(x_\gamma)\sim(1)$. 现在假设$k$无限. 我们构作上循环$x$缠绕$G$得到的群$x(G)$(例如见[13]). 这个群在$k$上, 且在$K$上同构于$G$. 若$x(G)$与$G$等同,

则$\gamma \in \Gamma$在$x(G)$上的作用为$x(\gamma) = i(x_\gamma) \circ \gamma$, 其中$i(x_\gamma)$表示$x_\gamma$的内自同构. 由4.2.15和Rosenlicht稠密定理([6], p.44), 存在$x(G)$中在k上的强正则元y. 因此

$$(*) \qquad\qquad i(x_\gamma)\gamma(y) = y, \; \forall \gamma \in \Gamma.$$

所以y在G中的共轭类在k上, 从而由定理4.1.7, 它包含k上的元z. 记$y = i(a)z, a \in G$, 代入$(*)$, 我们推出$a^{-1}x_\gamma\gamma(a)$在z的中心化子中, 这是一个环面, 因为z强正则, 它在k上, 因为z在k上, 定理4.1.8成立.

推论4.10.1 定理4.1.8中半单性的假设可以去掉. 换言之, G可以是任何单连通的有k上Borel子群的连通线性群.

证明: 将半单情形应用于G模它的根, 我们简化为G可解的情形, 以下我们对G如此假定. 就像在定理4.9.4中那样, 我们能够找到k上的Cartan子群C, 于是C的唯一极大环面在k上, 并且它也在G中极大(见[8], p.7-01到p.7-04). 因此我们有k上的分解$G = UT$, 其中U是唯一的极大幂幺子群. 现在令$\gamma \to x_\gamma = u_\gamma t\gamma$为上循环, 则$(t_\gamma)$也是上循环, (u_γ)是用(t_γ) 缠绕群U中的上循环. 因为U幂幺, 最后一个上循环平凡: 由[12]的命题3.11, 有U中的某个a 使得$u_\gamma = at_\gamma\gamma(a)^{-1}t_\gamma^{-1}$. 于是$(x_\gamma) = (at_\gamma\gamma(a)^{-1}) \sim (t_\gamma)$, 故本推论成立. □

我们接下来考虑定理4.1.9. 假设a)成立. 由[12]的命题3.1.2, 我们在G为环面时有$H^1(k, G) = 0$, 从而由定理4.1.8, 在G单连通, 半单且包含k上的Borel子群时也成立, 于是由[12]的命题3.1.4, 用"伴随"替代"单连通", 结论也成立. 如果现在G是任意半单伴随群(当然在k上), 存在k上分裂, 且在K上同构于G的群G_0, [13], p.III-12的推理连同$H^1(k, G_0) = 0$说明G 包含k上的Borel子群, 故由上面的结果得到$H^1(k, G) = 0$. 由[12]中命题3.1.4的推论, 现在b) 在一般情形成立. Springer的一个结果([13], p.III-16的定理3)断定: 若$\dim k \leqslant 1, G, S$如c)所指, 则存在都在k上的主齐次空间P和P到S的G-映射. 由b), P有k上的点, 故S也如此, 从而(c)成立.

推论4.10.2 令k是$\dim k \leqslant 1$的完全域, G是k上的连通线性群, 则:
a) G包含k上的Borel子群.
b) k上的每个共轭类包含k上的元.

证明: 注意b)与定理4.1.10相同. 两个结论都由定理4.1.9得到. 在第一种情形, 我们取Borel子群的簇为齐次空间, 在第二种情形, 取我们要考虑的共轭类为齐次空间. □

推论4.10.3 若k如上, G是单连通的, 从G_k的半单类的集合到G的在k上的半单类的集合的自然映射是双射.

证明: 由推论4.10.2的a)和注记4.9.9, 映射是满射. 要证明单性, 我们需要证明: 若G_k中的半单元x, y在G中共轭, 它们也在G_k中共轭. 我们有$axa^{-1} = y, a \in G$. 对$\gamma \in \Gamma$, 我们有$\gamma(a)x\gamma(a)^{-1} = y$, 因此$a^{-1}\gamma(a) \in G_x$. 现在$\gamma \to a^{-1}\gamma(a)$是上循环, G_x 连通(参见4.2.10), 且在k上(因为x在k 上), 所以由定理4.1.9, 存在$b \in G_x$使得对任意的γ有$b^{-1}a^{-1}\gamma(a)\gamma(b) = 1$. 所以$ab$在$k$上, 且$x, y$在$G_k$中共轭, 事实上在$ab$ 下共轭, 本推论得证. □

注记4.10.4 a) 对于正则类, 推论4.10.3是错误的, 因为G_k的在G中共轭的正则元不一定在G_k中共轭.

b) 对于任何域k上的A_r型分裂伴随群, 我们通过通常的正规型能够证明: G_k中元无论是否半单, 如果它们在G中共轭, 则它们在G_k中共轭. 同样的结论对其他单型群成立吗? 假设有k上的Borel子群行吗?

4.11 补充证明

M.Kneser告诉我定理4.1.8中G为单连通的假设可以去掉. 若k有限, 证明如前(见4.10). 若k无限, 关键点是定理4.1.8的证明中群$x(G)$能构造, 即使(x_γ)只是模G的中心的上循环, 所以若G是单连通的, 这个"上循环"等价于在k上的环面中取值. 将它应用于定理4.1.8中(但不是单连通的)的群的单连通覆盖群, 我们就得到定理4.1.8的改进版. 接下来按照推论4.10.1的证明进行, 我们能去掉半单性的假设. 结果为:

定理4.11.1 令k为完全域, G为k上的连通线性群且包含k上的Borel群, 则$H^1(k, G)$中的每个元能用在k的环面中取值的上循环表示.

利用定理4.11.1, 我们现在给出定理4.1.9中a)⇒b)的一个简化证明. 假设$\dim k \leqslant 1$只在证明: 若G是k上的环面, 则$H^1(k, G) = 0$时用到, 对此证明, 请读者参见[12]的命题3.1.2, 因为我们能证明:

定理4.11.2 令k为完全域, n为正整数使得对每个k上秩为n的环面T 有$H^1(k, T) = 0$, 则对每个k上秩为n的连通线性群G有$H^1(k, G) = 0$.

证明: 由定理4.11.1和定理4.11.2中的假设, 我们有:

$(*)$ 若定理4.11.2中的G包含k上的Borel子群, 则$H^1(k, G) = 0$.

在一般的情形, 令R为G的根, Z为G/R的中心. 存在包含k上的Bore子群B且在k上的群G_0(例如分裂群), 以及G_0到$(G/R)/Z$在K上的同构. 因为G_0是无中心的半单群, 我们有可裂扩张$\text{Aut}\, G_0 = G_0 E$, 其中E是固定B的有限群(见[8], p.17-07的命题1). 对$\gamma \in \varGamma$, 记$\varphi^{-1}\gamma(\varphi) = g_\gamma e_\gamma, g_\gamma \in G_0, e_\gamma \in E$, 则$(e_\gamma)$是上循环, (g_γ)是用(e_γ)缠绕G_0的群中的上循环. 所以$(g_\gamma e_\gamma)$在$H^1(k, \text{Aut}\, G_0)$中等价于(e_γ), 因此可以将φ正规化使得$\varphi^{-1}\gamma(\varphi) = e_\gamma$. 于是$\varphi B$是$(G/R)/Z$中在$k$上的Borel 子群, 它在$G$中的原像为1, 从而由$(*)$有$H^1(k, G) = 0$. □

参考资料

[1] Borel A. Sous-groupes commutatifs et torsion des groupes de Lie compacts connexes [J]. Tôhoku Math. J., 1961(13):216-240.

[2] Helgason S. Differential geometry and symmetric spaces [M]. Academic Press, New York: 1962.

[3] Kostant B. The principal three-dimensional subgroup and the Betti numbers of a complex simple Lie group [J]. Amer. J. Math. 195(81):973-1032.

[4] Kostant B. Lie group representation on polynomial rings [J], Amer. J. Math., 1963(85):327-404.

[5] Lang S. Algebraic group over finite fields [J]. Amer. J. Math., 1956(78):555-563.

[6] Rosenlicht M. Some rationality questions on algebraic groups [J], Ann. di Mat., 1957(43):25-50.

[7] Rosenlicht M. On quotient varities and the affine imbedding of certain homogeneous spaces [J]. Trans Amer. Math. Soc., 1961(101):211-223.

[8] Séminaire Chevalley C. Classification des Groupes de Lie algebriques(two volumes) [M]. Paris, 1956-1958.

[9] Séminaire "Sophus Lie". Théorie des algères de Lie... [M]. Paris, 1954-1955.

[10] Serre J.-P. Groupes algébriques et corps de classes [M], Hermann, Paris, 1959.

[11] Serre J.-P. Corps locaux [M]. Hermann, Paris, 1962.

[12] Serre J.-P. Cohomologie galoisienne des groupes algébriques linéaires. Colloque sur la théorie des groupes algébriques, Bruxelles(1962), 53-68.

[13] Serre J.-P. Cohomologie galoisienne, Cours fait au Collège de France, 1962-1963.

[14] Steinberg R. Finite reflection groups [J]. Trans. Amer. Math. Soc., 1959(91):493-504.

[15] Smith D A., Dissertation [D]. Yale University, 1963.

[16] Springer T A. Quelques résultats sur la cohomologie galoisienne [J]. Colloque de Bruxelles, 1962:129-135.

[17] Steinberg R. Rrepresentations of algebraic groups [J]. Nagoya Math. J., 1963(22):33-56.

[18] Weyl H. Theorie der Darstellung kontinuierlicher halb-einfacher Gruppen durch lineare Transformationen III [J]. Math. Zeit., 1926:377-395.

加州大学洛杉矶分校

1964-8-25收到

附录5 关于Galois上同调的补充

下面的文本除了微小改动外照搬自发表于法兰西大学年刊(l'*Annuaire du Collège de France*, 1990-1991, pp.111-121)的课程概述(résumé de cours).

本课程的论题Galois上同调与1962～1963年间的一样. 主要强调的是在基域没有限制时由半单群引发的相关问题.

5.1 记号

k是交换域, 为简单起见, 假定k的特征不等于2.

k_s为k的可分闭包.

$\mathrm{Gal}(k_s/k)$是k_s/k的Galois群, 它是射有限群. 若L是k上的代数群, 我们用$H^1(k, L)$表示$\mathrm{Gal}(k_s/k)$在$L(k_s)$中取值的第一上同调集, 它是个有点集.

若C是$\mathrm{Gal}(k_s/k)$-模, 对任何$n \geqslant 0$, 我们定义上同调群

$$H^n(k, C) = H^n(\mathrm{Gal}(k_s/k), C).$$

例如, 若$C = \mathbb{Z}/2\mathbb{Z}$, 我们有

$$H^1(k, \mathbb{Z}/2\mathbb{Z}) = k^*/k^{*2}$$

和

$$H^2(k, \mathbb{Z}/2\mathbb{Z}) = \mathrm{Br}_2(k)$$

(乘2的核在k的Brauer群中).

本课程的主题之一是弄清对于半单群L的集合$H^1(k, L)$和对于$C = \mathbb{Z}/2\mathbb{Z}$(或$\mathbb{Z}/3\mathbb{Z}$, 或$\mathrm{Gal}(k_s/k)$上其他"小"的模)的群$H^n(k, C)$之间存在(或可能存在)的关系.

5.2 正交的情形

这是最好理解的情形, 因为有用二次型的类的语言给出的解释.

令q是k上秩为$n \geqslant 1$的非退化二次型, $\mathrm{O}(q)$为q的正交群, 视其为k上的代数群. 若x是$H^1(k, \mathbb{Q}(q))$的元, 我们可以用x缠绕q, 从而由此得到另一个与q有相同秩n的二次型q_x. 映射$x \mapsto (q_x)$定义了$H^1(k, \mathbb{Q}(q))$到k上秩为n的非退化二次型的类集合的双射.

关于$\mathrm{O}(q)$的单位元分支$\mathrm{SO}(q)$有类似的结果, 如果我们限于考虑与q有相同判别式的二次型.

这样, 每个二次型的类的不变量能解释为上同调集合$H^1(k, \mathrm{O}(q))$, 或集合$H^1(k, \mathrm{SO}(q))$上的函数.

5.2.1 不变量的例子：Stiefel-Whitney类

让我们将q写成秩为1的形式的正交和：

$$q = \langle a_1 \rangle \oplus \langle a_2 \rangle \oplus \cdots \oplus \langle a_n \rangle = \langle a_1, \ldots, a_n \rangle, \ a_i \in k^*.$$

若$m \geq 0$是整数，我们由公式

(5.2.1)
$$w_m(q) = \sum_{i_1 < \cdots < i_m} (a_{i_1}) \cdots (a_{i_m})$$

定义$H^m(k, \mathbb{Z}/2\mathbb{Z})$中的元$w_m(q)$.（我们用$(a)$表示$a \in k^*$定义的$H^1(k, \mathbb{Z}/2\mathbb{Z})$中的元，乘积$(a_{i_1}) \cdots (a_{i_m})$表示在上同调代数$H^*(k, \mathbb{Z}/2\mathbb{Z})$中的上积.）

可以证明(A.Delzant的[48])$w_m(q)$只依赖于q的类，而不依赖于分解的选取，这个结论来自熟知的事实：二次型之间的关系"由秩≤ 2的关系得到".

我们称$w_m(q)$是q的m次Stiefel-Whitney类.

注记：

1) 类$w_1(q), w_2(q)$有标准的解释：判别式，Hasse-Witt不变量. 对于$m \geq 3$，$w_m(q)$不太有趣，最好（尽可能地）将它们用Milnor不变量替代，参见下面的5.2.3.

2) 同样的方法可以给出其他不变量. 因此，如果$n \geq 4$为偶数，$q = \langle a_1, \ldots, a_n \rangle$满足$w_1(q) = 0$（即如果$a_1 \cdots a_n$是平方元），我们能够证明元素$(a_1) \cdots (a_{n-1}) \in H^{n-1}(k, \mathbb{Z}/2\mathbb{Z})$是$q$的类的不变量. $n = 4$的情形特别有趣.

5.2.2 $w_1(q), w_2(q)$在取挠下的表现

取$x \in H^1(k, \mathrm{O}(q))$. 我们将$x$映到一些元

$$\delta^1(x) \in H^1(k, \mathbb{Z}/2\mathbb{Z}), \quad \delta^2(x) \in H^2(k, \mathbb{Z}/2\mathbb{Z})$$

如下：

$\delta^1(x)$是$x \in H^1(k, \mathbb{Z}/2\mathbb{Z})$在同态$\det : \mathrm{O}(q) \to \{\pm 1\} = \mathbb{Z}/2\mathbb{Z}$导出的映射下的像.

$\delta^2(x)$是x关于代数群的正合列

$$1 \longrightarrow \mathbb{Z}/2\mathbb{Z} \longrightarrow \tilde{\mathrm{O}}(q) \longrightarrow \mathrm{O}(q) \longrightarrow 1$$

的上边缘.（群$\tilde{\mathrm{O}}(q)$是$\mathrm{O}(q)$的某个延拓旋量覆盖$\mathrm{Spin}(q) \to \mathrm{SO}(q)$的二次覆盖. 我们可以用下面的性质刻画它：关于平方为a的向量对称的矩阵能够提升为$\tilde{\mathrm{O}}(q)$中在域$k(\sqrt{a})$上有理的2阶元.）

不变量$\delta^1(x), \delta^2(x)$能让我们计算用x缠绕q得到的二次型的类w_1, w_2. 事实上，我们有：

(5.2.2)
$$w_1(q_x) = w_1(q) + \delta^1(x) \in H^1(k, \mathbb{Z}/2\mathbb{Z}),$$

(5.2.3)
$$w_2(q_x) = w_2(q) + \delta^1(x) \cdot w_1(q) + \delta^2(x) \in H^2(k, \mathbb{Z}/2\mathbb{Z}).$$

5.2.3 Milnor猜想

令$\mathrm{k}^M(k) = \bigoplus \mathrm{k}_n^M(k)$为$k$的Milnor环(mod2)（利用多重线性符号$(a_1, \ldots, a_n) = (a_1) \cdots (a_n), a_i \in k^*$和关系式$2(a) = 0$，若$a + b = 1$有$(a, b) = 0$定义）.

令W_k为k的Witt环，I_k为增广理想（典型同态$W_k \to \mathbb{Z}/2\mathbb{Z}$的核）.

我们有自然同态

$$k_n^M(k) \longrightarrow I_k^n/I_k^{n+1}$$

和

(5.2.5) $$k_n^M(k) \longrightarrow H^n(k, \mathbb{Z}/2\mathbb{Z}).$$

Milnor猜想[125]说的是这些同态是同构. 这个猜想在$n \leq 3$时已经被证明了(Arason的[3, 4], Jacob-Rost的[86], Merkurjev-Suslin的[119]), 对于$n \geq 4$有部分结果.[†]

5.3 应用和例子

5.3.1 在$H^3(k, \mathbb{Z}/2\mathbb{Z})$中取值的不变量: 旋量群的情形

令q为k上非退化的二次型, x为$H^1(k, \mathrm{Spin}(q))$中的元. 如果用x缠绕q, 我们得到与q有相同秩的二次型q_x. 从(5.2.2)和(5.2.3)可知q_x与q有相同的不变量w_1, w_2. 由此得到Witt环W_k中的元$q_x - q$在增广理想I_k的三次幂I_k^3中. 利用Arason在[3]中构造的同态(事实上是同构, 参见5.2.3)

$$I_k^3/I_k^4 \longrightarrow H^3(k, \mathbb{Z}/2\mathbb{Z}),$$

我们得到$H^3(k, \mathbb{Z}/2\mathbb{Z})$中的一个元, 记为$i(x)$. 我们有:

(5.3.1) $$i(x) = 0 \Longleftrightarrow q_x \equiv q \pmod{I_k^4}.$$

因此我们有典型映射

(5.3.2) $$H^1(k, \mathrm{Spin}(q)) \longrightarrow H^3(k, \mathbb{Z}/2\mathbb{Z}).$$

5.3.2 在$H^3(k, \mathbb{Z}/2\mathbb{Z})$中取值的不变量: 一般的情形

令G为分裂连通半单群, 选取G在n维向量空间V中的不可约表示ϱ. 假设ϱ正交, 例如在G为G_2, F_4, E_8型就是如此, 则存在V上非退化的二次型且在$\varrho(G)$下不变. 因此我们得到同态$G \to \mathrm{O}(q)$. 由关于G的假设, 这个同态可以提升为同态

$$\tilde{\varrho} : G \longrightarrow \mathrm{Spin}(q).$$

利用(5.3.2), 我们由此得到映射

(5.3.3) $$i_\varrho : H^1(k, G) \longrightarrow H^3(k, \mathbb{Z}/2\mathbb{Z}),$$

易证它不依赖于q的选择.

5.3.3 群G_2

假设G是例外群G_2且分裂. 熟知下面三个集合间有自然的双射:

$H^1(k, G_2)$;

k上八元数代数的类;

k上3次Pfister型的类.

由此以及上面引用的定理得到: 若取ϱ为G_2的7次基本表示, 则相应的映射i_ϱ是$H^1(k, G_2)$到$H^3(k, \mathbb{Z}/2\mathbb{Z})$的由可分解元(即3个$H^1(k, \mathbb{Z}/2\mathbb{Z})$中的元的上积)组成的子集双射. 这就给出集合$H^1(k, G_2)$一个非常令人满意的上同调描述.

[†]译者注: Milnor猜想已经由Voevodsky于2001年证明.

我们还能走得更远. 用i表示我们刚才定义的$H^1(k, G_2)$到$H^3(k, \mathbb{Z}/2\mathbb{Z})$的单射. 令$\varrho$为$G_2$的任意不可约表示, 由(5.3.3), 存在相应的映射

$$i_\varrho : H^1(k, G_2) \longrightarrow H^3(k, \mathbb{Z}/2\mathbb{Z}).$$

我们想要比较i_ϱ和i. 这个结果如下(这里我们限于考虑基域是特征为0的情形):

(5.3.4) $$i_\varrho = i \text{或} i_\varrho = 0.$$

更准确地说, 令$m_1\omega_1 + m_2\omega_2$为$\varrho$的支配权写成基本全$\omega_1, \omega_2$的线性组合的形式($\omega_1$对应7次表示, ω_2对应伴随表示). 我们能够确定(感谢J.Tits告知我的公式)在那种情形有$i_\varrho = i$, 我们发现它成立当且仅当(m_1, m_2)模8同余于下面的12对数之一:

$$(0,2), (0,3), (1,0), (1,4), (2,0), (2,3), (4,3), (4,6), (5,2), (5,6), (6,3), (6,4).$$

所以, 对于对应$(0,1)$的伴随表示, 我们有$i_\varrho = 0$. 我们通过确定与给定的元$x \in H^1(k, G_2)$对应的G_2的k-形式的Killing型Kill$_x$能够说得更准确. 若$q_x = \langle 1 \rangle \oplus q_x^0$是与$x$对应的3次Pfister型(即相应的八元数代数的范形式), 我们发现Kill$_x$同构于$\langle -1, -3 \rangle \oplus q_x^0$.

5.3.4 群F_4

我们在这里仍然有上同调的具体描述: $H^1(k, F_4)$对应k上27维例外单Jordan代数类. 不幸的是, 我们根本不知道如何将这样的代数分类, 尽管已经由Albert, Jacobson, Tits, Springer, McCrimmon, Racine, Petersson(参见[2, 88, 113, 130, 131, 169, 171])得到许多的结果. 这些结果暗示$H^1(k, F_4)$中的元素可以用两种不变量刻画:

模2不变量: 与Jordan代数相关的二次型$\mathrm{Tr}(x^2)$的类, 它由3次Pfister型和被前者整除的5次Pfister型一起决定. 从上同调的观点看, 这意味有可分解元$x_3 \in H^3(k, \mathbb{Z}/2\mathbb{Z})$(由(5.3.3)通过$F_4$的26维不可约表示$\varrho$得到), 和元$x_5 \in H^5(k, \mathbb{Z}/2\mathbb{Z})$, 其中$x_5 = x_3yz, y, z \in H^1(k, \mathbb{Z}/2\mathbb{Z})$.

模3不变量(假设特征不等于3): $H^3(k, \mathbb{Z}/3\mathbb{Z})$中的一个元, 对此, 我们只有基于"Tits的第一构造"的猜想性定义(这个定义后来被Rost的[139, 140]证明合理.)

目前, 已经讨论彻底的唯一情形是称为"约化"的Jordan代数(它们的模3不变量是0): 由Springer的一个定理[171], 我们知道模2不变量(即迹形式)在同构意义下决定Jordan代数.

5.3.5 群E_8

若k是数域, $H^1(k, E_8)$的结构已经由Chernousov和Premet(参见[39, 133])确定: Hasse原理成立, 由此得到一些推论, 例如$H^1(k, E_8)$中的元素个数为3^r, 其中r是k的实位的个数. 这个结果的证明在与J.Tits举办的讨论会上已经给出了.

若k是任何域(甚至, 例如域$\mathbb{Q}(T)$), 我们对于$H^1(k, E_8)$知道得很少. Grothendieck的[68]和Bruhat-Tits的[20], III的一般结果暗示这个集合的元素有作为模2, 模3, 模5不变量的上同调类(维数$\geqslant 3$)(因为2, 3, 5是E_8的挠素数, 参见A.Borel, Oe. II, p.776), 对此, 参见Rost的[140], 也可见[164], §7.3.

5.4 单性问题

集合$H^1(k, G)$关于k, G是函子的.

a) 若k'是k的扩张, 有自然映射

$$H^1(k,G) \longrightarrow H^1(k',G).$$

b) 若$G \to G'$是代数群态射, 有自然映射$H^1(k,G) \to H^1(k,G')$.

这两种映射在有些情形下是单射:

(5.4.1)(Witt消去定理[195]) 若$q = q_1 \oplus q_2$, 其中q_i是二次型, 映射$H^1(k,\mathrm{O}(q_1)) \to H^1(k,\mathrm{O}(q))$是单射.

(5.4.2)(Scharlau的[176], §7) 对与k上有对合的代数相关的酉群有同样的结论.

(5.4.3)(Springer的[167]) 若k'是k的奇数次扩张, $H^1(k,\mathrm{O}(q)) \to H^1(k',\mathrm{O}(q))$是单射.

(5.4.4)(Bayer-Lenstra的[9]) 用酉群替代正交群有与(5.4.3)同样的结果.

(5.4.5)(Pfister的[132]) 若q'的秩是奇数, $H^1(k,\mathrm{O}(q)) \to H^1(k,\mathrm{O}(q \otimes q'))$是单射(态射$\mathrm{O}(q) \to \mathrm{O}(q \otimes q')$由张量积定义).

我们可能还想有其他类似的结论, 例如, 下面的陈述(或许有点过于乐观):

(5.4.6?) 若k'是k的有限扩张, 次数与2, 3互素, 映射$H^1(k,F_4) \to H^1(k,F_4)$是单射.

(5.4.7?) 用$\{2,3,5\}$取代$\{2,3\}$, 对E_8有同样的结论.

注记:

令G为k上的代数群, x,y为$H^1(k,G)$的两个元素. 假设x,y在$H^1(k',G)$, $H^1(k'',G)$中的像相同, 其中k',k''是k的有限扩张且次数互素(例如$[k':k] = 2$, $[k'':k] = 3$). 这并不意味$x = y$, 与Abel情形所得到的结果相反. 我们取G非连通就能构造这样的例子, 我不知道G连通时会发生什么事情.

5.5 迹形式

我们对与有限维k-代数相关的二次型$\mathrm{Tr}(x^2)$的结构感兴趣, 已经考虑了两种特殊情形:

5.5.1 中心单代数

令A为这样的代数, 假设在k上的秩为n^2. 我们将它关联二次型q_A, 其定义为

$$q_A(x) = \mathrm{Trd}_{A/k}(x^2).$$

用q_A^0表示与A有相同秩的矩阵代数$M_n(k)$相关的迹形式, 它是秩为$n(n-1)$的双曲型和秩为n的单位型的直和.

我们想要对比q_A和q_A^0, 有两种情形需要考虑.

(5.5.1) n为奇数

这时二次型q_A, q_A^0同构, 由(5.4.3)引用的Springer定理可以得到这一结果.

(5.5.2) n是偶数

令(A)为A在k的Brauer群中的类. (A)与整数$\frac{n}{2}$的乘积是$\mathrm{Br}_2(k) = H^2(k, \mathbb{Z}/2\mathbb{Z})$中的元素$a$. 我们有

$$w_1(q_A) = w_1(q_A^0), \quad w_2(q_A) = w_2(q_A^0) + a.$$

(关于w_1的公式易得. 关于w_2的公式, 可以通过考虑由伴随表示给出的同态$\mathrm{PGL}_n \to \mathrm{SO}_{n^2}$和权的计算证明在$n$为偶数时, 这个同态不能提升为群$\mathrm{Spin}_{n^2}$.)

5.5.2 平展交换代数

令E为这样的代数, n为它的秩, q_E为相应的迹形式. q_E的不变量w_1, w_2可以通过已知的公式[162]计算. 本课程给出这个公式的证明有点不同于原来的, 并且将这一结果应用于Kronecker-Hermite-Klein五次方程.

$n = 6$的情形产生了一些有趣的问题:

1) 由Galois理论, 用$e : \mathrm{Gal}(k_s/k) \to S_6$表示对应$E$的同态, 这个同态在共轭意义下定义. 如果将$e$与$S_6$的一个外自同构合成, 则得到同态$e' : \mathrm{Gal}(k_s/k) \to S_6$, 它对应另一个秩为6的平展代数("六次预解式"). 如何从q_E出发决定$q_{E'}$? 方案如下: 如果将$q_E, q_{E'}$写成

$$q_E = \langle 1, 2 \rangle \oplus Q, \quad q_{E'} = \langle 1, 2 \rangle \oplus Q',$$

其中Q, Q'的秩为4(根据[162]的附录I, 这是可能的), 我们有$Q' = (2d) \otimes Q$, 其中d是E的判别式(即q_E的判别式).

2) 假设我们有$w_1(q_E) = 0, w_2(q_E) = 0$. 我们会问$q_E$是否同构于单位形式$\langle 1, \ldots, 1 \rangle$(要是秩小于6, 结论正确). 若$k$是数域(或数域上的有理函数域), 结论正确. 但是一般来说是不对.

5.6 Bayer-Lenstra理论: 自对偶正规基

令G为有限群. 我们对k上G-Galois代数, 即k上G-扭子(G视为k上0维代数群)感兴趣. 这样的代数L在非唯一同构意义下由连续同态

$$\varphi_L : \mathrm{Gal}(k_s/k) \longrightarrow G$$

确定. 若φ_L是满射, L是域且为k的Galois扩张, 其Galois群同构于G.

在[9]中, E.Bayer和H.Lenstra对L有自对偶正规基(SDNB)的情形有兴趣, 这意味存在元素$x \in L$使得$q_L(x) = 1$, 并且x与每个$gx, 1 \neq g \in G$(相对q_L)正交. (所以gx构成L的"正规基", 并且这组基就是相对q_L它自身的对偶.)

我们能给出SDNB存在的上同调判别法: 若U_G表示对合代数$k[G]$的酉群, 存在G到$U_G(k)$的典型嵌入. 将φ_L与这个嵌入合成, 我们得到同态$\mathrm{Gal}(k_s/k) \to U_G(k)$, 这个同态可以看作$\mathrm{Gal}(k_s/k)$在$U_G(k_s)$的上循环. 这个上循环的类$\varepsilon_L$是$H^1(k, U_G)$的元. 我们有$\varepsilon_L = 0$当且仅当$L$有SDNB.

从这个判别法连同(5.4.4), Bayer-Lenstra导出了下面的定理:

(5.6.1) 如果存在k的奇数次扩张使得L在其上有SDNB, 则L在k上有SDNB.

特别地, 有:

(5.6.2) 若G是奇数阶的, 每个Galois G-代数有SDNB.

下面是与E.Bayer合作得到的其他一些关于SDNB的结果, 参见[11]:

令L为Galois G-代数, $\varphi_L : \mathrm{Gal}(k_s/k) \to G$为相应的同态. 若$x$为$H^n(G, \mathbb{Z}/2\mathbb{Z})$中的元, 它在

$$\varphi_L^* : H^n(G, \mathbb{Z}/2\mathbb{Z}) \longrightarrow H^n(\mathrm{Gal}(k_s/k), \mathbb{Z}/2\mathbb{Z}) = H^n(k, \mathbb{Z}/2\mathbb{Z})$$

下的像记为x_L.

(5.6.3) L有SDNB的充分必要条件是对每个$x \in H^1(G, \mathbb{Z}/2\mathbb{Z})$有$x_L = 0$(即$\mathrm{Gal}(k_s/k)$在$G$中的像在$G$的所有指标为2的子群中). 若$\mathrm{Gal}(k_s/k)$的上同调2-维数$\leqslant 1$(即$\mathrm{Gal}(k_s/k)$的Sylow 2-群是自由射2-群), 这个条件是充分的.

(5.6.4) 假设k是数域. L有SDNB的必要条件是对k的每个实位v有$\varphi_L(c_v) = 1$(c_v表示关于v到k_s的延拓的复共轭). 若$H^1(G, \mathbb{Z}/2\mathbb{Z}) = H^2(G, \mathbb{Z}/2\mathbb{Z}) = 0$, 则该条件是充分的.

G的Sylow 2-群是初等Abel群的情形:

令S为G的Sylow 2-群. 假设S是阶为2^r, $r \geq 1$的初等Abel群, G的阶为$2^r m$, m是奇数.

(5.6.5) 存在r次Pfister型q_L^1且在同构意义下只有一个满足$\langle 2^r \rangle \otimes q_L \simeq m \otimes q_L^1$($m$个$q_L^1$的直和).

这个Pfister型是Galois代数L的不变量, 若L有SDNB, 它是单位型. 反过来有:

(5.6.6) 假设S的正规化子N传递地作用于$S - \{1\}$, 以下结论等价:

(i) L有SDNB.

(ii) q_L同构于秩为$2^r m$的单位型.

(iii) q_L^1同构于秩为2^r的单位型.

若r足够小, 这个结果可以转换成上同调的说法. 事实上, N传递地作用于$S - \{1\}$的假设意味存在$x \in H^r(G, \mathbb{Z}/2\mathbb{Z})$, 它限制到$G$的任何2阶子群上非零, 若不考虑添加"可忽略"(参见下面的5.7)的上同调类, 这个元素是唯一的. $H^r(k, \mathbb{Z}/2\mathbb{Z})$中对应的元素$x_L$是Galois代数$L$的不变量.

(5.6.7) 假设$r \leq 4$, (5.6.6)中的条件(i), (ii), (iii)等价于:

(iv) 在$H^r(k, \mathbb{Z}/2\mathbb{Z})$中有$x_L = 0$.

如果(5.2.3)中的Milnor猜想得证, $r \leq 4$的假设可以去掉.

例子:

1) 假设$r = 2$, N传递地作用于$S - \{1\}$, 当$G = A_4, A_5$, 或$\mathrm{PGL}_2(\mathbb{F}_q)$, $q \equiv 3 \pmod 8$时就是如此. 群$H^2(G, \mathbb{Z}/2\mathbb{Z})$包含单个元$x \neq 0$. 令$\tilde{G}$为$G$通过$\mathbb{Z}/2\mathbb{Z}$相应的扩张. 由(5.6.7)得到$L$有SDNB当且仅当同态$\varphi_L : \mathrm{Gal}(k_s/k) \to G$提升为$\tilde{G}$中的同态. 这个提升对应Galois $\tilde{G}$-代数$\tilde{L}$. 我们能够证明可以让$\tilde{L}$也有SDNB.

2) 取G为群$\mathrm{SL}_2(\mathbb{F}_8)$或Janko群$J_1$, 则(5.6.6)和(5.6.7)中的假设满足, 其中$r = 3$. 群$H^3(G, \mathbb{Z}/2\mathbb{Z})$包含单个元$x \neq 0$, 可知$L$有SDNB当且仅当在$H^3(k, \mathbb{Z}/2\mathbb{Z})$中$x_L = 0$.

注记: G-Galois代数L有SDNB的性质可以用"Galois缠绕"的说法转换如下:

令V为k上有限维向量空间, 在其上赋予一族二次张量$q = (q_i)$((2, 0), (1, 1), 或(0, 2)型, 哪一类都行). 假设G作用于V上且固定每个q_i. 这时我们可以用对应L的G- 扭子缠绕(V, q). 这样, 我们得到(V, q)的k-形式$(V, q)_L$. 可以证明:

(5.6.8) 若L有SDNB, $(V, q)_L$同构于(V, q).

此外, 这条性质刻画了有SDNB的Galois代数.

(注意这个结论对3次张量是错误的.)

5.7 可忽略的上同调类

令G为有限群, C为G-模. 元素$x \in H^q(G, C)$称为可忽略的(从Galois的观点), 如果对每个域k和每个连续同态$\varphi : \mathrm{Gal}(k_s/k) \to G$, 在$H^q(k, C)$中我们有

$$\varphi^*(x) = 0.$$

(这相当于说对每个G-Galois代数L有$x_L = 0$.)

例子:

若a, b为$H^1(G, \mathbb{Z}/2\mathbb{Z})$中的两个元, 上积$ab(a+b)$是$H^3(G, \mathbb{Z}/2\mathbb{Z})$中的可忽略元.

下面是关于这些类的一些结果:

(5.7.1) 若$q = 1$, $H^q(G, C)$中的非零元都不是可忽略元. 若$q = 2$且G在C上的作用平凡, 则同样的结论成立.

(5.7.2) 对每个有限群G, 存在整数$q(G)$使得任何阶为奇数且维数$q > q(G)$的群G的上同调类是可忽略的.

该结果不能推广到偶数阶群. 事实上, 2阶循环群的任何上同调类(除了0)都不是可忽略元, 取$k = \mathbb{R}$即可看到.

(5.7.3) 假设G是阶为2^r的初等Abel群. 若$x \in H^q(G, \mathbb{Z}/2\mathbb{Z})$, 下面的性质等价:

(a) x可忽略.

(b) x限制到任何2阶子群上为0.

(c) x在代数$H^*(G, \mathbb{Z}/2\mathbb{Z})$的由上积$ab(a+b)$生成的理想中, 其中$a, b$过$H^1(G, \mathbb{Z}/2\mathbb{Z})$.

(当G是阶为$p^r, p \neq 2$的初等Abel群, $C = \mathbb{Z}/p\mathbb{Z}$时有类似的结果.)

(5.7.4) 假设G同构于对称群S_n, 则:

(a) 若N为奇数, $H^q(G, \mathbb{Z}/N\mathbb{Z}), q \geq 1$的每个元是可忽略的.

(b) $H^q(G, \mathbb{Z}/N\mathbb{Z})$的每个元可忽略的充分必要条件是它在$G$的2阶子群上的限制为0.

参考资料

[1] Albert A. Structure of Algebras [M]. A.M.S. Colloquium Publ. 24, Providence, 1961.

[2] Albert A, Jacobson N. On reduced exponential simple Jordan algebras [J]. Ann. of Math., 1957(66):400-417.

[3] Arason J. Cohomologische invariant quadratischer formen [J]. J. Algebra, 1975(36):446-491.

[4] Arason J. A proof of Merkurjev's theorem, Canadian Math. Soc. Conference Proc. [C]. 1984(4):121-130.

[5] Artin E, Schreier. Eine Kennzeichnung der reel abgeschbossenen Körper [J]. Hamn. Abh., 1927(5):225-231 (= E. Artin, C.P.21).

[6] Artin E, Tate J. Class Fiels Theory [M]. Benjamin, New York, 1967.

[7] Artin M, Grothendieck A, Verdier J L. Théorie des Topos et Cohomologie Etale des Schémas (SGA 4) [J]. Lect. Notes in Math., 269-270-305. Springer-Verlag, 1972-1973.

[8] Ax J. Proof of some conjectures on cohomological dimension [J]. Proc. Amer. Math. Soc., 1965(16):1214-1221.

[9] Bayer-Fluckiger E, Lenstra H W Jr. Forms in odd degree extensions ans self-dual normal bases [J]. Amer. J. Math., 1990(112):359-373.

[10] Bayer-Fluckiger E, Parimala R. Galois cohomology of classical groups over fields of cohomological dimension $\leqslant 2$ [J]. Invent. Math., 1995(122):195-229.

[11] Bayer-Fluckiger E, Serre J-P. Torsions quadratiques et bases normales autoduales [J]. Amer. J. Math., 1994(116):1-63.

[12] van der Blij F, Springer T A. The arithmetics of octaves and of the group G_2 [J]. Indag. Math., 1959(21):406-418.

[13] Borel A. Groupes linéaires algébriques [J]. Ann. of Math. 1956(64):20-82 (= Oe. 39).

[14] Borel A. Some finiteness properties of adele groups over number fields [J]. Publ. Math. I.H.E.S., 1963(16):5-30 (= Oe. 60).

[15] Borel A. Arithmetic properties of linear algebraic groups [C]. Proc. Int. Congress Math. Stockholm, 1962:10-22 (= Oe. 61).

[16] Borel A. Linear Algebraic Groups (2nd edition) [M]. Springer-Verlag, 1991.

[17] Borel A, Harish-Chandra. Arithmetic subgroups of algebraic groups [J]. Ann. of Math., 1962(75): 485-535 (= A.Borel, Oe. 58).

[18] Borel A, Serre J-P. Théorèmes de finitude en cohomologie galoisienne [J]. Comm. Math. Helv., 1964(39):111-164 (= A.Borel, Oe. 64).

[19] Borel A, Springer T A. Rationality properties of linear algebraic groups [J]. Proc. Symp. Pure Math. A.M.S., 1966(9):26-32 (= A.Borel, Oe. 76); II, Tôhoku Math. J. 1968(20):443-497 (= A.Borel, Oe. 80).

[20] Borel A, Tits J. Groupes réductifs [J]. Publ. Math. I.H.E.S. 1965(27):55-150 (= A.Borel, Oe. 66); Compléments, ibid. 1972(41):253-276 (= A.Borel, Oe. 94).

[21] Borevič Z I, Šafarevič. Number Theory (in Russian), 3rd edition [M]. Moscow, 1985.

[22] Bourbaki N. General Topology, Part 1, 2 [M]. Hermann, Paris, 1966.

[23] Bourbaki N. Commutative Algebra [M]. Hermann, Paris, 1972.

[24] Bourbaki N. Algebra I [M]. Masson, Paris, 1970.

[25] Bourbaki N. Algebra II [M]. Masson, Paris, 1981.

[26] Bourbaki N. Algebra III [M]. Hermann, Paris, 1959.

[27] Bourbaki N. Lie Groups and Lie Algebra I [M]. Hermann, Paris, 1975.

[28] Bourbaki N. Lie Groups and Lie Algebra II [M]. Hermann, Paris, 1968.

[29] Bourbaki N. Lie Groups and Lie Algebra III [M]. Masson, Paris, 1982.

[30] Bruhat F, Tits J. Groupes algébrique simples sur un corps local. Proc. Conf. Local Fields, Driebergen [C]. Springer-Verlag, 1967.

[31] Bruhat F, Tits J. Groupes réductifs sur un corps loacal [J]. Publ. Math. I.H.E.S., 1972(41):5-252; II, ibid. 1984(60):5-184; III, J. Fac. Sci. Univ. Tokyo, 1967(34):671-688.

[32] Brumer A. Pseudocompact algebras, profinite groups and clsaa formations [J]. J. Algebra, 1986(4):442-470.

[33] Cartan E, Eilenberg S. Homological Algebra [M]. Princeton Math. Ser. 19, Princeton, 1956.

[34] Cassels J W S. Arithmetic on an elliptic curve. Proc. Int. Congress Math. Stockholm [C]. 1962:234-246.

[35] Cassels J W S, Fröhlich A.(ed.). Algebraic Number Theory [M]. Academic Press, London New York, 1967.

[36] Châteelet F. Variations sur un thème de H.Poincaré [J]. Ann. Sci. E.N.S., 1944(61):249-300.

[37] Châteelet F. Méthodes galoisiennes et courles de genre 1 [J]. Ann. Univ. Lyon, set. A-IX 1946:40-49.

[38] Chevalley C. Démonstratiuon d'une hypothèse de M.Artin [J]. Hamb. Abh., 1934(11):73-75.

[39] Chernousov Y I. The Hasse principle for groups of type E_8 [J]. Math. U.S.S.R. Izv., 1990(34):409-423.

[40] Chevalley C. Theory of Lie Groups [M]. Princeton Univ. Press, Princeton, 1946.

[41] Chevalley C. Sur certain groupes simples [J]. Tôhoku Math. J., 1955(7):14-66.

[42] Chevalley C. Classification des groupes de Lie algébriques. Sém. E.N.S. [M]. I.H.P., Paris, 1956-1958.

[43] Chevalley C. Certain schémas de gropes semi-simples [M]. Sém. Bourbaki 1960-1961, exposé 219.

[44] Colliot-Thélène J L, Sansuc J J. Principal homogeneous spaces under flasque tori: applications [J]. J. Algebra, 1987(106):148-205.

[45] Colliot-Thélène J L, Sir Swinnerton-Dyer P. Hasse principle and weak approximation for pencils of Severi-Brauer and similar varities [J]. J. Crelle, 1994(453):49-112.

[46] Dedecker P. Sur la cohomologie non abélienne I [J]. Can. J. Math., 1960(12):231-251; II, ibid. 1963(15):84-93.

[47] Dedecker P. Three dimensional non-abelian cohomology for groups [J]. Lect. Notes in Math., 92, Springer-Verlag, 1969:32-64.

[48] Delzant A. Définition des classes de Stiefel-Whitney d'un module quadratique sur un corps de caratéristique différente de 2 [J]. C.R. Acad. Sci. Paris, 1962(255):1366-1368.

[49] Demazure M, Gabriel P. Groupes Algébriques [M]. Masson, Paris, 1970.

[50] Demazure M, Grothendieck A. Schémas en Groupes (SGA 3) [J]. Lect. Notes in Math., 151-152-153, Springer-Verlag, 1970.

[51] Demuškin S P. The group of the maximal p-extension of a local field (in Russian) [J]. Dokl. Akad. Nauk S.S.S.R., 1959(128):657-660.

[52] Demuškin S P. On 2-extension of a local field (in Russian) [J]. Math. Sibirsk, 1963(4):951-955.

[53] Demuškin S P. Topological 2-groups with an even number of generators and a complete defining relation (in Russian) [J]. Izv. Akad. Nauk S.S.S.R., 1965(29):3-10.

[54] Dieudonné J. La Géométrie des Groupes Classiques. Ergebn. der Math. 5 [M]. Springer-Verlag, 1955.

[55] Douady A. Cohomologie des groupes compacts totalement discontinus [M]. Sém. Bourbaki 1959-1960, exposé 189.

[56] Dummit J, Labute J P. On a new characterization of Demuškin groups [J]. Invent. Math., 1983(73):413-418.

[57] Elman R S. On Arason's theory of Galois cohomology [J]. Comm. Algebra, 1982(10):1449-1474.

[58] Faddeev D K. Simple algenras over a field of algebraic functions of one variable (in Russian) [J]. Trud. Math. Inst. Steklov, 1952(38):321-344 (English transltion: A.M.S. Transl., Series 2, vol.3, 15-38).

[59] Fried M D, Jarden M. Field Arithmetic [M]. Springer, 1996.

[60] Gabriel P. Des catégories abéliennes [J]. Bull. Soc. Math. France, 1962(90):323-448.

[61] Giorgiutti I. Groupes de Grothendieck [J]. Ann. Fac. Sci. Toulouse, 1962(26):151-207.

[62] Giraud J. Cohomologie Non Abélienne [M]. Springer-Verlag, 1971.

[63] Godement R. Groupes linéaires algébriques sur un corps parfait [M]. Sém. Bourbaki, 1960-1961, exposé 206.

[64] Golod E S, Šafarevič I R. On class field towers(in Russian) [J]. Izv. Akad. Nauk. S.S.S.R, 1964(28):261-272. English translation in Am. Math. Soc. Transl., (2) 1965(48):91-102.

[65] Greenberg M J. Lectures on Forms in Many Variables [M]. Benjamin, 1969.

[66] Grothendieck A. A general theory of fibre spaces with structure sheaf [R]. Univ. Kansas, Report 4, 1955.

[67] Grothendieck A. Sur quelques points d'algèbre homologique [J]. Tôhoku Math. J., 1957(9):119-221.

[68] Grothendieck A. Torsion homologique et sections rationnells. Sém. Chavelley (1958) [M], Anneaux de Chow et Applications, exposé 5.

[69] Grothendieck A. Technique de descente et théorèmes d'existence on géométrie algébrique. II: le théorème d'exsitence en théorie formelle des modules [M]. Sém. Bourbaki, 1959-1960, exposé 195.

[70] Grothendieck A. Eléments de Géométrie Algébrique (EGA), rédigés avec la collaboration de J.Dieudonné [J]. Publ. Math. I.H.E.S., 4, 8, 11, 17, 20, 24, 28, 32, Paris, 1960-1967.

[71] Grothendieck A. Le groups de Brauer I-II-III. Dix Exposés sur la Cohomologie des Schémas [M]. North Holland, Paris, 1968.

[72] Grothendieck A, Revêtements Étales et Groupe de Fondamental (SGA 1) [J]. Lecture Notes in Math., 224. Springer, 1971.

[73] Haberland K. Galois Cohomology of Algebraic Number Fields [M]. Deutscher Verlag der Wiss., Berlin 1978.

[74] Haran D. A proof of Serre's theorem [J]. J. of Indian Math. Soc., 1990(55):213-234.

[75] Harrder G. Über die Galoiskohomologie halleinfacher Matrizengruppen, I [J] Math. Zeit., 1965(90):404-428; I, ibid. 1966(92):396-415; III, J. Crelle, 1975(274-275):125-138.

[76] Harrder G. Beichit über neuere Resultate der Galoiskohomologie halbeinfacher Gruppen [J] Jahr. D.M.V., 1968(70):182-216.

[77] Hertzig D. Forms of algebraic groups [J]. Proc. A.M.S., 1961(12):657-660.

[78] Hochschild G P. Simple algebras with purely inseparable spilitting fields of exponent 1 [J]. Trans. A.M.S., 1955(79):477-489.

[79] Hochschild G P. Restricted Lie algebras and simple associative algebras of characterisitc p [J]. Trans. A.M.S., 1955(80):135-147.

[80] Hochschild G P, Serre J-P. Cohomology of group extensions [J]. Trans. A.M.S., 1953(74):110-134 (= J-P. Serre, Oe.15).

[81] Hooley C. On ternary quadratic forms that represent zero [J]. Galasgow Math. J., 1993(35):13-23.

[82] Huppert B. Endliche Gruppen I [M]. Springer, 1967.

[83] Iwasawa K. On solvable extension of algebraic number fields [J]. Ann. of Math., 1953(58):548-572.

[84] Iwasawa K. On Galois groups of local fields [J]. Trans. A.M.S., 1955(80):448-469.

[85] Iwasawa K. Anote on the group of units of an algebraic number field [J]. J. Math. Pures et Appl., 1956(35): 189-192.

[86] Jacob B, Rost M. Degree four cohomological invariants for quadratic forms [J]. Invent. Math., 1989(96):551-570.

[87] Jacobson N. Finite-dimensional Division Algebra over Fields [M]. Springer. 1996.

[88] Jacobson N. Composition algebras and their automotphisms [J]. Rend. Palermo., 1958(7):1-26.

[89] Kato K. Structure and Representations of Jordan Algebras [M]. A.M.S. Colloquium Publ., 39, Providence 1968.

[90] Kawada Y. Class formations [J]. Proc. Symp. Pure Math., Vol. XX, AMS, Providence. 1969:96-114.

[91] Kawada Y. Cohomology of group extensions [J]. J. Fac. Sci. Univ. Tokyo, 1963(9):417-431.

[92] Kneser M. Class Formations [M]. Proc. Symp. Pure Math. 20, 96-114, A.M.S., Providence. 1969.

[93] Kneser M. Schwache Approximation in algebraischen Gruppen [J]. Colloque de Bruxelles, 1962:41-52.

[94] Kneser M. Einfach zusammenhängende Gruppen in der Arithmetik. Proc. Int. Congress Math. Stockholm [C]. 1962:260-263.

[95] Kneser M. Galoiskohomologie halbeinfacher algebraischer Grupphnnen über p-adischen Körpern, I [J]. Math. Zeit., 1965(88): 40-47; II, ibid. 1965(89):250-272.

[96] Koch H. Galoissche Theorie der p-Erweiterungen [M]. Deutscher Verlag der Wiss., 1970, Springer 1970(Russian translation Moscow. 1973).

[97] Kostant B. The principal three-dimensional subgroup and the Betti numbers of a complex simple Lie group [J]. Amer. J. Math., 1959(81):973-1032.

[98] Kottwitz R. Tamagawa numbers [J]. Ann. of Math., 1988(127):629-646.

[99] Krasner M. Nombres des extensions d'un degr 'e donnéd'un corpse p-adique [J]. C.N.R.S., 1966(143):143-169.

[100] Labute J P. Classification of Demuškin groups [J]. Can. J. Math., 1967(19):106-132.

[101] Labute J P. Algëbress de Lie et pro-p-groupes definis par une seule relation [J]. Invent. Math., 1967(4):142-158.

[102] Lam T Y. The Algebraic Theory of Quadratic Forms [M]. Benjamin, New York. 1973.

[103] Lang S. On quasi-algebraic closure [J]. Ann. of Math., 1952(55):373-390.

[104] Lang S. Algebraic groups over finite fields [J]. Amer. J. Math., 1956(78):555-563.

[105] Lang S. Galois cohomology of abelian varities over p-adic fields, mimeographed notes, May 1959.

[106] Lang S. Rapport sur la cohomologie des groupes [M]. Benjamin, New York-Amsterdam 1996. English translation: Topic in Cohomology of Groups. Springer LNM 1625, 1996.

[107] Lang S. Algebraic Number Theory [M]. Addison-Wesley, Reading, 1970.

[108] Lang S, Tate J. Principal homogeneous spaces over abelian varities [J]. Amer. J. Math., 1958(80):659-684.

[109] Lazard M. Sur les groupes nilpotents et les anneaux de Lie [J]. Ann. Éc. Norm. Sup., 1954(71):101-190.

[110] Lazard M. Groupes analytiques p-adiques [J]. Publ. Math. IHES., 1965(26):389-603.

[111] Manin Y. Le groupe de Brauer-Grothendieck en géométrie diophantienne, Actes Congrés Int. Nice (1970) [M]. Gauthier-Villars, Paris, 1971.

[112] Manin Y. Cubic Forms: Algebra, Geometry, Arithmetic [M]. North Holland, 1986.

[113] McCrimmon K. The Freudenthal-Springer-Tits constructions of exceptional Jordan algebras [J]. Trans. A.M.S., 1969(139):495-510.

[114] Mennicke J. Einige endliche Gruppen mit drei Erzeugenden und drei Relationen [J]. Archiv der Math., 1959(10):409-418.

[115] Merkur'ev A S. On the norm residue symbol of degree 2 (in Russian) [J]. Dokl. Akad. Nauk S.S.S.R., 1981(261):542-547 (English translation: Soviet Math. Dokl, 1981(24):546-551).

[116] Merkur'ev A S. Simple algebras and quadratic forms (in Russian) [J]. Izv. Akad. Nauk S.S.S.R., 1991(55):218-224 (English translation: Math. U.S.S.R. Izv. 1992(38):215-221).

[117] Merkur'ev A S, Suslin A A. K-cohomology of Severi-Brauer varities and the norm residue homomorphism [J]. Izv. Akad. Nauk. S.S.S.R., 1982(46):1011-1046. English translation in Math. U.S.S.R Izv., 1983(21):307-340.

[118] Merkur'ev A S, Suslin A A. On the norm residue homomorphism of degree three, LOMI preprint E-9-86, Leningard 1986. (Norm residue homomorphism of degree three (in Russian) [J]. Izv. Akad. Nauk SSSR Ser. Mat., 1990(54):339-356).

[119] Merkur'ev A S, Suslin A A. The group K_3 for a field (in Russian) [J]. Izv. Akad. Nauk S.S.S.R., 1990(54):522-545 (English translation: Math. U.S.S.R. Izv., 1991(36):541-565).

[120] Mestre J-F. Annulation, par changement de variable, d'éléments de $Br_2(k(x))$ ayant quatre pôles [J]. C.R. Acad. Sci. Paris, 1994(319):529-532.

[121] Mestre J-F. Construction d'extensions régulières de $\mathbb{Q}(T)$ à groupe de Galois $SL_2(\mathbb{F}_7)$ et $\widetilde{M_{12}}$ [J]. C.R. Acad. Sci. Paris, 1994(319):781-782.

[122] Milne J S. Etale Cohomology [M]. Princeton Univ. Press, 1980.

[123] Milne J S. Abelian varities, Chapter V in [44], 103-150 [M].

[124] Milne J S. Jacobian varities, Chapter VII in [44], 167-212 [M].

[125] Milnor J. Algebraic K-theory and quadratic forms [J]. Invent. Math., 1969/1970(9):318-344.

[126] Nagata M. Note on a paper of Lang concerning quasi-algebraic closure [J]. Mem. Univ. Kyoto, 1957(30):237-241.

[127] Oesterlé. Nombres de Tamagawa et groupes unipotents en caractéristique p [J]. Invent. Math., 1984(78):13-88.

[128] Ono T. Arithmetic of algebraic tori [J]. Ann. of Math., 1961(74): 101-139.

[129] Ono T. On the Tamagawa number of algebraic tori, Ann. of Math., 1963(78): 47-73.

[130] Peterson H P. Exceptional Jordan division algebras over a field with a discrete valuation [J]. J. Crelle, 1975(274-275):1-20.

[131] Peterson H P, Racine M L. On the variants mod 2 of Albert algebras [J]. J. of Algebra, 1995(174):1049-1072.

[132] Pfister A. Quadratische Formen in beliebigen Körpern [J]. Invent. Math., 1996(1):116-132.

[133] Platonov V P, Rapinchuk A S. Алгебраические группы и теория чисел, Algebraic groups and number theory (in Russian with an English summary) [J]. Izdat "Nauka", Moscow, 1991. (English translation: Algebraic Groups and Number Fields, Acad. Press, Boston, 1993).

[134] Poitou G. Cohomologie galoisienne des modules finis [M]. Dunod, Paris, 1967.

[135] Quillen D. The spetrum of an equivariant cohomology ring I [J]. Ann. of Math., 94(1971):549-572; II, ibid, 573-602.

[136] Ribes L. Introduction to profinite groups and Galois cohomology, Queen's Papers in Pure Math. 24 [M]. Kingston, Ontario, 1970.

[137] Rosenlicht M. Some basic theorems on algebraic groups [J]. Amer. J. Math., 1956(78):401-443.

[138] Rosenlicht M. Some rationality question on algebraic groups [J]. Ann. Mat. Pura Appl., 1957(43):25-50.

[139] Rost M. A (mod 3) invariant for exceptional Jordan algebras [J]. C.R. Acad. Sci. Paris, 1991(315):823-827.

[140] Rost M. Cohomological invariants, in preparation.

[141] Šafarevič I R. On p-extensions (in Russian) [J]. Math. Sb., 1947(20):351-363 (English translation: C.P. 3-19).

[142] Šafarevič I R. Birational equivalence of elliptic curves (in Russian) [J]. Dokl. Akad. Nauk S.S.S.R., 1957(114):267-270 (English translation: C.P. 192-196).

[143] Šafarevič I R. Algebraic number fields (in Russian). Proc. Int. Congress Math. Stckholm [C]. 1962:163-176 (English translation: C.P. 283-294).

[144] Šafarevič I R. Extensions with prescribed ramfication points (in Russian with a French summary) [J]. Publ. Math. I.H.E.S., 1963(18):295-319 (English translation: C.P.295-316).

[145] Sansuc J-J. Groupe de Brauer et arithmetique des groupes algébriques linéaries sur un corps de nombres [J]. J. Crelle, 1981(327):12-80.

[146] Scharlau W. Über die Brauer-Gruppe eines algebraischen Funktionen-köpers in einer Variablem [J]. J. Crelle, 1969(239-240):1-6.

[147] Scharlau W. Quadratic and Hermitian Forms [M]. Springer-Verlag, 1985.

[148] Scheiderer C. Real and Etale Cohomology, Lect. Notes in Math. 1588 [M]. Springer-Verlag, 1994.

[149] Schinzel A, Sierpinski W. Sur certain hypothesis concernant les nombres premiers [J]. Acta Arith, 1958(4):185-209; Errata, ibid. 1959(5):259.

[150] Schoof R. Infinite class field towers of quadratic fields [J]. J. reine angew. Math., 1986(372):209-220.

[151] Serre J-P. Classes des corps cyclotomiques (d'après K.Iwasawa) [M]. Sém. Bourbaki 1958-1959, exposé 174(= Oe. 41).

[152] Serre J-P. Groupes Algébriques et Corps de Classes [M]. Hermann, Paris, 1959.

[153] Serre J-P. Corps Locaux [M]. Hermann, Paris 1962.

[154] Serre J-P. Cohomologie galoisienne des groupes algébriques linéaires [J]. Colloque de Bruxelles, 1962:53-67 (= Oe. 53).

[155] Serre J-P. Structure de certains pro-p-groupes [M]. Séminaire Bourbaki (1962-1963) Exp. 252. (= Oe. 58).

[156] Serre J-P. Sur les groupes de congruence des variétés abéliennes, Izv. Akad. Nauk. S.S.S.R. 28(1964), 1-20(= Oe. 62); II, ibid. 35(1971), 731-737(= Oe. 89).

[157] Serre J-P. Sur la dimension cohomologique des groupes profinis [J]. Topology, 1985(3):413-420.

[158] Serre J-P. Représentations Linéaires des Groupes Finis [M]. Hermann, Paris, 1967.

[159] Serre J-P. Cohomolkogie des groupes discrets. Ann. Math. Studies 70 [M]. Princeton Univ. Press, Princeton, 1971 (= Oe. 88).

[160] Serre J-P. Une "formule de masse" pour les extensions totalement ramifiées de degré donné d'un corps local [J]. C.R. Akad. Sci. Paris, 1978(287):183-188 (= Oe. 115).

[161] Serre J-P. Sur le nombre des points rationnels d'une courbe algébrique sur un corps fini [J]. C.R. Akad. Sci. Paris, 1983(296):397-402 (= Oe. 128).

[162] Serre J-P. L'invariant de Witt de la forme $Tr(x^2)$ [J]. Comm. Math. Helv., 1984(59): 651-676 (= Oe. 131).

[163] Serre J-P. Spécialisation des éléments de $Br_2(\mathbb{Q}(T_1, \ldots, T_n))$ [J]. C.R. Acad. Sci. Paris, 1990(311):397-402 (= Oe. 150).

[164] Serre J-P. Cohomologie galoisienne: progrès et problèmes [M]. Sém. Bourbaki, 1993-1994, exposé 783 (= Oe. 166).

[165] Shatz S S. Profinite Groups, Arithmetic, and Geometry. Ann. Math. Studies 67 [M]. Princeton Univ. Press, Princeton, 1972.

[166] Soulé K_2 et le groupe de Brauer (d'apès A.S.Merkurjev et A.A.Suslin) [M]. Sém. Bourbaki 1982-1983, exposé 601 (Astérisque, 1983(105-106):79-83).

[167] Springer T A. Sur les formes quadratiques d'indice zéro [J]. C.R. Acad. Sci. Paris, 1952(234):1517-1519.

[168] Springer T A. On the equivalence of quadratic forms [J]. Pro. Acad. Amsterdam, 1959(62):241-253.

[169] Springer T A. The classification of reduced exceptional simple Jordan algebras [J]. Proc. Acad. Amsterdam, 1960(63):414-422.

[170] Springer T A. Quelques résultats sur la cohomologie galoisienne [J]. Colloque de Bruxelles, 1962:129-135.

[171] Springer T A, Veldkamp F D. Oconions, Jordan Algebras and Exceptional Groups [M]. Springer-Verlag, 2000.

[172] Steinberg R. Variations on a theme of Chevalley [J]. Pacific J. Math., 1959(9):875-891 (= C.P.8).

[173] Steinberg R. Regular elements of semisimple algebraic groups [J]. Publ. Math. I.H.E.S., 1965（25）: 281-312 (= C.P.20).

[174] Steinberg R. Lectures on Chevalley Groups (mimeographed notes) [M]. Yale, 1967.

[175] Suslin A A. Algebraic K-theory and the norm residue homomorphism [J]. J. Soviet. Math., 1985(30):2556-2611.

[176] Swan R. Induced representations and projective modules [J]. Ann. of Math., 1960(71):552-578.

[177] Swan R. The Grothendieck ring of a finite group [J]. Topology, 1963(2):85-110.

[178] Tate J. WC-groups over p-dic fields [M]. Sém. Bourbaki 1957-1958, exposé 156.

[179] Tate J. Duality theorem in Galois cohomology over number fields. Proc. Int. Congress Stockholm [C]. 1962:288-295.

[180] Tate J. The chomology groups of tori in finite Galois extensions of number fields [J]. Nagoya Math. J., 1966(27):709-719.

[181] Tate J. Relations between K_2 and Galois cohomology [J]. Invent. Math., 1976(36):257-274.

[182] Terjanian G. Un contre-exemple à une conjecture d'Artin [J]. C. R. Acad. Sci. Paris, 1966(262):612.

[183] Tits J. Groupes semi-simples isotropes [J]. Colloque de Bruxelles, 1962:137-147.

[184] Tits J. Groupes simples et géométries assciées. Proc. Int. Congress Math. Stockholm [C]. 1962:197-221.

[185] Tits J. Classification of algebraic semisimple groups [M]. Proc. Symp. Pure Math. 9, vol. I, 33-62, A.M.S., Providence, 1956.

[186] Tits J. Formes quadratiques, groupes orthogononaux et algèbres de Clifford [J]. Invent. Math., 1968(5):19-41.

[187] Tits J. Représentations linéaires irréducibles d'un groupe réductif sur un corps quelconque [J]. J. Crelle, 1971(247):196-220.

[188] Tits J. Sur les degrés extensions de corps déployant les groupes algébriques simples [J]. C.R. Acad. Sci. Paris, 1992(315):1131-1138.

[189] Voskresenskiĭ V E. Algebraic Tori (in Russian) [M]. Izdat "Nauka", Moscow, 1977.

[190] Weil A. On algebraic groups and homogeneous spaces [J]. Amer. J. Math., 1955(77):493-512.

[191] Weil A. The field of definiton of a variety [J]. Amer. J. Math. 1956(78):509-524.

[192] Weil A. Algebras with involutions and the classical groups [J]. J. Indian Math. Soc., 1960(24):589-623.

[193] Weil A. Adeles and Algebraic Groups (notes by M.Demazure and T.Ono) [M]. Inst. for Adv. Study, Princeton 1961; Birkhöuser, Boston, 1982.

[194] Weil A. Basic Number Theory [M]. Springer-Verlag, 1967.

[195] Witt E. Theorie der quadratischen Formen in beliebigen Kórpern [J]. J. Crelle, 1937(176):31-44.

[196] Yanchevskiĭ V I. K-unirationality of conic bundles and splitting fields of simple central algebras (in Russian) [J]. Dokl. Akad. Nauk S.S.S.R., 1985(29):1061-1064.

[197] Zassenhaus H. The Theory of Groups (2nd. ed.) [M]. Chelsea, New York, 1949.

索 引

◎

编
辑
手
记

我们先来介绍一下本书的作者塞尔.

塞尔(Serre,Jean Pierre,1926——),法国人,1926 年 9
月 15 日生于巴热斯.1944 年考进法国高等师范学校,并参
加了嘉当讨论班的活动,学习代数拓扑学.1950 年获博士
学位.他是法国巴黎科学院院士.1982 年当选为国际数学
联盟执委会副主席.

塞尔在数学上的贡献是多方面的.

首先,他发展了纤维丛的概念,得到一般纤维空间概
念.他利用谱序列等工具,解决了纤维、底空间、全空间的同
调关系问题.他首先得到:除去两种情形之外球面的同伦群
都是有限群,这是同伦群的头等重要的问题.塞尔还引进局
部化方法把求同伦群的问题加以分解,得到了一系列重大
成果.此外,他还证明了上同调运算与某一空间的上同调之
间的对应关系,从而把上同调运算系统化.

其次,塞尔在同调代数方面进行了许多奠基性工作,促
进了同调代数的诞生,并于 1955 年得到了正则局部环的同
调刻画.

再次,塞尔发现了代数几何学之间的平行关系,从而建
立了多复变函数论与代数几何学之间的密切联系.

此外,塞尔在数论方面也有许多出色的研究成果,并写
出了名著《数论教程》(中译本,上海科技出版社,1980).

157

塞尔在 1955 年提出了一个著名的猜想:在域 K 上 m 个变元的多项式环 R,由 R 的元素组成 n 阶矩阵,其就范行 $(a_1, a_2, \cdots, a_n)$, $a_i \in R(i = 1, 2, \cdots, n)$ 仍可以是某逆矩阵的第一行. 这个猜想由奎伦等人于 1976 年证明.

塞尔是数学界公认的当代代数学界的领袖人物之一,他不仅培养出了许多一流数学家,还善于与同行进行学术交流,互相取长补短,包括乐意向自己的学生请教.

塞尔因代数拓扑学的创造性工作,而获得 1954 年度的菲尔兹奖,时年 28 岁,是迄今为止最年轻的菲尔兹奖获奖者.

由于中国数学工作者中懂法文的日渐稀少,所以本书是英译本.

翻译工作很重要. 鲁迅生前最后一年时间,主要用来翻译(而且还是转译)果戈理的《死魂灵》,他肯定地认为这么做值得. 其弟周作人也在遗嘱中说:"余一生文字无足称道,唯暮年所译《希腊神话》是五十年来的心愿,识者当自知之."

有作家曾评论说:冰心作为作家,成就远远不及她的翻译(《吉檀迦利》《先知》等). 诗人穆旦写的诗远不如他用本名查良铮翻译的《欧根·奥涅金》和《普希金抒情诗选》. 对翻译工作少数人是不愿干,多数人是干不了.

数学著作的翻译同样,潘承彪教授用了近 6 年的时间翻译高斯的《算术探索》也是如此. 甫一出版,好评如潮,这是译者几年来反复推敲、精雕细琢的结果. 在一本怀特与康奈尔大学英文教授威廉·斯特伦克合著的文体学作品《风格的要素》中,怀特展现出他对文章行文简洁的极致要求:"一个句子不应有不必要的字,一个段落不应有不必要的句子,正如一张构图不应有不必要的线条,一座机器不应有不必要的零件一样."

本书出版多年以后还有读者记得,得益于它是一本法国数学精英教育理念之下产生的名著. 法国数学以纯著称,颇具布尔巴基学派的风格. 哈尔滨工业大学特聘教授菲尔兹奖得主吴宝珠教授曾多次表示过其成功离不开数学的法式精英教育及法国崇尚纯数学研究的学术氛围. 在我国,目前应用数学和数学应用的重要性越发被社会所认知,然而,纯数学"无用论"的思想仍有诸多"支持者",仍有人鼓吹纯数学研究不值得投入大量经费.

对于纯数学这种"无用之用,方为大用"的认识虽经华罗庚等大家的再三宣扬,怎奈实用主义几千年之顽固,所以直至今日尚有余毒. 最近网上流传一篇文章,其中有这样一段:

金庸年轻时在《大公报》上写过一篇随笔《圆周率的推算》(后来收进《三剑楼随笔》),里面提到一本《算学的故事》:"我在初中读书时,教我数学的是章克标先生①,他因写小说而出名,为人很是滑稽,同学们经常和他玩闹而不大听他讲书.他曾写过一部《算学的故事》,其中说到有一个欧洲青年花了极长的时间,把圆周率推算到小数点后六百多位.这个圆周率,当然是毫无实用价值的."

就连金庸这样的文人都认为 π 是毫无实用价值的,况他人乎?

事实上,基础数学与应用数学同等重要.正是因为基础数学距离应用较远,不受工业界重视,国家才应给予更多重视.

丘成桐先生在 2019 年第八届世界华人数学家大会上接受采访时表示:数学是基础科学的基础,研究数学的本质和目标是追求永恒不变的真理.而真理能够帮助我们了解宇宙的结构,了解大自然和社会发展的规律.

比如,人工智能关于深度学习的问题,追根溯源是与希尔伯特的第 13 问题(著名数学家希尔伯特在 1900 年巴黎数学家大会上提出的 23 个悬而未决的纯数学问题之一)密切相关.

丘成桐先生说:"未来,对中国数学的发展是一个重要的转机,无论数学是否被应用,纯数学都是重要的,我们要挑战世界第一流科学,要培养引领全世界数学发展的数学家."

本书貌似专著,实际上却是一本高层次的教材.我国从数量上而论算得上是世界教材出版大国,但从质量上而论绝不是一个教材出版强国.因为很多教材粗制滥造,山寨感太强,究其原因有以下几点:

首先,是教师写作动力不足的问题.主要在精力、机制、需要和荣耀等方面.高校教材的主要作者群是高校教师,而目前教师基本上已经被学校的各种事务占去了大部分精力.写教材是一项非常"艰巨"的工作,这对教师的精力有着不小的挑战.目前很多高校,并没有把写教材和教师的职称评分挂钩.在经济的资助方面,力度也不是特别大.对高校教师来说,虽然他们的课大多需要用到教材,可是不一定非要自己写教材.教材的作者是否能获得与付出精力匹配的成就感?这种成就感与教材的需求量,影响力,竞争力等有关,压力也可想而知.

其次,出版质量把关不严的问题.出版社想紧跟潮流推出新的教材,可是当没有人愿意写这样有时效性又高水平的教材时,可能就会推荐其他已有的、学校也愿意征订的教材.这样做会使一些所谓的经济效益比较好的但水准不高的教材进入高校.

再次,教材本身内容存在问题.主要包含老教材的修订问题和新选题的时

---

① 章克标(1900—2007),是东京高等师范学校数学系的学生,回国后任教于中学与大学,先教数学,转向文学后,又教过语文.有兴趣的读者,可见其自传《世纪挥手》,书名乃金庸手书.

间与质量矛盾问题.

在这方面有许多国外先进经验值得借鉴. 如：

高校补助. 美国的公立大学通常会给那些愿意写教材的老师一定补助, 大约 1.5 万美元每 2~3 年, 写教材也通常会对职业生涯有好处, 例如在职称和职位的晋升上.

个人理想. 美国是一个比较崇尚个人主义的国家, 每个人都遵循着自己的内心想法去做事情, 把自己所想呈现出来的愿望可能也会更加强烈. 这在某种程度上有利于原创性教材的发展.

版权保护. 对图书版权的保护意识, 已经渗透到美国人的大脑变成一种潜意识. 学校和当地图书馆也不提供收费复印服务. 这种保护保证了作者的付出与收益的正比性, 使作者更有创作激情, 也使出版商更加安心, 读者也能看到更好的作品.

专业专注. 美国出版数学教材的出版社有不少大学出版社, 如普林斯顿大学出版社、哈佛大学出版社. 每家出版社都集中在一个专业领域, 这种专注造就了学术的纯正与深厚.

现在的中国之于纯数学来讲既是一个最好的时代也是一个最坏的时代, 以史为镜：

19 世纪 30 年代, 法国人陷入持续的经济和政治危机, 与塞尔在法国同样著名的巴塔耶专心地写下了一系列文章, 他判断说："这个时代最核心的悲哀, 就是人们都太讲求实效了, 每一件事情都要有一个明确的效果, 但人们的普遍追求却又是一个空洞无物的、市民意义上的"体面", 是在别人眼前呈现自己最无可挑剔的形象. 这值得吗？"

同问！

刘培杰

2020 年 1 月 8 日

于哈工大

刘培杰数学工作室

已出版(即将出版)图书目录——高等数学

书　名	出版时间	定　价	编号
距离几何分析导引	2015－02	68.00	446
大学几何学	2017－01	78.00	688
关于曲面的一般研究	2016－11	48.00	690
近世纯粹几何学初论	2017－01	58.00	711
拓扑学与几何学基础讲义	2017－04	58.00	756
物理学中的几何方法	2017－06	88.00	767
几何学简史	2017－08	28.00	833
复变函数引论	2013－10	68.00	269
伸缩变换与抛物旋转	2015－01	38.00	449
无穷分析引论(上)	2013－04	88.00	247
无穷分析引论(下)	2013－04	98.00	245
数学分析	2014－04	28.00	338
数学分析中的一个新方法及其应用	2013－01	38.00	231
数学分析例选:通过范例学技巧	2013－01	88.00	243
高等代数例选:通过范例学技巧	2015－06	88.00	475
基础数论例选:通过范例学技巧	2018－09	58.00	978
三角级数论(上册)(陈建功)	2013－01	38.00	232
三角级数论(下册)(陈建功)	2013－01	48.00	233
三角级数论(哈代)	2013－06	48.00	254
三角级数	2015－07	28.00	263
超越数	2011－03	18.00	109
三角和方法	2011－03	18.00	112
随机过程(Ⅰ)	2014－01	78.00	224
随机过程(Ⅱ)	2014－01	68.00	235
算术探索	2011－12	158.00	148
组合数学	2012－04	28.00	178
组合数学浅谈	2012－03	28.00	159
丢番图方程引论	2012－03	48.00	172
拉普拉斯变换及其应用	2015－02	38.00	447
高等代数.上	2016－01	38.00	548
高等代数.下	2016－01	38.00	549
高等代数教程	2016－01	58.00	579
数学解析教程.上卷.1	2016－01	58.00	546
数学解析教程.上卷.2	2016－01	38.00	553
数学解析教程.下卷.1	2017－04	48.00	781
数学解析教程.下卷.2	2017－06	48.00	782
函数构造论.上	2016－01	38.00	554
函数构造论.中	2017－06	48.00	555
函数构造论.下	2016－09	48.00	680
函数逼近论(上)	2019－02	98.00	1014
概周期函数	2016－01	48.00	572
变叙的项的极限分布律	2016－01	18.00	573
整函数	2012－08	18.00	161
近代拓扑学研究	2013－04	38.00	239
多项式和无理数	2008－01	68.00	22

书　名	出版时间	定　价	编号
模糊数据统计学	2008—03	48.00	31
模糊分析学与特殊泛函空间	2013—01	68.00	241
常微分方程	2016—01	58.00	586
平稳随机函数导论	2016—03	48.00	587
量子力学原理.上	2016—01	38.00	588
图与矩阵	2014—08	40.00	644
钢丝绳原理:第二版	2017—01	78.00	745
代数拓扑和微分拓扑简史	2017—06	68.00	791
半序空间泛函分析.上	2018—06	48.00	924
半序空间泛函分析.下	2018—06	68.00	925
概率分布的部分识别	2018—07	68.00	929
Cartan 型单模李超代数的上同调及极大子代数	2018—07	38.00	932
纯数学与应用数学若干问题研究	2019—03	98.00	1017
受控理论与解析不等式	2012—05	78.00	165
不等式的分拆降维降幂方法与可读证明	2016—01	68.00	591
实变函数论	2012—06	78.00	181
复变函数论	2015—08	38.00	504
非光滑优化及其变分分析	2014—01	48.00	230
疏散的马尔科夫链	2014—01	58.00	266
马尔科夫过程论基础	2015—01	28.00	433
初等微分拓扑学	2012—07	18.00	182
方程式论	2011—03	38.00	105
Galois 理论	2011—03	18.00	107
古典数学难题与伽罗瓦理论	2012—11	58.00	223
伽罗华与群论	2014—01	28.00	290
代数方程的根式解及伽罗瓦理论	2011—03	28.00	108
代数方程的根式解及伽罗瓦理论(第二版)	2015—01	28.00	423
线性偏微分方程讲义	2011—03	18.00	110
几类微分方程数值方法的研究	2015—05	38.00	485
N 体问题的周期解	2011—03	28.00	111
代数方程式论	2011—05	18.00	121
线性代数与几何:英文	2016—06	58.00	578
动力系统的不变量与函数方程	2011—07	48.00	137
基于短语评价的翻译知识获取	2012—02	48.00	168
应用随机过程	2012—04	48.00	187
概率论导引	2012—04	18.00	179
矩阵论(上)	2013—06	58.00	250
矩阵论(下)	2013—06	48.00	251
对称锥互补问题的内点法:理论分析与算法实现	2014—08	68.00	368
抽象代数:方法导引	2013—06	38.00	257
集论	2016—01	48.00	576
多项式理论研究综述	2016—01	38.00	577
函数论	2014—11	78.00	395
反问题的计算方法及应用	2011—11	28.00	147
数阵及其应用	2012—02	28.00	164
绝对值方程—折边与组合图形的解析研究	2012—07	48.00	186
代数函数论(上)	2015—07	38.00	494
代数函数论(下)	2015—07	38.00	495

刘培杰数学工作室
已出版(即将出版)图书目录——高等数学

书　　名	出版时间	定　价	编号
偏微分方程论:法文	2015—10	48.00	533
时标动力学方程的指数型二分性与周期解	2016—04	48.00	606
重刚体绕不动点运动方程的积分法	2016—05	68.00	608
水轮机水力稳定性	2016—05	48.00	620
Lévy 噪音驱动的传染病模型的动力学行为	2016—05	48.00	667
铣加工动力学系统稳定性研究的数学方法	2016—11	28.00	710
时滞系统:Lyapunov 泛函和矩阵	2017—05	68.00	784
粒子图像测速仪实用指南:第二版	2017—08	78.00	790
数域的上同调	2017—08	98.00	799
图的正交因子分解(英文)	2018—01	38.00	881
图的度因子和分支因子:英文	2019—09	88.00	1108
点云模型的优化配准方法研究	2018—07	58.00	927
锥形波入射粗糙表面反散射问题理论与算法	2018—03	68.00	936
广义逆的理论与计算	2018—07	58.00	973
不定方程及其应用	2018—12	58.00	998
几类椭圆型偏微分方程高效数值算法研究	2018—08	48.00	1025
现代密码算法概论	2019—05	98.00	1061
模形式的 p —进性质	2019—06	78.00	1088
混沌动力学:分形、平铺、代换	2019—09	48.00	1109
吴振奎高等数学解题真经(概率统计卷)	2012—01	38.00	149
吴振奎高等数学解题真经(微积分卷)	2012—01	68.00	150
吴振奎高等数学解题真经(线性代数卷)	2012—01	58.00	151
高等数学解题全攻略(上卷)	2013—06	58.00	252
高等数学解题全攻略(下卷)	2013—06	58.00	253
高等数学复习纲要	2014—01	18.00	384
超越吉米多维奇.数列的极限	2009—11	48.00	58
超越普里瓦洛夫.留数卷	2015—01	28.00	437
超越普里瓦洛夫.无穷乘积与它对解析函数的应用卷	2015—05	28.00	477
超越普里瓦洛夫.积分卷	2015—06	18.00	481
超越普里瓦洛夫.基础知识卷	2015—06	28.00	482
超越普里瓦洛夫.数项级数卷	2015—07	38.00	489
超越普里瓦洛夫.微分、解析函数、导数卷	2018—01	48.00	852
统计学专业英语	2007—03	28.00	16
统计学专业英语(第二版)	2012—07	48.00	176
统计学专业英语(第三版)	2015—04	68.00	465
代换分析:英文	2015—07	38.00	499
历届美国大学生数学竞赛试题集.第一卷(1938—1949)	2015—01	28.00	397
历届美国大学生数学竞赛试题集.第二卷(1950—1959)	2015—01	28.00	398
历届美国大学生数学竞赛试题集.第三卷(1960—1969)	2015—01	28.00	399
历届美国大学生数学竞赛试题集.第四卷(1970—1979)	2015—01	18.00	400
历届美国大学生数学竞赛试题集.第五卷(1980—1989)	2015—01	28.00	401
历届美国大学生数学竞赛试题集.第六卷(1990—1999)	2015—01	28.00	402
历届美国大学生数学竞赛试题集.第七卷(2000—2009)	2015—08	18.00	403
历届美国大学生数学竞赛试题集.第八卷(2010—2012)	2015—01	18.00	404
超越普特南试题:大学数学竞赛中的方法与技巧	2017—04	98.00	758
历届国际大学生数学竞赛试题集(1994—2010)	2012—01	28.00	143

刘培杰数学工作室
已出版(即将出版)图书目录——高等数学

书 名	出版时间	定 价	编号
全国大学生数学夏令营数学竞赛试题及解答	2007-03	28.00	15
全国大学生数学竞赛辅导教程	2012-07	28.00	189
全国大学生数学竞赛复习全书(第2版)	2017-05	58.00	787
历届美国大学生数学竞赛试题集	2009-03	88.00	43
前苏联大学生数学奥林匹克竞赛题解(上编)	2012-04	28.00	169
前苏联大学生数学奥林匹克竞赛题解(下编)	2012-04	38.00	170
大学生数学竞赛讲义	2014-09	28.00	371
大学生数学竞赛教程——高等数学(基础篇、提高篇)	2018-09	128.00	968
普林斯顿大学数学竞赛	2016-06	38.00	669
越过211,刷到985:考研数学二	2019-10	68.00	1115

书 名	出版时间	定 价	编号
初等数论难题集(第一卷)	2009-05	68.00	44
初等数论难题集(第二卷)(上、下)	2011-02	128.00	82,83
数论概貌	2011-03	18.00	93
代数数论(第二版)	2013-08	58.00	94
代数多项式	2014-06	38.00	289
初等数论的知识与问题	2011-02	28.00	95
超越数论基础	2011-03	28.00	96
数论初等教程	2011-03	28.00	97
数论基础	2011-03	18.00	98
数论基础与维诺格拉多夫	2014-03	18.00	292
解析数论基础	2012-08	28.00	216
解析数论基础(第二版)	2014-01	48.00	287
解析数论问题集(第二版)(原版引进)	2014-05	88.00	343
解析数论问题集(第二版)(中译本)	2016-04	88.00	607
解析数论基础(潘承洞,潘承彪著)	2016-07	98.00	673
解析数论导引	2016-07	58.00	674
数论入门	2011-03	38.00	99
代数数论入门	2015-03	38.00	448
数论开篇	2012-07	28.00	194
解析数论引论	2011-03	48.00	100
Barban Davenport Halberstam 均值和	2009-01	40.00	33
基础数论	2011-03	28.00	101
初等数论 100 例	2011-05	18.00	122
初等数论经典例题	2012-07	18.00	204
最新世界各国数学奥林匹克中的初等数论试题(上、下)	2012-01	138.00	144,145
初等数论(Ⅰ)	2012-01	18.00	156
初等数论(Ⅱ)	2012-01	18.00	157
初等数论(Ⅲ)	2012-01	28.00	158
平面几何与数论中未解决的新老问题	2013-01	68.00	229
代数数论简史	2014-11	28.00	408
代数数论	2015-09	88.00	532
代数、数论及分析习题集	2016-11	98.00	695
数论导引提要及习题解答	2016-01	48.00	559
素数定理的初等证明.第2版	2016-09	48.00	686
数论中的模函数与狄利克雷级数(第二版)	2017-11	78.00	837
数论:数学导引	2018-01	68.00	849
域论	2018-04	68.00	884
代数数论(冯克勤 编著)	2018-04	68.00	885
范氏大代数	2019-02	98.00	1016

刘培杰数学工作室
已出版(即将出版)图书目录——高等数学

书　名	出版时间	定　价	编号
新编 640 个世界著名数学智力趣题	2014—01	88.00	242
500 个最新世界著名数学智力趣题	2008—06	48.00	3
400 个最新世界著名数学最值问题	2008—09	48.00	36
500 个世界著名数学征解问题	2009—06	48.00	52
400 个中国最佳初等数学征解老问题	2010—01	48.00	60
500 个俄罗斯数学经典老题	2011—01	28.00	81
1000 个国外中学物理好题	2012—04	48.00	174
300 个日本高考数学题	2012—05	38.00	142
700 个早期日本高考数学试题	2017—02	88.00	752
500 个前苏联早期高考数学试题及解答	2012—05	28.00	185
546 个早期俄罗斯大学生数学竞赛题	2014—03	38.00	285
548 个来自美苏的数学好问题	2014—11	28.00	396
20 所苏联著名大学早期入学试题	2015—02	18.00	452
161 道德国工科大学生必做的微分方程习题	2015—05	28.00	469
500 个德国工科大学生必做的高数习题	2015—06	28.00	478
360 个数学竞赛问题	2016—08	58.00	677
德国讲义日本考题.微积分卷	2015—04	48.00	456
德国讲义日本考题.微分方程卷	2015—04	38.00	457
二十世纪中叶中、英、美、日、法、俄高考数学试题精选	2017—06	38.00	783

书　名	出版时间	定　价	编号
博弈论精粹	2008—03	58.00	30
博弈论精粹.第二版(精装)	2015—01	88.00	461
数学 我爱你	2008—01	28.00	20
精神的圣徒　别样的人生——60 位中国数学家成长的历程	2008—09	48.00	39
数学史概论	2009—06	78.00	50
数学史概论(精装)	2013—03	158.00	272
数学史选讲	2016—01	48.00	544
斐波那契数列	2010—02	28.00	65
数学拼盘和斐波那契魔方	2010—07	38.00	72
斐波那契数列欣赏	2011—01	28.00	160
数学的创造	2011—02	48.00	85
数学美与创造力	2016—01	48.00	595
数海拾贝	2016—01	48.00	590
数学中的美	2011—02	38.00	84
数论中的美学	2014—12	38.00	351
数学王者　科学巨人——高斯	2015—01	28.00	428
振兴祖国数学的圆梦之旅:中国初等数学研究史话	2015—06	98.00	490
二十世纪中国数学史料研究	2015—10	48.00	536
数字谜、数阵图与棋盘覆盖	2016—01	58.00	298
时间的形状	2016—01	38.00	556
数学发现的艺术:数学探索中的合情推理	2016—07	58.00	671
活跃在数学中的参数	2016—07	48.00	675

刘培杰数学工作室

已出版(即将出版)图书目录——高等数学

书　名	出版时间	定　价	编号
格点和面积	2012—07	18.00	191
射影几何趣谈	2012—04	28.00	175
斯潘纳尔引理——从一道加拿大数学奥林匹克试题谈起	2014—01	28.00	228
李普希兹条件——从几道近年高考数学试题谈起	2012—10	18.00	221
拉格朗日中值定理——从一道北京高考试题的解法谈起	2015—10	18.00	197
闵科夫斯基定理——从一道清华大学自主招生试题谈起	2014—01	28.00	198
哈尔测度——从一道冬令营试题的背景谈起	2012—08	28.00	202
切比雪夫逼近问题——从一道中国台北数学奥林匹克试题谈起	2013—04	38.00	238
伯恩斯坦多项式与贝齐尔曲面——从一道全国高中数学联赛试题谈起	2013—03	38.00	236
卡塔兰猜想——从一道普特南竞赛试题谈起	2013—06	18.00	256
麦卡锡函数和阿克曼函数——从一道前南斯拉夫数学奥林匹克试题谈起	2012—08	18.00	201
贝蒂定理与拉姆贝克莫斯尔定理——从一个拣石子游戏谈起	2012—08	18.00	217
皮亚诺曲线和豪斯道夫分球定理——从无限集谈起	2012—08	18.00	211
平面凸图形与凸多面体	2012—10	28.00	218
斯坦因豪斯问题——从一道二十五省市自治区中学数学竞赛试题谈起	2012—07	18.00	196
纽结理论中的亚历山大多项式与琼斯多项式——从一道北京市高一数学竞赛试题谈起	2012—07	28.00	195
原则与策略——从波利亚"解题表"谈起	2013—04	38.00	244
转化与化归——从三大尺规作图不能问题谈起	2012—08	28.00	214
代数几何中的贝祖定理(第一版)——从一道 IMO 试题的解法谈起	2013—08	18.00	193
成功连贯理论与约当块理论——从一道比利时数学竞赛试题谈起	2012—04	18.00	180
素数判定与大数分解	2014—08	18.00	199
置换多项式及其应用	2012—10	18.00	220
椭圆函数与模函数——从一道美国加州大学洛杉矶分校(UCLA)博士资格考题谈起	2012—10	28.00	219
差分方程的拉格朗日方法——从一道 2011 年全国高考理科试题的解法谈起	2012—08	28.00	200
力学在几何中的一些应用	2013—01	38.00	240
高斯散度定理、斯托克斯定理和平面格林定理——从一道国际大学生数学竞赛试题谈起	即将出版		
康托洛维奇不等式——从一道全国高中联赛试题谈起	2013—03	28.00	337
西格尔引理——从一道第 18 届 IMO 试题的解法谈起	即将出版		
罗斯定理——从一道前苏联数学竞赛试题谈起	即将出版		
拉克斯定理和阿廷定理——从一道 IMO 试题的解法谈起	2014—01	58.00	246
毕卡大定理——从一道美国大学数学竞赛试题谈起	2014—07	18.00	350
贝齐尔曲线——从一道全国高中联赛试题谈起	即将出版		
拉格朗日乘子定理——从一道 2005 年全国高中联赛试题的高等数学解法谈起	2015—05	28.00	480
雅可比定理——从一道日本数学奥林匹克试题谈起	2013—04	48.00	249
李天岩—约克定理——从一道波兰数学竞赛试题谈起	2014—06	28.00	349
整系数多项式因式分解的一般方法——从克朗耐克算法谈起	即将出版		

刘培杰数学工作室
已出版(即将出版)图书目录——高等数学

书　名	出版时间	定　价	编号
布劳维不动点定理——从一道前苏联数学奥林匹克试题谈起	2014—01	38.00	273
伯恩赛德定理——从一道英国数学奥林匹克试题谈起	即将出版		
布查特—莫斯特定理——从一道上海市初中竞赛试题谈起	即将出版		
数论中的同余数问题——从一道普特南竞赛试题谈起	即将出版		
范·德蒙行列式——从一道美国数学奥林匹克试题谈起	即将出版		
中国剩余定理:总数法构建中国历史年表	2015—01	28.00	430
牛顿程序与方程求根——从一道全国高考试题解法谈起	即将出版		
库默尔定理——从一道IMO预选试题谈起	即将出版		
卢丁定理——从一道冬令营试题的解法谈起	即将出版		
沃斯滕霍姆定理——从一道IMO预选试题谈起	即将出版		
卡尔松不等式——从一道莫斯科数学奥林匹克试题谈起	即将出版		
信息论中的香农熵——从一道近年高考压轴题谈起	即将出版		
约当不等式——从一道希望杯竞赛试题谈起	即将出版		
拉比诺维奇定理	即将出版		
刘维尔定理——从一道《美国数学月刊》征解问题的解法谈起	即将出版		
卡塔兰恒等式与级数求和——从一道IMO试题的解法谈起	即将出版		
勒让德猜想与素数分布——从一道爱尔兰竞赛试题谈起	即将出版		
天平称重与信息论——从一道基辅市数学奥林匹克试题谈起	即将出版		
哈密尔顿—凯莱定理:从一道高中数学联赛试题的解法谈起	2014—09	18.00	376
艾思特曼定理——从一道CMO试题的解法谈起	即将出版		
一个爱尔特希问题——从一道西德数学奥林匹克试题谈起	即将出版		
有限群中的爱丁格尔问题——从一道北京市初中二年级数学竞赛试题谈起	即将出版		
糖水中的不等式——从初等数学到高等数学	2019—07	48.00	1093
帕斯卡三角形	2014—03	18.00	294
蒲丰投针问题——从2009年清华大学的一道自主招生试题谈起	2014—01	38.00	295
斯图姆定理——从一道"华约"自主招生试题的解法谈起	2014—01	18.00	296
许瓦兹引理——从一道加利福尼亚大学伯克利分校数学系博士生试题谈起	2014—08	18.00	297
拉姆塞定理——从王诗宬院士的一个问题谈起	2016—04	48.00	299
坐标法	2013—12	28.00	332
数论三角形	2014—04	38.00	341
毕克定理	2014—07	18.00	352
数林掠影	2014—09	48.00	389
我们周围的概率	2014—10	38.00	390
凸函数最值定理:从一道华约自主招生题的解法谈起	2014—10	28.00	391
易学与数学奥林匹克	2014—10	38.00	392
生物数学趣谈	2015—01	18.00	409
反演	2015—01	28.00	420
因式分解与圆锥曲线	2015—01	18.00	426
轨迹	2015—01	28.00	427
面积原理:从常庚哲命的一道CMO试题的积分解法谈起	2015—01	48.00	431
形形色色的不动点定理:从一道28届IMO试题谈起	2015—01	38.00	439
柯西函数方程:从一道上海交大自主招生的试题谈起	2015—02	28.00	440

刘培杰数学工作室
已出版(即将出版)图书目录——高等数学

书　名	出版时间	定　价	编号
三角恒等式	2015—02	28.00	442
无理性判定:从一道2014年"北约"自主招生试题谈起	2015—01	38.00	443
数学归纳法	2015—03	18.00	451
极端原理与解题	2015—04	28.00	464
法雷级数	2014—08	18.00	367
摆线族	2015—01	38.00	438
函数方程及其解法	2015—05	38.00	470
含参数的方程和不等式	2012—09	28.00	213
希尔伯特第十问题	2016—01	38.00	543
无穷小量的求和	2016—01	28.00	545
切比雪夫多项式:从一道清华大学金秋营试题谈起	2016—01	38.00	583
泽肯多夫定理	2016—03	38.00	599
代数等式证题法	2016—01	28.00	600
三角等式证题法	2016—01	28.00	601
吴大任教授藏书中的一个因式分解公式:从一道美国数学邀请赛试题的解法谈起	2016—06	28.00	656
易卦——类万物的数学模型	2017—08	68.00	838
"不可思议"的数与数系可持续发展	2018—01	38.00	878
最短线	2018—01	38.00	879
从毕达哥拉斯到怀尔斯	2007—10	48.00	9
从迪利克雷到维斯卡尔迪	2008—01	48.00	21
从哥德巴赫到陈景润	2008—05	98.00	35
从庞加莱到佩雷尔曼	2011—08	138.00	136
从费马到怀尔斯——费马大定理的历史	2013—10	198.00	I
从庞加莱到佩雷尔曼——庞加莱猜想的历史	2013—10	298.00	II
从切比雪夫到爱尔特希(上)——素数定理的初等证明	2013—07	48.00	III
从切比雪夫到爱尔特希(下)——素数定理100年	2012—12	98.00	III
从高斯到盖尔方特——二次域的高斯猜想	2013—10	198.00	IV
从库默尔到朗兰兹——朗兰兹猜想的历史	2014—01	98.00	V
从比勃巴赫到德布朗斯——比勃巴赫猜想的历史	2014—02	298.00	VI
从麦比乌斯到陈省身——麦比乌斯变换与麦比乌斯带	2014—02	298.00	VII
从布尔到豪斯道夫——布尔方程与格论漫谈	2013—10	198.00	VIII
从开普勒到阿诺德——三体问题的历史	2014—05	298.00	IX
从华林到华罗庚——华林问题的历史	2013—10	298.00	X
数学物理大百科全书.第1卷	2016—01	418.00	508
数学物理大百科全书.第2卷	2016—01	408.00	509
数学物理大百科全书.第3卷	2016—01	396.00	510
数学物理大百科全书.第4卷	2016—01	408.00	511
数学物理大百科全书.第5卷	2016—01	368.00	512
朱德祥代数与几何讲义.第1卷	2017—01	38.00	697
朱德祥代数与几何讲义.第2卷	2017—01	28.00	698
朱德祥代数与几何讲义.第3卷	2017—01	28.00	699

刘培杰数学工作室
已出版(即将出版)图书目录——高等数学

书　　名	出版时间	定　价	编号
闵嗣鹤文集	2011—03	98.00	102
吴从炘数学活动三十年(1951~1980)	2010—07	99.00	32
吴从炘数学活动又三十年(1981~2010)	2015—07	98.00	491
斯米尔诺夫高等数学.第一卷	2018—03	88.00	770
斯米尔诺夫高等数学.第二卷.第一分册	2018—03	68.00	771
斯米尔诺夫高等数学.第二卷.第二分册	2018—03	68.00	772
斯米尔诺夫高等数学.第二卷.第三分册	2018—03	48.00	773
斯米尔诺夫高等数学.第三卷.第一分册	2018—03	58.00	774
斯米尔诺夫高等数学.第三卷.第二分册	2018—03	58.00	775
斯米尔诺夫高等数学.第三卷.第三分册	2018—03	68.00	776
斯米尔诺夫高等数学.第四卷.第一分册	2018—03	48.00	777
斯米尔诺夫高等数学.第四卷.第二分册	2018—03	88.00	778
斯米尔诺夫高等数学.第五卷.第一分册	2018—03	58.00	779
斯米尔诺夫高等数学.第五卷.第二分册	2018—03	68.00	780
zeta 函数,q-zeta 函数,相伴级数与积分	2015—08	88.00	513
微分形式:理论与练习	2015—08	58.00	514
离散与微分包含的逼近和优化	2015—08	58.00	515
艾伦·图灵:他的工作与影响	2016—01	98.00	560
测度理论概率导论,第 2 版	2016—01	88.00	561
带有潜在故障恢复系统的半马尔柯夫模型控制	2016—01	98.00	562
数学分析原理	2016—01	88.00	563
随机偏微分方程的有效动力学	2016—01	88.00	564
图的谱半径	2016—01	58.00	565
量子机器学习中数据挖掘的量子计算方法	2016—01	98.00	566
量子物理的非常规方法	2016—01	118.00	567
运输过程的统一非局部理论:广义波尔兹曼物理动力学,第2 版	2016—01	198.00	568
量子力学与经典力学之间的联系在原子、分子及电动力学系统建模中的应用	2016—01	58.00	569
算术域	2018—01	158.00	821
高等数学竞赛:1962—1991 年的米洛克斯·史怀哲竞赛	2018—01	128.00	822
用数学奥林匹克精神解决数论问题	2018—01	108.00	823
代数几何(德语)	2018—04	68.00	824
丢番图逼近论	2018—01	78.00	825
代数几何学基础教程	2018—01	98.00	826
解析数论入门课程	2018—01	78.00	827
数论中的丢番图问题	2018—01	78.00	829
数论(梦幻之旅):第五届中日数论研讨会演讲集	2018—01	68.00	830
数论新应用	2018—01	68.00	831
数论	2018—01	78.00	832
测度与积分	2019—04	68.00	1059
卡塔兰数入门	2019—05	68.00	1060

书 名	出版时间	定 价	编号
湍流十讲	2018—04	108.00	886
无穷维李代数:第3版	2018—04	98.00	887
等值、不变量和对称性:英文	2018—04	78.00	888
解析数论	2018—09	78.00	889
《数学原理》的演化:伯特兰·罗素撰写第二版时的手稿与笔记	2018—04	108.00	890
哈密尔顿数学论文集(第4卷):几何学、分析学、天文学、概率和有限差分等	2019—05	108.00	891
数学王子——高斯	2018—01	48.00	858
坎坷奇星——阿贝尔	2018—01	48.00	859
闪烁奇星——伽罗瓦	2018—01	58.00	860
无穷统帅——康托尔	2018—01	48.00	861
科学公主——柯瓦列夫斯卡娅	2018—01	48.00	862
抽象代数之母——埃米·诺特	2018—01	48.00	863
电脑先驱——图灵	2018—01	58.00	864
昔日神童——维纳	2018—01	48.00	865
数坛怪侠——爱尔特希	2018—01	68.00	866
当代世界中的数学.数学思想与数学基础	2019—01	38.00	892
当代世界中的数学.数学问题	2019—01	38.00	893
当代世界中的数学.应用数学与数学应用	2019—01	38.00	894
当代世界中的数学.数学王国的新疆域(一)	2019—01	38.00	895
当代世界中的数学.数学王国的新疆域(二)	2019—01	38.00	896
当代世界中的数学.数林撷英(一)	2019—01	38.00	897
当代世界中的数学.数林撷英(二)	2019—01	48.00	898
当代世界中的数学.数学之路	2019—01	38.00	899
偏微分方程全局吸引子的特性:英文	2018—09	108.00	979
整函数与下调和函数:英文	2018—09	118.00	980
幂等分析:英文	2018—09	118.00	981
李群,离散子群与不变量理论:英文	2018—09	108.00	982
动力系统与统计力学:英文	2018—09	118.00	983
表示论与动力系统:英文	2018—09	118.00	984
初级统计学:循序渐进的方法:第10版	2019—05	68.00	1067
工程师与科学家微分方程用书:第4版	2019—07	58.00	1068
大学代数与三角学	2019—06	78.00	1069
培养数学能力的途径	2019—07	38.00	1070
工程师与科学家统计学:第4版	2019—06	58.00	1071
贸易与经济中的应用统计学:第6版	2019—06	58.00	1072
傅立叶级数和边值问题:第8版	2019—05	48.00	1073
通往天文学的途径:第5版	2019—05	58.00	1074

刘培杰数学工作室
已出版(即将出版)图书目录——高等数学

书　名	出版时间	定　价	编号
拉马努金笔记.第1卷	2019—06	165.00	1078
拉马努金笔记.第2卷	2019—06	165.00	1079
拉马努金笔记.第3卷	2019—06	165.00	1080
拉马努金笔记.第4卷	2019—06	165.00	1081
拉马努金笔记.第5卷	2019—06	165.00	1082
拉马努金遗失笔记.第1卷	2019—06	109.00	1083
拉马努金遗失笔记.第2卷	2019—06	109.00	1084
拉马努金遗失笔记.第3卷	2019—06	109.00	1085
拉马努金遗失笔记.第4卷	2019—06	109.00	1086

联系地址:哈尔滨市南岗区复华四道街 10 号　哈尔滨工业大学出版社刘培杰数学工作室

网　　址:http://lpj.hit.edu.cn/

邮　　编:150006

联系电话:0451—86281378　　13904613167

E-mail:lpj1378@163.com